高等院校计算机课程设计指导丛书

嵌入式系统
课程设计

贾世祥 俞建新 马小飞 肖建 编著

U0332562

机械工业出版社
China Machine Press

图书在版编目（CIP）数据

嵌入式系统课程设计 / 贾世祥等编著 . —北京：机械工业出版社，2015.3
（高等院校计算机课程设计指导丛书）

ISBN 978-7-111-49637-3

I. 嵌… II. 贾… III. 微型计算机－系统设计－课程设计－高等学校－教材　IV. TP360.21-41

中国版本图书馆 CIP 数据核字（2015）第 050573 号

  本书是基于 VxWorks 操作系统的嵌入式系统课程设计参考书。首先介绍 VxWorks/Tornado 以及 WindML 的基本理论和应用知识，概述嵌入式系统课程设计的一般定义、特点、分类、基本结构和开发步骤。随后介绍控制类、模拟器类、网络游戏类课程设计的基本解决方案、特色技术和实验要点。本书重点讲解了汉字显示可编程逻辑扩展板、列车自动售票机模拟器和联网跳棋这三个嵌入式综合课程设计的实验案例，详细说明了这三个案例的选题、功能设计和运行原理、数据流设计、任务划分、函数流程分析、IPC 设计、详细代码分析、测试设计、测试用例和测试结果报告、运行结果展示等。为了方便读者的阅读和实验应用，本书附有教辅资料（可通过华章网站 www.hzbook.com 免费下载），内含正文阐述的 VxWorks 课程设计案例的工程文件。

  本书可作为高等院校研究生、本科生嵌入式系统教学或者案例教学的教材，也可作为工程技术人员和嵌入式系统爱好者的参考读物。

出版发行：机械工业出版社（北京市西城区百万庄大街 22 号　邮政编码：100037）

责任编辑：余　洁		责任校对：董纪丽	
印　　刷：北京诚信伟业印刷有限公司		版　　次：2015 年 4 月第 1 版第 1 次印刷	
开　　本：185mm×260mm　1/16		印　　张：16	
书　　号：ISBN 978-7-111-49637-3		定　　价：39.00 元	

凡购本书，如有缺页、倒页、脱页，由本社发行部调换

客服热线：(010) 88378991　88361066　　　　　　投稿热线：(010) 88379604
购书热线：(010) 68326294　88379649　68995259　　读者信箱：hzjsj@hzbook.com

前　言

嵌入式系统课程的教学内容大致包括：嵌入式处理器、现场可编程逻辑器件设计、嵌入式操作系统、嵌入式调试技术、外部设备与驱动、软硬件协同设计、典型应用项目、高级语言程序设计等。这门课程的教学内容多，系统性和综合性的特点较强。只从课堂上学习这些理论知识是远远不够的，需要通过各种课程内和课程外的实验活动来深化、夯实、巩固对嵌入式理论与知识的理解，进而掌握嵌入式系统设计和开发的主要方法和技能。因此，实验是嵌入式系统课程的重要环节。

一般而言，嵌入式系统教学实验活动可以分为单项实验、课程设计和自主创新实践三个类别。

1. 单项实验

单项实验是基础实验，属于软硬件工作原理的验证性实验。单项实验的典型代表有**硬件实验、软件实验**和**软硬件实验**。硬件实验主要指单个外部设备的裸板驱动程序和实验板的引导加载程序实验。软件实验主要指操作系统的特别函数功能实验，还包括高级语言的特别函数功能实验。软硬件实验主要涉及外设驱动和控制程序的综合实验，例如在开发板的 LCD 模块上显示表达式和计算结果的计算器实验，以及多个开发板联网的黑白棋实验。

通过单项实验，学生可以在嵌入式实验平台上验证理论知识、工作原理、编程技巧和技术解决方法。以基于 ARM 处理器和 VxWorks 操作系统的实验平台为例，单项实验可以包括：Tornado 集成开发环境实验、WindSh 命令实验、VxWorks 组件裁减实验、模拟器 VxSim 应用实验、软件逻辑分析仪 WindView 实验、实时多任务实验、字符设备驱动实验、网络驱动实验、IPC 实验、闪存实验、WindML 图形用户界面实验等。

单项实验的特点是面向技术细节，引导学生逐步掌握硬件器材的运作机制和函数编程原理，训练学生掌握嵌入式开发过程中的一个单项作业。单项实验所需要的实验时间长短不一。举例来说，工具和操作界面类型的实验借助实验指导书可以在几分钟内完成，含有源代码的实验则需要学生投入较多的时间理解和消化。例如，一个 LCD 驱动程序实验大约需要学生一到两天的时间进行源代码阅读，这样才能完全理解该 LCD 控制器各个寄存器的作用，以及 LCD 驱动程序的架构和编程方法。

单项实验有许多不足。首先，如果学生没有足够的时间通读源代码，就容易造成即使得到了正确实验结果，但也不理解程序内部流程的"知其然不知其所以然"现象。此外，单项实验的程序多半是实验平台供应商已经开发好并且经过调试、排错的。直接阅读经过他人调试好的程序，而不经过调试和排错，实验者对现有程序的认识就比较肤浅，容易停留在表面，无法深入理解程序代码的细节与技巧。为了克服单项实验的局限性，需要让学生掌握单项实验编程的要领，如让实验者对于每一个单项实验至少完成一个替换练习或者修改练习。例如，变换高分辨率 LCD 输出画面的外观，让学生理解图形用户界面相关函数的作用、功能和编程方法。又例如，对包含三个外设驱动的组合单项实验程序，添加另外两个独立的外设驱动，做到在集成开发环境下编译通过，并且要求这 5 个外设都能够在调度程序的协调控制下正常动作。这样就让学生理解了开发板上裸板运行系统的生成原理，它是经过对多个单独外设驱动程序进行集成和控制而获得的。

2. 课程设计

一般认为，嵌入式系统**课程设计**是一种学生在学校学习期间，结合在嵌入式系统课程中学习得到的理论知识，自主独立完成的较大编程规模的应用实验。所以也可称之为嵌入式系统**课程设计实验**，或者嵌入式系统**综合课程设计实验**。上述这三个术语的内涵基本是一致的，都表达了一个意思，即课程设计是嵌入式系统教学中的一个重要实验环节。

参考百科知识门户网站（例如百度百科、互动百科）的定义，嵌入式系统课程设计是"为掌握嵌入式系统课程教学内容所进行的实验设计或者实践"。它的含义大致与嵌入式系统综合实践工程（或者嵌入式系统综合实验工程）的含义相当。

我们认为，对于高等院校 IT 专业的学生而言，嵌入式系统课程设计实验就是让学生综合在校期间已经学习到的各门课程知识和技能，针对一个简单的实际项目解决方案或者一个简单的应用原理，开动脑筋，完成项目构思以及实验方案设计、开发、测试和文档制作的全套作业，以提高应用能力和动手操作能力。由于嵌入式系统课程设计（实验）或者综合实践工程都应该在一个学期的一门课程里完成，两者的含义非常接近，可以认为一门课的课程设计就是这门课的综合实践工程，反之亦然，因此，在本书里，我们不加区别地使用这两个名称。

课程设计实验是单项实验项目的集成实验或者综合应用实验。例如开发一个在嵌入式开发板上运行的图形数字时钟，就需要在高分辨率的液晶屏上绘制一个具有交互功能的指针式时钟和数字时钟，它是键盘驱动、LED 七段数码管驱动、LCD 驱动、触摸屏驱动、RTC 编程、GUI 编程、控制程序编程等多个单项实验的无缝衔接与集成。

嵌入式综合课程设计实验具有一定的难度，而且经常具有工程性质和原型开发性质。多数情况下课程设计实验不是单项实验的简单堆砌，可以认为它是介于高等院校的实验项目与专业团队研发项目之间的过渡性实验工程项目。学生在学校经受了课程设计实验的实训之后，到了工作岗位就能够较快地熟悉所面临的工作，独立地完成工作任务。

在课程设计实验的开始阶段，学生通常得不到现成的解决方案和答案。因此让学生自己思考、查阅参考资料、最终完成可行性分析和设计报告是比较好的做法。这要求学生投入较多的时间和精力。在许多情况下，由于课程设计的功能综合性强，工作量比较大，经常需要两人或者更多人组成团队才能够完成。这样就提供了一个团队工作的实验环境，学生可以从中体验嵌入式开发团队的工作方法。综合课程设计实验一般要求学生在学校课程学习的中间阶段着手进行，并且在全部课程结束之前完成。

3. 自主创新实践

自主创新实践是比课程设计或者综合实践层次更高的实验活动，它需要更加综合的理论知识和实践技能，这往往超越了一个专业课程群的知识范畴，与多个专业的课程相关。以嵌入式系统的自主创新实践为例，它涉及处理器技术、软件技术、电子工程、自动控制技术、通信技术等，工程开发性质更加突出，要求的技术水平更高。

自主创新实践强调应用和实用，要求实验成果能够产生一定的经济效益或者社会效益，至少能够产生一个好的教学案例。例如设计开发一个嵌入式处理器的指令集模拟器就是一个很好的自主创新实践活动。如果开发成功，就有可能投入实际的科研或教学运用中，也有可能作为嵌入式软件工具产品出售。

自主创新实践具有提高开发水平、深入关键技术和注重细节的特点。一个自主创新实践项目往往就是一个产品原型的正式开发。在实践过程中，通常由教师和学生共同组成一个研发团队。这样的团队会提出不低于当前技术水平的解决方案，最终给出一个完整、可运行的工程原型，而且在设计、编码、测试、试运行的各个阶段提供质量合格、文笔流畅、图表规范的文档。

自主创新实践还常常具有产、学、研相结合的特点。企业和科研院所的技术人员也可以加入以教师和学生为主的团队中，参与实践项目开题、项目咨询、项目评估、项目测试和项目鉴定等活动。业界专业技术人员的参与对提升学生的专业技能意义重大，使他们能够接触到嵌入式专业工作者的观点和做法，从更加广阔的视野来考虑实践活动中所遇到的技术创新问题。产、学、研相结合能够使培养出的毕业生具有较强的适应能力，毕业后能够更快地适应自己的工作岗位。

本书的编写背景

本书署名作者当中的前三位是南京大学的校友，第4位是南京邮电大学的EDA实验室高级实验师。从2004年到2013年，四位作者都先后参加过嵌入式系统课程设计的实验活动。

在南京大学计算机系历时近10年的本科生和研究生嵌入式系统课程教学中，使用的硬件嵌入式实验平台之一是CVT2410（创维特公司的ARM 9实验箱产品），使用的典型操作系统之一是VxWorks 5.5/Tornado 2.2，使用的与VxWorks配套的图形用户界面是WindML 3.0。在参与嵌入式系统教学和实验的过程中，作者们一再强调实验环节的重要性，并对修课学生参加实验环节给予力所能及的指导和帮助。

在VxWorks的实验教学活动中，我们整理出50多个单项实验，并在此基础上先后提出了近十个课程设计让优秀学生实践，包括：自动洗衣机模拟器、实时时钟、华容道、飞行棋、联网跳棋、自动售票机模拟器等。

由于我国目前嵌入式系统综合课程设计的教材还比较少，而在实际教学过程中学生对这一类图书又有较大的需求，作为嵌入式系统课程的任课教师，我们有责任帮助学生解决综合课程设计的实验用书问题。为了给学生提供一个开发步骤合格、流程正确、能启迪思维的教学用书，我们从2010年起就开始着手制订编写计划，准备对其中的若干个课程设计的工作原理、任务功能、任务划分、任务设计方案和测试方案做出较为全面的总结，写作一本实验项目案例教材。基于这个计划，我们一边致力于嵌入式系统课堂教学，一边致力于实验环节的实践、指导和管理。在陆续积累VxWorks教学和实验的基础上，我们优选了3个比较完善的课程设计作为重点加以剖析和描述，逐步地编写出本书的各个章节。

通过阅读本书，读者可以加深对VxWorks重要知识点的理解，掌握嵌入式系统课程设计的概貌与过程，并借鉴本书的三个课程设计对书中提出的其他典型课程设计项目加以尝试，提高嵌入式系统设计与开发的技能。

致谢

在本书的编写过程中，参考和借鉴了许多专家学者的研究成果，我们在列举参考文献时可能有疏漏，在此向相关所有者和机构表示诚挚的谢意。

由于作者专业教学水平有限及编写时间紧，书中难免有不当甚至错误之处，恳请读者批评、指正和评价，与我们一起对书中内容进行完善。我们对来自读者的评价、批评和建议信息表示欢迎和致谢，将认真地考虑并酌情处理。

反馈信息请通过以下方式与作者联系：

E-mail：jiashixiang@sohu.com，yujianxin@nju.edu.cn

编 者

目　录

第 0 章
引言

读者可以从第 1 章获得 VxWorks 操作系统任务管理、任务间通信、中断机制、设备驱动以及 WindML 图形组件的原理性知识；可以从第 2 章获得嵌入式系统课程设计的基本特点、基本分类、基本开发步骤等理论知识。

第 3 章到第 5 章分别介绍了 3 个嵌入式系统实验案例。其中第 3 章介绍了一个控制类课程设计案例，即在一款 ARM 9 实验平台上，借助系统总线插拔槽，自行开发一个 CPLD 扩展板插件，实现 LED 点阵的驱动；LED 点阵显示板插在 CPLD 扩展板上，能够滚动显示 VxWorks 应用程序输出的单行汉字。第 4 章介绍了一个机械装置模拟器类课程设计案例，它是一个用于铁路售票的自动售票机模拟器，属于 VxWorks 的原型软件。该章描述了这个模拟器的基本设计、数据流图、任务划分、处理流程、人机对话界面、绘图程序流程、IPC 设计以及测试结果。第 5 章介绍了一个联网运作的电子游戏软件。它是一个可供 6 人博弈的电子跳棋，含有两个程序。第一个程序是供自然人玩家操作的跳棋程序，可实现自然人玩家之间的跳棋博弈。如果该联网的实验板上没有自然人玩家，就自动地运行第 2 个机器棋手操作的跳棋程序，实现机器棋手与其他棋手之间的跳棋博弈。

0.1 对读者基本知识和技能的要求

为了很好地理解本书的前两章，读者应该具备下列知识和技能：

1）ARM 9 处理器的结构、汇编语言程序设计。

2）VxWorks 操作系统的基本概念、任务管理函数、IPC 函数等。

3）C 语言程序设计的基本规则。

4）课程设计的性质、分类以及各种类型课程设计的基本特点和基本应用。

读者具备较强的理解力和动手能力是透彻理解本书后三章所必需的。需要具备的知识和技能以下分别叙述。

为了很好理解第 3 章控制类课程设计，读者应该具备 CPLD 和 FPGA 的设计技能、汉字字库芯片的选型和使用方法、VxWorks 驱动程序设计、VxWorks 应用程序设计、ARM 实验平台的操作和调试，等等。

为了深刻理解第 4 章模拟器类课程设计，读者应该具备网络应用系统设计、数据组织和访问、系统设计、WindML 绘图程序设计、VxWorks 应用程序设计、ARM 实验平台的操作、嵌入式测试和故障排除，等等。

为了掌握第 5 章网络游戏类课程设计，读者应该具备棋牌类电子游戏程序的框架设计、网络应用系统设计、棋类电子游戏的坐标系统设计、人机博弈系统设计、WindML 绘图程序设计、VxWorks 应用程序设计、ARM 实验平台的操作、嵌入式测试和故障排除，等等。

0.2　对读者自行开展课程设计的期望

阅读本书之后，高年级学生读者应该以书中的三个课程设计案例为参照物，与其他学生组成一个开发团队，启迪自己或者他人的创意思维，提出项目模型，进行交流讨论。用演绎、模仿、借鉴的方式完成一个类型相同、工作量相当、具有新意的课程设计。

例 1　可以根据北京—沈阳或者上海—杭州的高速铁路，尝试编写一个高铁自动售票机模拟器。要求完成源代码设计和调试、文档编写、使用说明等。

例 2　可以尝试设计一个自动洗衣机模拟器，用图形方式给出洗衣机的控制面板、工作状态，用户使用小键盘或者触摸屏控制洗衣机的动作，步进电机模仿洗衣机转鼓的快慢速旋转和正转 / 反转 / 定时转动，程序调通之后，再编写一个合格的设计报告、含注释的源代码清单，以及用户说明书。

第1章
VxWorks/Tornado 概述

VxWorks 是美国风河公司（Wind River Inc.）于 20 世纪 80 年代中期投放市场的嵌入式实时操作系统。它是一个强实时的嵌入式操作系统，经过多年的实际使用没有发生过重大事故，其高可靠性得到业界的公认。在航空航天、军用、通信和医疗等领域，VxWorks 拥有最大的市场份额，成为这些领域事实上的操作系统标准。

VxWorks 操作系统能够在多种主流的 CPU 硬件平台上向开发者提供统一的 API 接口。1997 年风河公司为 VxWorks 提供了可视化的集成开发环境 Tornado。这样，VxWorks 程序员就有了一个 API 接口丰富、操作方便、高度专业化的开发环境。现在，Tornado 成为 VxWorks 的标准开发工具。借助 Tornado 集成开发环境，程序员能够高效快速地开发出高质量的嵌入式应用程序。

WindML 是风河公司为 VxWorks 操作系统配套研发的多媒体组件，它能为嵌入式系统提供图形用户界面。WindML 已经成为 VxWorks 嵌入式研发项目常用的图形工具。

2009 年 6 月上旬，Intel 公司全资收购了风河公司。这个行动表明 Intel 的市场战略从传统的 PC 和服务器延伸到了嵌入式系统和便携手持设备。目前，风河公司作为 Intel 公司的子公司仍然从事嵌入式操作系统开发，包括嵌入式 Linux 和 VxWorks/Tornado 的技术维护与技术研发。风河公司于 2014 年推出了 VxWorks 7，对物联网应用提供了更完备的支持。风河公司还推出了新的集成开发环境 WorkBench 来取代 Tornado。WorkBench 以开放的 Eclipse 平台为框架，开发环境可由客户自由定制。例如，用户想使用自己熟悉的配置管理工具或者编辑器，就可以找到这样一个插件并集成到 WorkBench 中。

本书介绍的 VxWorks / Tornado 版本分别是 VxWorks 5.5 和 Tornado 2.2。除此之外，还介绍了 WindML 3.0 图形组件的函数功能。

1.1　VxWorks 基本组成

VxWorks 属于大型操作系统，是 UNIX 内核改良型操作系统。这意味着 VxWorks 的内核模块、设备驱动、I/O 管理、Shell 命令和 Makefile 命令与 UNIX 和 Linux 相兼容。在 I/O 管理方面，它与 ANSI C 兼容，包括 UNIX 标准的缓冲 I/O 和 POSIX 标准的异步 I/O。

VxWorks 由以下 4 大部分组成。

1）Wind 内核。VxWorks 的核心模块通常简称为 Wind，包括任务管理、抢占式多任务调度、进程间通信机制、中断处理、看门狗定时器和内存管理机制。

2）I/O 系统。VxWorks 的输入 / 输出系统由兼容 ANSI C 的代码编写，包含了 UNIX 的 I/O

系统和 POSIX 的 I/O 系统，还包含了网络驱动和各种外设驱动。

3）文件系统。VxWorks 支持的文件系统有：

- dosFS，与 MS-DOS 兼容的文件系统。
- rawFs，将整个盘作为一个文件，允许根据字节偏移读写磁盘的一部分。
- TrueFFS，闪存文件系统。

4）板级支持包（BSP）。对各种嵌入式电路板提供一个统一的软件接口库。

1.2 VxWorks 特点

VxWorks 具有以下特点：

（1）具有强实时性能

VxWorks 在 80486 处理器 66MHz 主频下的任务切换时间（Time of Context，TC）、系统调用时间（Time of System，TS）和中断响应时间仅为几微秒。

（2）支持 POSIX 标准

POSIX 即可移植操作系统接口（Portable Operating System Interface），是 IEEE 提出的技术标准。POSIX 的目标是使应用程序源代码可以在兼容 POSIX 的操作系统上移植。理想的目标是应用程序移植到另外一个操作系统只需要重新编译就可以了。VxWorks 正在不断完善对 POSIX 的支持。

（3）微内核设计方法

基本的操作系统功能由 Wind 内核提供，其他系统功能以系统组件形式存在。

（4）可裁减性

提供高度的可裁减性，可供裁减的组件多达 300 个以上。

（5）可移植性

VxWorks 操作系统分为两部分，即硬件相关部分和硬件无关部分。硬件相关部分程序由 BSP 提供。由于 BSP 的单独存在，移植 VxWorks 的开发工作变得十分明确。目前，中小型 VxWorks 应用开发商都能够移植 BSP。

（6）抢占式任务调度

VxWorks 具有抢占式任务调度机制，支持基于优先级的任务调度和循环优先级的任务调度。

（7）可靠性

VxWorks 经过了近 30 年的市场应用验证，核心代码很长时间没有修改，即没有发现错误。这证明 VxWorks 操作系统是高度可靠的。

VxWorks 技术一直在不断发展之中。VxWorks 6.8 版能向客户提供完整的移动 IP 支持，能为新一代网络通信设备提供包括 LTE（长期演进）和 WiMAX 技术在内的 4G 通信或者准 4G 通信的处理能力；此外，还提供了对多核处理器支持，包括 Intel Core i7 处理器、ARM Cortex-A9 处理器、Freescale QorIQ P2020 处理器、Cavium 54xx/55xx/56xx/57xx/58xx 系列处理器和 RMI XLR/XLS 系列处理器等，客户能够根据实际需求灵活选择最合适的处理器。2014 年，风河公司推出最新的 VxWorks 7 来帮助嵌入式设备制造商应对物联网（Internet of

Things，IoT）时代的挑战，满足其对连通性、可伸缩性和安全性的要求。

1.3 Tornado 概述

Tornado 是 VxWorks 的可视化集成开发环境。与 VxWorks 5.5 相配套的 Tornado 版本是 2.2。它集编辑器、编译器、调试器于一体，为嵌入式系统开发人员提供了一个不受目标机资源限制的开发调试环境。Tornado 主要运行在 PC 的 Windows 操作系统之上，具备 Windows 风格特点的友好人机交互界面。

Tornado 集成了多种开发工具，可在不同的应用开发阶段使用，并且对于各种目标机连接策略（以太网、串行口、片上调试）和不同的目标机内存都适用。Tornado 包含 3 个高度集成部分：①强有力的交叉开发工具和实用程序；②在目标机上执行的高性能、可裁减的 VxWorks 实时操作系统；③连接宿主机和目标机的多种通信工具，如以太网、串口线、ICE 或 ROM 仿真器。

Tornado 的主要工具包由以下几项构成：

（1）集成的源代码编辑器

Tornado 的源代码编辑器具有以下特点：

- 标准的文档处理功能。
- C 和 C++ 语法关键字的突出显示。
- 调试程序时追踪代码执行。
- 编译链接程序时错误及警告信息显示。
- 不支持汉字输入，但支持汉字显示。

（2）工程管理工具

Tornado 工程管理工具提供一个可视化的操作界面。程序员使用它建立工作空间，在工作空间中建立可启动或者可加载的 VxWorks 工程。有了工程管理工具，组织、配置、构造 VxWorks 的应用开发变得更为方便。

（3）集成的 C/C++ 编译器

Tornado 的 C/C++ 编译器有两种：GNU 和 Diab。

GNU 编译器是以 GPL 以及 LGPL 许可证发行的自由软件套件，来源于自由软件基金会（Free Software Foundation，FSF）。包括：cpp，C 预处理程序；gcc，C/C++ 编译器；ld，目标代码链接器；make，程序编译链接批命令工具。

Diab 是风河公司自主研发的商用 C/C++ 编译器。某 VxWorks 程序员在因特网上做出了这样的评价：Diab 的编译速度慢一些，生成的汇编代码效率比 gcc 高一些。

（4）仿真器 VxSim

在主机上仿真目标机的运行，属于指令集模拟器工具。

（5）调试器 CrossWind

CrossWind 是 Tornado 的源码级调试器，提供图形和命令行两种调试方式，可进行符号反汇编、任务或系统级的断点设置、单步执行及调试异常处理等。CrossWind 是 GNU 源代码调试器（GDB）的一个扩充版本，来自自由软件基金会的可移植符号调试器。CrossWind 对 GDB 的主要扩充是图形接口。

（6）软件逻辑分析仪 WindView

在调试程序时，提供图形化的中断、上下文切换和任务阻塞等信息显示。

（7）行命令窗口 WindShell

WindShell 是 Tornado 统一的命令解释器接口，也简写成 WindSh。WindSh 允许用户与目标机交互。它可以直接解释执行几乎所有的 C 语句表达式，包括函数调用和函数名称在系统符号表变量中的引用。WindSh 的符号调试使下面的操作更容易：任务断点；任务单步；符号反汇编；符号产生和变量观察；内存观察和修改；异常陷入；栈检查。

（8）系统对象检查工具 Browser

Browser 是 Tornado 命令解释器 WindSh 的图形化工具，可以显示目标机中的系统对象，如任务、信号灯、消息队列、内存分区、定时器、模块、变量、堆栈等系统信息，也可以显示内存的使用信息。

（9）Auto Scale 功能按钮

Tornado 集成开发环境具有自动增减组件功能。在菜单上按下 Auto Scale 功能按钮就开始执行对可启动工程的用户应用代码进行分析。它能够辨识可清除的组件并自动裁剪，或者加入当前还没有包含进去的必要组件。参看图 1-1。这个向导功能为程序员提供了方便，缩短了程序员配置 VxWorks 的操作过程。

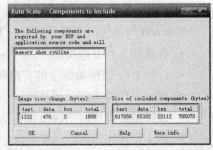

图 1-1　Tornado 的组件自动增减对话框

Tornado 集成环境可以提供上述所有工具，不受目标机资源约束。Tornado 主机工具与目标机系统的通信关系如图 1-2 所示。Target Server（目标服务器）管理所有与目标机交互的工具、主机与目标机的通信、目标模块的加载和卸载以及主机上的目标机符号表。

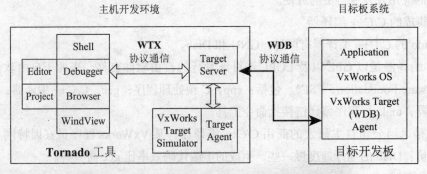

图 1-2　Tornado 主机工具与目标板系统的通信关系

1.4　VxWorks 任务管理

VxWorks 实时内核 Wind 提供基本的多任务管理和调度。在 VxWorks 中，每一个任务拥有任务名称、标识（ID）、优先级、任务控制块（TCB）和栈等私有资源。

任务控制块用来描述一个任务，每一个任务都与一个 TCB 关联。任务控制块中包含：

1）任务的程序计数器。

2）处理器的通用寄存器、浮点寄存器。

3）局部变量和调用函数时使用的栈。

4）标准输入 / 输出和错误输出的 I/O 重定向。

5）一个延时定时器。

6）一个时间片定时器。

7）优先级。

8）等待的事件或资源。

9）任务程序码的起始地址。

10）初始堆栈指针。

此外，任务控制块还包括：

- 任务"上下文"。任务调度器根据 TCB 中的内容来对任务进行管理和调度。此外，TCB 还被用来存放任务的上下文（context）。任务上下文就是当一个执行中的任务被停止时，所要保存的所有信息。通常，上下文就是计算机当前的状态，即处理器中各个寄存器的内容。

- 任务名称和任务 ID。VxWorks 在创建一个任务时一般要指定一个任务名称，任务名称可以是任意长度的 ASCII 字符串。如果不指定任务名称的话，VxWorks 会按命名规则分配一个默认的任务名：所有从目标机启动的任务以字母 t 开头，后面跟一个自增的序号；而从主机启动的任务以字母 u 开头。

任务 ID 是 TCB 的地址指针，通常是 4 字节的无符号整数。当创建任务时如果创建成功，VxWorks 将返回一个指向 TCB 的任务 ID。另外也可通过 taskNameToId 和 taskName 两个函数实现任务 ID 和任务名称之间的相互转换。

1.4.1 任务状态转换

任务一旦被创建，其状态可以在有限范围内迁移，从而构成一个简单的有限状态机（Finite State Machine，FSM）。Wind 内核负责维护每个任务的当前状态。VxWorks 的基本任务状态包括：挂起（Suspend）、就绪（Ready）、阻塞（Pend）、延时（Delay）和运行（Running）。

Wind 内核任务状态说明如表 1-1，对应的状态转换如图 1-3 所示。

表 1-1　Wind 内核任务状态

状态符号	描　述
就绪（Ready）	处于这种状态的任务除了等待 CPU 外，无须等待其他资源
阻塞（Pend）	由于一些资源不可用而阻塞的任务状态
延时（Delay）	处于延时计数之中的任务状态
挂起（Suspend）	此状态主要用于调试，不会约束状态转换，仅仅约束任务的执行
DELAY+S	既处于延时又处于挂起的任务状态
PEND+S	既处于阻塞又处于挂起的任务状态
PEND+T	带有超时值（timeout）处于阻塞的任务状态
PEND+S+T	带有超时值处于阻塞和挂起的任务状态
state+I	state 指定的任务状态加上一个继承优先级

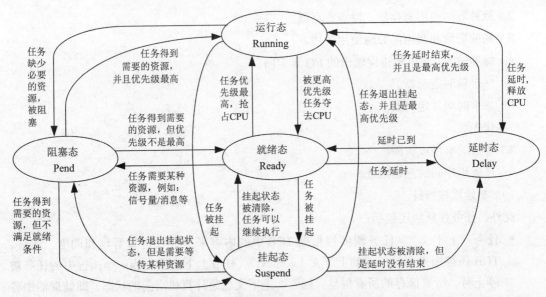

图 1-3　VxWorks 任务状态转换图

VxWorks 多任务调度算法有优先级和时间片轮转两种，通常采用优先级算法。VxWorks 5.5 支持 256 个优先级（0~255，0 优先级最高，255 优先级最低）。在创建任务的时候需要指定一个优先级。一般来说，VxWorks 任务函数优先级在生存期是固定不变的，当然也可以根据需要进行改变。动态改变任务优先级的 API 函数是 taskPrioritySet( )。

1.4.2　任务框架

VxWorks 应用程序编程具有面向任务的性质，需要程序员自行对应用程序的数据处理进行功能分析，将程序语句划分成若干个任务，其中每一个任务函数的代码需要遵循固定的代码框架。通常采用以下两种 VxWorks 任务函数伪码模板中的一种。

```
/*  任务函数伪码模板 1：死循环型  */
void  continuousloopcode(void )
{
     初始化；
     非循环执行的语句；
     while(1)                /*  永真循环 */
     {
       接收数据；
       处理；
       发送处理结果；
       …
       taskDelay(n);         /*  延时 n 个节拍  */
     }
}
/*  任务函数伪码模板 2：终止型  */
void  runtoendcode(void )
{
     int k=23;
     初始化；
     接收数据；
     处理；
```

```
        发送结果;
        后处理;
        …
        exit(k);  /* 退出 */
    }
```

1.4.3 任务相关 API 函数

VxWorks/Tornado 与任务相关的常用 API 函数大约有 40 个，分散在 taskinfo、taskLib、taskShow 和 taskHookLib 等函数库中。

（1）任务创建函数 taskSpawn

taskSpawn( ) 函数创建一个任务，同时激活该任务。调用示例如下：

```
tMyProId = taskSpawn ( "MyTask", TASK_PRI, options, STACKSIZE, (FUNCPTR)mytask,
arg1, …arg10 );
```

其中该函数的 15 个输入参数按顺序列出：新创建任务名、优先级、可选项字段、堆栈尺寸、入口函数地址以及 10 个入口函数的参数。

taskSpawn( ) 函数的返回值是一个长度为 4 字节的任务 ID 号，该 ID 号指向任务的 TCB 数据结构。一个 taskSpawn( ) 函数正常执行之后，被创建的任务立即被 Wind 内核调度器所控制和管理，如果此刻它的优先级为最高就获得 CPU 使用权并投入运行。

（2）任务初始化函数 taskInit 和激活函数 taskActivate

taskInit( ) 函数的输入参数和返回值与 taskSpawn( ) 函数类似，功能是初始化指定的内存区域作为任务的堆栈和控制块。初始化之后，该任务处于挂起状态。为使这个刚创建的任务进入就绪状态，必须再执行 taskActivate( ) 函数以激活该任务。

taskActivate( ) 函数的原型是：

```
STATUS taskActivate ( int tid  /*任务的识别号*/  )
```

（3）任务删除函数 taskDelete

一个任务可以调用 taskDelete( ) 删除其他任务。

（4）任务挂起函数 taskSuspend 和任务恢复函数 taskResume

这两个函数都有一个唯一的输入参数，即任务 ID 号。前者将指定 ID 号的任务从就绪态变为挂起态。后者将指定 ID 号的任务解除挂起态。taskSuspend( ) 的挂起操作具有追加性质，延时的任务或者阻塞的任务都可以被挂起。

（5）任务重新启动函数 taskRestart

taskRestart( ) 函数的功能是重新启动指定 ID 号的任务。函数的原型如下：

```
STATUS taskRestart ( int tid  /*任务的识别号*/  )
```

（6）任务延时函数 taskDelay

taskDelay( ) 函数提供简单的任务睡眠机制。该函数有一个唯一的输入参数，它是延时计量值，计量单位是节拍（tick）。例如：taskDelay(30) 会将调用任务延时 30 个节拍。

函数原型如下：

```
STATUS taskDelay ( int ticks  /*任务延时的时钟节拍数*/  )
```

（7）获得系统时钟节拍函数 sysClkRateGet

VxWorks 中有一个 sysClkRateGet( ) 函数，它能够返回 VxWorks 中的系统时钟节拍速率。通常 VxWorks 的默认系统时钟节拍速率是 60/ 秒。如果没有使用函数改变这个值，则默认系统时钟节拍速率保持不变。在默认系统时钟节拍速率保持不变的情况下，程序员能够方便地设置延时时间的长短。

例如，"taskDelay(sysClkRateGet( ));" 语句会将调用它的任务延时 1 秒。

1.4.4 任务相关 API 函数使用范例

下面我们给出一个 VxWorks 的任务函数使用范例程序，在该程序中使用了十多个 VxWorks 任务相关的函数。请参看程序清单 1-1。

程序清单 1-1 任务函数使用范例程序

```
1    /* Task Routine Sample Program   2014-01-22 */
2    #include "stdio.h"
3    #include "vxWorks.h"
4    #include "taskLib.h"
5    #include "taskHookLib.h"
6    #define STACK_SIZE 1024
7
8    int   tTask0;
9    int   TASK_ID_ARRAY[20];              /* 存放 taskIdListGet 函数检索到的所有任务 ID*/
10   int   ProtectedData[20];
11   int   j1, j2, p1=0, p2=0;
12
13   STATUS task0(void);
14   STATUS MyHookCreate(void);
15   STATUS MyHookDelete(void);
16
17   STATUS  ProgStart(void)            /* 入口函数 */
18   {
19      int i, j, k=20, m, aa;
20      printf("Demo begin! \n\n");
21
22      taskHookInit();                    /* 初始化任务钩子例程库 */
23      taskCreateHookAdd(MyHookCreate);   /* 确定每创建一个任务时执行的钩子函数 */
24      taskDeleteHookAdd(MyHookDelete);   /* 确定每删除一个任务时执行的钩子函数 */
25
26      tTask0 = taskSpawn ("task0", 200, 0, STACK_SIZE,      \      /* 创建任务 */
27           (FUNCPTR)task0, 0, 0, 0, 0, 0, 0, 0, 0, 0, 0);
28
29      j = taskIdListGet(TASK_ID_ARRAY, 20);   /* 获得当前任务 ID 列表 */
30
31      printf("ProgStart is running!\n\n");
32
33      for (i=0; i<j; i++)
34      {
35        printf("Task %d ID is %d, Task name is \    /* 打印任务 ID 和任务名称列表 */
36            %s\n", i, TASK_ID_ARRAY[i], taskName(TASK_ID_ARRAY[i]));
37      }
38
39      printf("Task list has been given!\n");
```

```
40
41     aa = taskIdSelf();                    /* 获得入口函数的 ID*/
42     printf("The task ID of ProgStart function is %d!\n", aa);
43     taskDelay(500);                       /* 任务延时 */
44     printf("Now suspend the task0 \n");
45     taskSuspend(tTask0);                  /* 将任务 tTask0 挂起 */
46
47     taskPrioritySet(tTask0, 190);
48     taskPriorityGet(tTask0, &m);
49     printf("The priority of task0 has been changed from 200 to %d\n", m);
50     taskDelay(500);                       /* 任务延时 */
51     printf("Now resume the suspended state of task0 \n");
52     taskResume(tTask0);                   /* 解除任务 tTask0 的挂起 */
53
54     taskDelay(500);
55     taskDelete(tTask0);                   /* 将会引发钩子关联函数 MyHookDelete 执行 */
56
57     printf("\n The demostration of task's functions will soon end!\n\n");
58
59     taskDelay(sysClkRateGet( )*4);        /* 延时 4 秒 */
60
61     exit(20);                             /* 退出入口函数 */
62  }
63
64  STATUS task0(void)                        /* 任务 task0 的执行函数 */
65  {
66     while(1)
67     {
68         j1=rand()%1000;
69         p1=rand()%20;
70         ProtectedData[p1]=j1;
71         j2=rand()%1000;
72         p2=rand()%20;
73         ProtectedData[p2]=j2;
74         printf("task1 write two number into array, [%d]=%d\n", p1, j1);
75         printf("                       into array, [%d]=%d\n", p2, j2);
76
77         taskDelay(100+rand()%100);
78     }
79  }
80
81  STATUS MyHookCreate(void)
82  {
83     printf("\t CreatehookFunction reports that one new task is created!\n");
84  }
85
86  STATUS MyHookDelete(void)
87  {
88     printf("\t DeletehookFunction reports that one task is deleted!\n");
89  }
```

1. 程序代码说明

1）第 22 行的 taskHookInit 函数初始化钩子函数库。

2）第 23 行调用 taskCreateHookAdd 函数的语句是钩子（hook）关联函数，绑定每当创建一个 VxWorks 任务时就执行 MyHookCreate 函数。

3）第 24 行调用 taskDeleteHookAdd 函数的语句也是钩子关联函数，绑定每当删除一个 VxWorks 任务时就执行 MyHookDelete 函数。

4）第 29 行 taskIdListGet 函数的返回值是获得的当前 VxWorks 的任务总个数，而获得的所有任务 ID 信息存放在数组 TASK_ID_ARRAY 里。

5）在第 41 行，使用 taskIdSelf 函数获得入口函数本身的任务 ID 号。入口函数是一个非显式建立的 VxWorks 任务，只有在入口函数的语句序列中使用 taskIdSelf 才能够使得应用程序得到入口函数的任务 ID。

6）在第 45 行，执行 taskSuspend 函数将任务 tTask0 挂起，延时 500 个节拍之后，在第 52 行 taskResume 函数解除任务 tTask0 的挂起状态，让任务 tTask0 继续执行下去。

7）在第 47 行，taskPrioritySet 函数改变任务 tTask0 的优先级。

2. 实验结果

图 1-4 给出了本任务相关 API 函数使用范例在 Tornado 模拟器 VxSim 上的输出结果。

图 1-4　VxWorks 的任务函数使用范例程序输出结果

1.5　VxWorks 任务间通信

VxWorks 5.5 提供的任务间通信机制有信号量、共享内存、消息队列、管道、信号（用于处理异常）和事件。以下分别介绍其中的信号量、消息队列、管道和信号。

1.5.1　信号量

信号量是实现任务互斥、同步操作的主要机制。VxWorks 5.5 提供的信号量经过了高度优化，在所有任务间通信机制中速度最快。VxWorks 信号量提供的互斥访问功能是指不同任务可以利用信号量独占地访问临界资源。这种互斥的访问方式比中断禁止（Interrupt Disable）与抢占锁定（Preemptive）这两种互斥方式更加精确。信号量提供的任务同步功能是指一个任务可以利用信号量控制自己的执行进度，使自己同步于一组外部事件。

VxWorks 5.5 针对不同的应用提供了三种信号量，参见表 1-2。

表 1-2　VxWorks 5.5 的信号量

类　型	功能描述
二进制信号量 （Binary Semaphore）	完成互斥操作或者同步操作的常用方式，速度最快
互斥信号量 （Mutual Exclusion Semaphore）	一种特殊的二进制信号量，专门针对互斥操作进行了优化。包含优先级继承、删除保护与递归访问
计数信号量 （Counting Semaphore）	类似于二进制信号量，可以记录信号量释放的次数，也就是semGive的次数。可监视同一资源上的多个实例

二进制信号量速度最快，可以实现任务之间的同步和互斥操作。VxWorks 提供的与二进制信号量相关的系统函数有以下几个。

1. 二进制信号量的创建和删除

二进制信号量的创建函数 **semBCreate** 原型如下：

```
SEM_ID semBCreate                /* semBCreate 函数的返回值是一个 SEM_ID 类型变量 */
(
    int options,                 /* 选项，决定任务在二进制信号量上的排队方式 */
    sem_B_STATE initialState     /* 初始状态 */
)
```

二进制信号量的删除函数 **semDelete** 原型如下：

```
STATUS semDelete( SEM_ID semId   /*  需要删除的信号量ID */ )
```

2. 二进制信号量的获取和释放

任务调用 **semTake** 函数获取一个信号量。semTake 原型如下：

```
STATUS semTake
(
    SEM_ID semID,                /* 需要获得的信号量 ID */
    int timeout                  /* 超时时间，以节拍数表示 */
)
```

调用 semTake 函数时，任务的状态迁移依赖于该二进制信号量当时所处的状态。图 1-5 给出了 semTake 函数所执行的操作。

任务调用 **semGive** 函数释放一个信号量。semGive 原型如下：

```
STATUS semGive( SEM_ID semId  /* 需要释放的信号量标识符 */  )
```

调用 semGive 函数时，任务的状态迁移同样依赖于该二进制信号量当时所处的状态。图 1-6 给出了 semGive 函数所执行的操作。在图 1-6 中假设 semGive 函数的信号量 ID 合法，否则，semGive 函数运行失败，返回一个 ERROR。

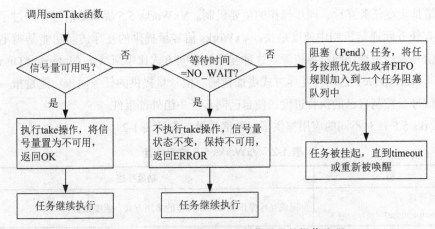

图 1-5   semTake 函数对二进制信号量的操作流程

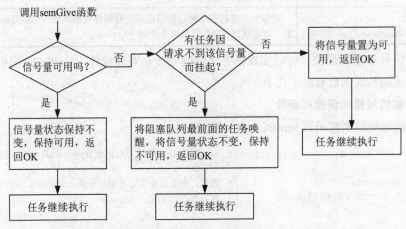

图 1-6   任务调用 semGive 函数释放一个信号量

使用二进制信号量实现互斥和同步操作有两个关键点：①二进制信号量创建时的初始状态；②任务是否成对调用 semTake( ) 和 semGive( )，以及调用顺序。参见表 1-3 总结的编程注意点。

表 1-3   二进制信号量的编程注意点

操作类型	编程注意点
互斥操作	初始状态设为可用（SEM_FULL）
	在同一个任务函数中成对顺序调用 semTake 函数和 semGive 函数
同步操作	初始状态设为不可用（SEM_EMPTY）
	在不同任务函数中分别单独调用 semTake 函数和 semGive 函数

1.5.2   信号量语句编程实验

现在我们给出一个 VxWorks 小型程序的实验题材。它是一个主控任务按照时间控制辅助任务执行的 VxWorks 程序范例，该范例的中文工程名称是"信号量握手"，对应的英文名称是 Semphore_ShakeHand。

1. 概要设计

在这个 VxWorks 信号量握手程序的代码中一共需要安排 5 个任务：一个主控任务，两个比较重要的辅助任务，以及两个次要的输入输出任务。主控任务启动之后，释放协同操作功能的信号量 syncTaskA，该信号量控制两个辅助任务（任务 A 和任务 B）轮流执行。而另外两个 I/O 任务 C 和 D 在执行过程中与任务 A 和任务 B 是否执行无关，需要在任务 C 和 D 中先设定一个伪随机数 p，然后在任务 C 和 D 的循环体尾部自动延时 90+p 个时间节拍，之后再进入自身任务的新循环体。

2. 信号量握手程序流程

本信号量实验程序的主控任务函数为 Entry 函数。该函数先创建了控制任务的 4 个二进制信号量，然后创建了 4 个任务（TaskA、TaskB、TaskC 和 TaskD）。Entry 函数完成这 4 个任务创建工作后，随即释放了任务 A 需要的信号量 syncTaskA，从而激活了任务 A 和任务 B 的协同执行。图 1-7 刻画了主控程序通过信号量激活任务 A，从而做到全程控制辅助任务 A 和 B 无缝执行的图解。

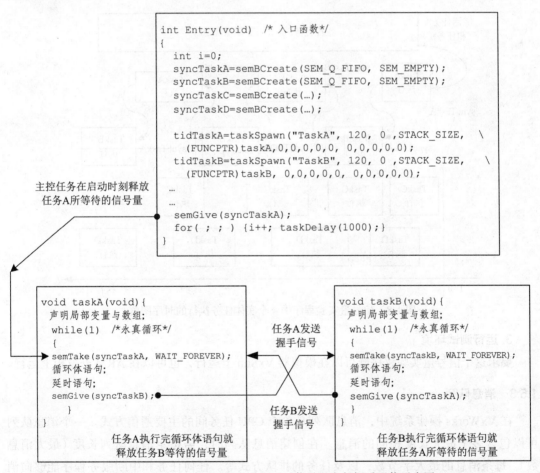

```
int Entry(void)  /* 入口函数*/
{
  int i=0;
  syncTaskA=semBCreate(SEM_Q_FIFO, SEM_EMPTY);
  syncTaskB=semBCreate(SEM_Q_FIFO, SEM_EMPTY);
  syncTaskC=semBCreate(…);
  syncTaskD=semBCreate(…);

  tidTaskA=taskSpawn("TaskA", 120, 0 ,STACK_SIZE,  \
    (FUNCPTR)taskA,0,0,0,0,0, 0,0,0,0,0);
  tidTaskB=taskSpawn("TaskB", 120, 0 ,STACK_SIZE,  \
    (FUNCPTR)taskB, 0,0,0,0,0, 0,0,0,0,0);
  …
  …
  semGive(syncTaskA);
  for( ; ; ) {i++; taskDelay(1000);}
}
```

主控任务在启动时刻释放任务A所等待的信号量

```
void taskA(void){
  声明局部变量与数组;
  while(1)   /*永真循环*/
  {
  semTake(syncTaskA, WAIT_FOREVER);
  循环体语句;
  延时语句;
  semGive(syncTaskB);
    }
}
```

任务A发送握手信号

任务B发送握手信号

```
void taskB(void){
  声明局部变量与数组;
  while(1)   /*永真循环*/
  {
  semTake(syncTaskB, WAIT_FOREVER);
  循环体语句;
  延时语句;
  semGive(syncTaskA);
  }
}
```

任务A执行完循环体语句就释放任务B等待的信号量

任务B执行完循环体语句就释放任务A所等待的信号量

图 1-7　两个 VxWorks 任务之间通过信号量实行握手通信示意图

阅读图 1-7，读者可知任务 A 在循环体的前部等待接收信号量 syncTaskA，收到该信号量之后立刻投入执行，在执行过程的后期进入延时操作，延时完毕之后释放任务 B 需要的信号量 syncTaskB。随后再次进入循环体前部执行，等待任务 B 释放 syncTaskA。

任务 B 的代码结构与任务 A 基本相同。在循环体的前部等待接收信号量 syncTaskB，收到之后立刻投入执行，在执行过程的后期进入延时操作，延时完毕之后释放任务 A 需要的信号量 syncTaskA。随后再次进入循环体前部执行，等待任务 A 释放 syncTaskB。

为了让读者更清晰地看到本信号量实验程序中 5 个任务函数的执行时序，我们在图 1-8 绘制了这 5 个任务函数的执行时序图解。

从图 1-8 中可以看到主控程序 Entry 自程序运行之后，执行一条释放 syncTaskA 的语句，此后 Entry 就一直处于循环延时执行之中，没有执行具有操作意义的语句。

而任务 A 和任务 B 这两个任务一直处于紧密衔接地执行或者等待运行状态，不是任务 A 在运行就是任务 B 在运行，两者之间没有运行时间的空缺。

此外，任务 C 和任务 D 均处于单独运行状态，这两个任务既不受主控任务的控制，也不受任务 A 和任务 B 的控制，此外任务 C 和任务 D 相互之间不存在执行条件的制约关系，而是由各自的外部中断信号或者解除信号量阻塞而引发的执行因素所决定的。

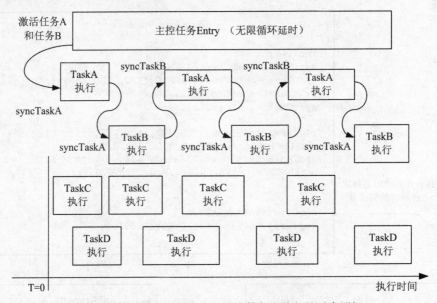

图 1-8　信号量实验程序中 4 个实体任务执行的时序图解

3. 运行测试环境

要求这个信号量实验程序既可以在模拟器 VxSim 上运行，也可以在 ARM 开发板上运行。

1.5.3　消息队列

在 VxWorks 操作系统中，消息队列是单个 CPU 任务间的主要通信方式。一个消息队列可以包含多个最大长度相同的消息。在创建消息队列时，需指定消息队列长度（最大消息数）、每条消息的最大字节数，以及任务的排队方式等。任何任务和中断服务程序能够向消息队列发送消息，也能从消息队列接收消息。从图 1-9 中我们可以看到，多个任务可以操作同一个消息队列，或者向其发送消息，或者从其接收消息。对于 ISR 而言，可以以不等待

（NO_WAIT）的方式向其发送消息。

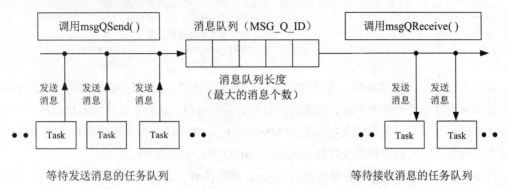

图 1-9　消息队列示意图

如果多个任务之间需要进行全双工交互，那么最好为每个任务都创建一个消息队列（可以理解成每个任务给自己申请一个信箱），如图 1-10 所示。

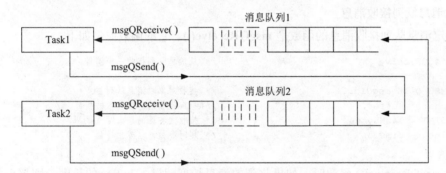

图 1-10　使用消息队列进行全双工交互示意图

VxWorks 5.5 提供了两套消息队列库：msgQLib 与 mqPxLib。msgQLib 提供的是标准的 VxWorks 消息队列；而 mqPxLib 中的消息队列是与 POSIX 系统兼容的，便于应用移植。

1. 消息队列的创建与删除

调用 **msgQCreate( )** 函数创建消息队列。返回一个消息队列的 ID，此后对该消息队列的操作都依据这个 ID 进行。

msgQCreate( ) 函数原型如下：

```
MSG_Q_ID msgQCreate(int maxMsgs, int maxMsgLength, int options)
```

删除一个消息队列，只需要将消息队列的 ID 作为参数调用 **msgQDelete( )** 操作即可。

msgQDelete( ) 函数原型如下：

```
MSG_Q_ID msgQDelete(MSG_Q_ID msgQId)
```

2. 向消息队列发送消息

向指定消息队列发送消息的函数是 **msgQSend( )**。它的函数原型如下：

```
STATUS msgQSend   /* 发送一个消息到指定的消息队列 */
(
```

```
MSG_Q_ID msgQId,                    /* 发送对象之消息队列 ID */
char *   buffer,                    /* 指向发送消息缓冲区的指针 */
UINT     nBytes,                    /* 以字节计量的消息长度 */
int      timeout,                   /* 以节拍计量的等待超时长度 */
int      priority                   /* MSG_PRI_NORMAL or MSG_PRI_URGENT */
)
```

如果有任务在该消息队列上等待接收消息，则发送的消息将立即被送到第 1 个等待的任务。如果没有任务等待接收消息，发送的消息将被保存在消息队列。保存的消息按照 FIFO 顺序在消息队列上排队，此时优先级参数为 MSG_PRI_NORMAL。如果需要将新来的消息插在消息队列的头部，需指定优先级参数 priority 为 MSG_PRI_URGENT。

任务调用 msgQSend( ) 函数时需指明 timeout 超时参数。超时参数规定了当任务向消息队列发送消息时（如果消息队列已满）任务的等待时间。当消息队列已满时，任务会阻塞起来等待消息队列腾出空间。在超时之前，一旦消息成功送入队列，任务将退出阻塞状态。若直到超时尚未把消息成功送入队列，任务同样会退出阻塞状态，但是 megQSend( ) 函数的返回值为 ERROR。

3. 从消息队列接收消息

从指定消息队列接收消息的函数是 **msgQReceive( )**。它的函数原型如下：

```
int msgQReceive                     /* 从消息队列接收一个消息 */
(
    MSG_Q_ID msgQId,                /* 接收对象之消息队列 ID */
    char * buffer,                  /* 指向接收消息缓冲区的指针 */
    UINT   maxNBytes,               /* 接收缓冲区的最大字节数 */
    Int    timeout                  /* 超时参数，以节拍计量 */
)
```

执行 msgQReceive( ) 函数时，如果收到的消息长度超过了 buffer 的长度，则超出的字符串部分被丢弃。当超时参数不是 NO_WAIT 并且消息队列为空，接收任务将被阻塞在消息队列的接收阻塞队列上。被阻塞的任务按照创建时指定的优先级排队。当消息队列接收消息时，将直接送至接收阻塞队列上的第 1 个等待接收的任务。

4. 消息队列模式的服务器和客户机

联网嵌入式系统中经常使用 C/S 模式的数据传输架构。在基于 VxWorks 实现的 C/S 模式中，消息队列是经常使用的通信方案。图 1-11 给出了这种服务器 / 客户机的通信结构。在图 1-11 里，所有的客户机通过一个队列向服务器发送消息请求；而服务器根据 msgQId，针对性地把应答消息发送到各个客户机的接收消息队列，供请求方接收。

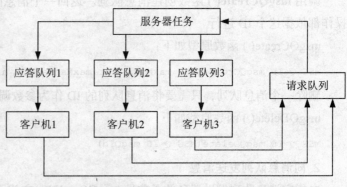

图 1-11   使用消息队列的客户机 / 服务器通信示意图

1.5.4 消息队列语句编程实验

现在我们给出一个 VxWorks 小型程序的实验题材。它是一个简单的 VxWorks 消息队列通信例子，其中文工程名称是"消息队列"，对应的英文名称是 MessageQueue。

1. 概要设计

在这个例子中，规定只有一个服务器任务，此外还有两个客户端任务。设定了三个消息队列，其中用于服务器任务向客户端发送消息的是 msgQidserver，两个客户端（编号为0和1）向服务器发送消息的消息队列是各自单独使用的，分别命名为 msgQIdClient[0] 和 msgQIdClient[1]。两个客户端任务之间不可相互发送消息。

图 1-12 给出了整个实验程序中的三个任务借助三个消息队列实行双向数据通信的图解。从图 1-12 中可以看出三个任务之间的消息通信是双向的，服务器任务只使用消息队列 msgQidserver 向客户端 0 和客户端 1 发送消息。而客户端 0 任务和客户端 1 任务则需要使用自己的消息队列向服务器任务发送消息。

在这个消息队列使用范例中，教学重点在于任务函数如何创建消息队列，任务函数如何向消息队列发送消息、如何从消息队列接收消息以及如何删除消息队列等。

整个程序应该含有 4 个函数，它们的功能分别是：

1）progStart()、progStop() 分别用来启动、停止本演示程序，并且给出了创建和删除消息队列的方法。

2）client 函数是客户端的任务函数，它负责向服务器发送消息。

3）server 函数是服务器的任务函数，它负责从客户端接收消息。

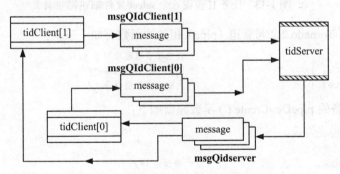

图 1-12　一个服务器与两个客户端实行消息通信的图解

2. 运行测试环境

要求这个消息队列实验程序既可以在模拟器 VxSim 上运行，也可以在 ARM 开发板上运行。

1.5.5 管道

VxWorks 5.5 提供的管道机制与消息队列比较类似，创建时也会分配一个消息队列。不同的是，管道是一种虚拟 I/O 设备，它可由 VxWorks 提供的一套标准 I/O 接口进行操作和管理。正常创建的管道是命名管道，任务可以通过标准的 I/O 函数（open 函数、close 函数、read 函数、write 函数、ioctl 函数）来打开、关闭、读、写和控制管道设备。与其他 I/O 设备一样，除非管道有可用数据，否则从一个空管道读取数据任务将被阻塞。同样，除非有可用空间，任务向"满"管道进行写操作也将被阻塞。

与消息队列类似，中断服务子程序 ISR 能够向管道写入，但是不能从管道读取。与消息队列不同，管道具有一个非常重要的特性，它可以被 select 函数调用，这使管道可以同其他异步 I/O 设备协同工作。例如，一个任务可以同时监视管道设备、套接字（Socket）、CD-ROM 以及串行设备。参看图 1-13。

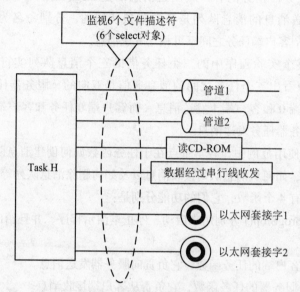

图 1-13　任务 H 监视 6 个 select 文件描述符对象

VxWorks 5.5/Tornado 2.2 与管道（pipe）相关的函数有如下三个：

```
pipeDrv( )                    /* 初始化管道驱动程序 */
pipeDevCreate( )              /* 创建一个管道设备 */
pipeDevDelete( )             /* 删除一个管道设备 */
```

创建管道设备的 pipeDevCreate( ) 函数原型如下：

```
STATUS pipeDevCreate
(
    char *name,               /* 管道名 */
    int nMessages,            /* 管道中的最大消息个数 */
    int nBytes                /* 消息长度 */
)
```

删除管道设备的 pipeDevDelete( ) 函数原型如下：

```
STATUS pipeDevDelete
(
    char *name,               /* 管道名 */
    BOOL force                /* 强制删除选项 */
)
```

1.5.6　信号（软中断）

信号是类 UNIX 操作系统中任务之间的软件通信手段，英文名称是 signal。它类似于系统中硬件中断或者异常发生事件。任何任务函数或者中断服务子程序都可以向指定的任务发信号，表示有某个事项发生了。这种信号通信机制称为软中断。

VxWorks 支持软件信号功能。获得（接收）信号的任务（设任务名为 A，运行在断点 Break）立即挂起当前的执行线程，在下一次任务调度时如果任务 A 又获得运行，则转而执行指定的信号处理程序。信号处理程序在信号接收任务 A 的上下文中执行，并使用该任务 A 的栈区。信号处理程序执行完毕返回任务 A 的断点 Break。即使在任务 A 被阻塞时，信号处理程序仍可被唤醒，即信号处理程序仍可被调用。

为了防范病毒入侵并保证安全，信号处理程序仅能调用那些在中断处理程序中安全使用的函数，否则可能导致系统出现死锁。

1. 信号通信机制图解

信号和管道一样，也是 UNIX 系统中传统的通信方式，用于通知进程运行条件已经发生改变。如图 1-14 所示，这种通知如同中断一样，不同的是该"中断"源于软件——另外一个任务、中断服务子程序或者内核，因此也称为软中断。一般而言，软中断是指触发事件来自系统内部执行的软件，它不像通常的中断那样由 CPU 的外部管脚接收到的中断信号触发。

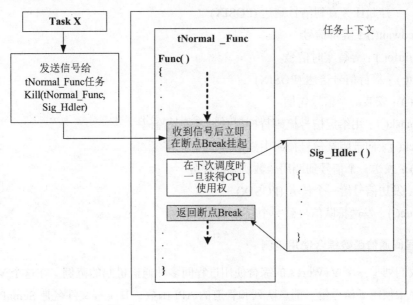

图 1-14　VxWorks 信号的处理机制图解

在如图 1-14 所示的信号应用例子中，发出信号的任务名为 X，接收信号的任务为 tNormal_Func，而 Func 函数是 tNormal_Func 任务的执行程序。信号处理程序为 Sig_Hdler。从图 1-14 中可见，接收到信号的任务 tNormal_Func 不是马上执行信号处理程序，而是先挂起，然后等到任务 tNormal_Func 下一次获得 CPU 使用权时，先去执行信号处理程序 Sig_Hdler，然后返回任务 tNormal_Func 在挂起时的断点 Break，继续执行 Func 函数剩余的语句。

2. VxWorks 的 sigLib 库函数介绍

Wind 内核支持两种类型的信号接口。一种是 UNIX BSD 风格的信号，另外一种是 POSIX

兼容的信号。建议在一个应用程序中使用一种类型的信号接口，不要混合使用不同的接口。

sigLib 库的函数清单如下：

sigInit( )：初始化信号设备

sigqueueInit( )：初始化排成队列的信号设施

sigemptyset( )：初始化一个不包含信号的信号集（POSIX）

sigfillset( )：初始化一个包含所有信号的信号集（POSIX）

sigaddset( )：添加一个信号到一个信号集 (POSIX)

sigdelset( )：从一个信号集删除一个信号 (POSIX)

sigismember( )：做测试，看看信号是否存在于一个信号集中 (POSIX)

signal( )：指明与一个信号关联的句柄

sigaction( )：检查和 / 或指明与信号关联的作为 (POSIX)

sigprocmask( )：检查和 / 或改变信号掩码 (POSIX)

sigpending( )：取回由于递送被阻塞而挂起的信号集 (POSIX)

sigsuspend( )：挂起任务直到信号到达 (POSIX)

pause( )：挂起任务直到信号到达 (POSIX)

sigtimedwait( )：等待信号

sigwaitinfo( )：等待实时信号

sigwait( )：等待信号送达 (POSIX)

sigvec( )：安装一个信号句柄

sigsetmask( )：用给定信号掩码替换现有阻塞信号掩码

sigblock( )：向被阻塞信号掩码中添加信号

raise( )：发送一个信号到调用函数所属的任务

kill( )：发送信号给一个任务 (POSIX)

sigqueue( )：发送排队信号到一个任务

1.5.7 进程间通信函数综合使用范例

下面我们列举一个 VxWorks 的综合使用进程间多种通信机制的范例。在这个 VxWorks 范例实验程序中使用了信号量、消息队列和管道的 API 函数，其工程文件名是 SemaPipeMsg。

这个范例的映像可以在 VxSim 模拟器上运行，整个程序的 C 语言程序在程序清单 1-2 给出。

程序清单 1-2   C 语言程序 Exp86_SemaPipeMsg_VxSim.c 源代码语句清单

```
1    /* Project name is SemaPipeMsg    */
2    /* Exp86_SemaPipeMsg_VxSim.c   2013-01-26 */
3
4    #include <vxworks.h>
5    #include <ioLib.h>
6    #include <pipeDrv.h>
7    #include <msgQLib.h>
8    #include <semLib.h>
```

```
9    #include <time.h>
10   #include <stdlib.h>
11
12   #define MAX_MSGS  (5)            /* 管道中最大消息个数 */
13   #define MAX_MSG_LEN 100          /* 每个消息最大长度 */
14   #define STACK_SIZE 20000         /* 堆栈大小 */
15
16   typedef struct Msg              /* 消息定义 */
17   {
18     int senderId;                 /* 发送消息的任务 ID 号 */
19     int a[2];                     /* 发送的十进制随机数 a[0] 和它的十进制校验码 a[1]*/
20   }MESSAGE;
21
22   int tidTask1;                   /* 任务 ID 定义 */
23   int tidTask2;
24   int tidTask3;
25
26   int demoPipeFd;                 /* ☆  管道 ID 定义 */
27   MSG_Q_ID msgId;                 /* 消息队列 ID 定义 */
28   SEM_ID   semTwo;                /* 信号量 ID 定义 */
29   SEM_ID   semThree;
30
31   /* 函数声明 */
32   STATUS ProgStart(void);
33   STATUS task1(void);
34   STATUS task2(void);
35   STATUS task3(void);
36   void progStop(void);
37   void randCal(MESSAGE * pMsg);
38
39   STATUS ProgStart(void)
40   {
41     int result;                   /* 记录函数返回的结果 */
42     printf("Program start!\n");
43     /*  ☆ 创建一个名为 "/pipe/demo" 的管道 */
44     result = pipeDevCreate("/pipe/demo", MAX_MSGS, MAX_MSG_LEN);
45     if (result == ERROR)
46     {
47       return(ERROR);
48     }
49
50     /* ☆  打开管道,并将管道的文件描述符保存在 demoPipeFd */
51     demoPipeFd = open("/pipe/demo", O_RDWR, 0 );
52     if (demoPipeFd == NULL)
53     {
54       return(ERROR);
55     }
56     /* 创建消息队列 */
57     msgId=msgQCreate(MAX_MSGS, MAX_MSG_LEN, MSG_Q_PRIORITY);
58     if(msgId==NULL) printf("msgQCreate() error!\n");
59     semTwo = semBCreate(SEM_Q_FIFO, SEM_EMPTY); /* 创建两个信号量 */
60     semThree = semBCreate(SEM_Q_FIFO, SEM_EMPTY);
61
62     /* 创建任务 */
63     tidTask1 = taskSpawn("tTask1", 180 , 0, STACK_SIZE, \
64       (FUNCPTR)task1, 0, 0, 0, 0, 0, 0, 0, 0, 0, 0);
```

```
65    tidTask2 = taskSpawn("tTask2", 200 , 0, STACK_SIZE, \
66       (FUNCPTR)task2, 0, 0, 0, 0, 0, 0, 0, 0, 0);
67    tidTask3 = taskSpawn("tTask3", 220 , 0, STACK_SIZE, \
68       (FUNCPTR)task3, 0, 0, 0, 0, 0, 0, 0, 0, 0);
69
70    srand(time(NULL));              /* 初始化随机数种子 */
71    return OK;
72 }
73
74 STATUS task1(void)
75 {
76    MESSAGE rxMsg1;
77    int temp, k;
78    printf("Task1 start!\n");
79
80    for(k=0; k<10; k++)          /* 循环 10 次 */
81    {
82       semGive(semThree);
83 /* ☆ 从管道 demoPipeFd 读出消息,当管道为空时,阻塞在 select 上等待 */
84       read(demoPipeFd, (char *)(&rxMsg1), sizeof(MESSAGE));
85
86       temp=rxMsg1.a[0]%9973;
87 printf("Received from task%d: a[0]=%5d, a[1]=%5d, and the result is %c\n", \
88 rxMsg1.senderId, rxMsg1.a[0], rxMsg1.a[1], temp==rxMsg1.a[1]?'R':'W');
89
90       semGive(semTwo);              /* 释放信号量 */
91       msgQReceive(msgId, (char *)(&rxMsg1), sizeof(MESSAGE), WAIT_FOREVER);
92
93       temp=rxMsg1.a[0]%9973;
94 printf("Received from task%d: a[0]=%5d, a[1]=%5d, and the result is %c\n", \
95 rxMsg1.senderId, rxMsg1.a[0], rxMsg1.a[1], temp==rxMsg1.a[1]?'R':'W');
96       taskDelay(50);
97    }
98    ProgStop();
99    return OK;
100 }
101
102 STATUS task2(void)
103 {
104    MESSAGE txMsg2;
105    printf("Task2 start!\n");
106    txMsg2.senderId=2;
107
108    FOREVER
109    {
110       semTake(semTwo, WAIT_FOREVER);
111       randCal(&txMsg2);
112       msgQSend(msgId, (char *)(&txMsg2), sizeof(MESSAGE), \ /* 发送消息 */
113       WAIT_FOREVER, MSG_PRI_NORMAL);
114       taskDelay(100);
115    }
116    return OK;
117 }
118
119 STATUS task3(void)
120 {
121    MESSAGE txMsg3;
```

```
122    printf("Task3 start!\n");
123    txMsg3.senderId=3;
124    FOREVER{
125    semTake(semThree, WAIT_FOREVER);
126    randCal(&txMsg3);
127    /*   ☆   向管道 demoPipeFd 写消息 */
128    write(demoPipeFd, (char *)(&txMsg3), sizeof(MESSAGE));
129    taskDelay(100);
130    }
131    return OK;
132 }
133
134 void ProgStop(void)
135 {
136    printf("\n BYE \n");
137    semDelete(semTwo);   /* 删除信号量    semDelete();*/
138    semDelete(semThree);
139    taskDelete(tidTask1);      /* 删除创建的任务 */
140    taskDelete(tidTask2);
141    taskDelete(tidTask3);
142    close(demoPipeFd);      /*   ☆关闭打开的管道并删除管道设备   */
143    pipeDevDelete("/pipe/demo", TRUE);
144    msgQDelete(msgId);   /* 删除消息队列 */
145 }
146
147 void randCal(MESSAGE * pMsg)
148 {
149    int temp[2];
150    temp[0]=rand();
151    temp[1]=temp[0]%9973;
152    pMsg->a[0]=temp[0];
153    pMsg->a[1]=temp[1];
154 }
```

1. 程序代码说明

SemaPipeMsg 程序的入口函数是 ProgStart。ProgStart 函数首先创建了一个管道、一个消息队列和两个信号量，之后创建了三个任务，它们是 tTask1、tTask2 和 tTask3。SemaPipeMsg 的三个任务的处理流程可以描述为：tTask1 是消息接收和处理任务，该任务的优先级是 180。tTask1 声明了结构体变量和整型变量之后，就进入一个 10 次 for 循环体。在 for 循环体的前半部分，首先释放信号量 semThree，这个信号量使得 tTask3 能够解除因等待信号量 semThree 而引起的阻塞状态。之后 tTask3 构造一个 MESSAGE 类型的消息，通过 demoPipeFd 管道发送给 tTask1。

demoPipeFd 管道发送的消息是一个 MESSAGE 类型的结构体变量。结构体的第一个元素是 senderId，它标记消息发送任务的 ID 数值，第 2 个元素是一个整型数组 a，其中 a[0] 是十进制随机数，a[1] 是它的十进制校验码。

每当 tTask1 接收到任务 tTask3（任务优先级是 220）通过管道 demoPipeFd 发送的 MESSAGE 类型结构体消息，就立即对接收到的整型数据进行校验，如果校验结果正确则打印输出"R"，否则输出"W"。

随后，tTask1 任务处理它与 tTask2（任务优先级是 200）之间的 IPC 通信。tTask1 释放信号量 semTwo，让 tTask2 解除阻塞状态，使得 tTask2 能够构造一个 MESSAGE 类型结构体消息，并通过消息队列发给 tTask1。

当 tTask2 发出消息之后，tTask1 会试图从消息队列上接收 tTask2 传送过来的消息，然后做数据校验处理，如果数据校验正确则打印输出"R"，否则输出"W"。

一旦 tTask1 任务完成了 10 次通信任务就结束循环操作，随后调用 ProgStop 函数。ProgStop 函数删除信号量、删除管道、删除消息队列、删除任务并结束程序的运行。

在程序清单 1-2 中涉及管道操作的语句均用带有☆符号的注释语句加以标记。

2. 任务流程图

图 1-15 绘制了进程间通信函数范例实验程序的流程图解。

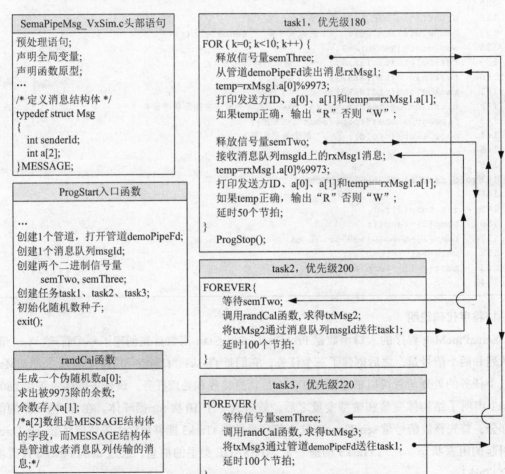

图 1-15 VxWorks 的 IPC 通信综合范例实验程序的流程图解

3. 实验结果

在 ARM 9 实验平台上运行本实验程序时，可以从主机的串口获得 printf 函数的打印输出结果。下面给出了 SemaPipeMsg 实验程序的串口打印输出数据。

```
Program start!
Task1 start!
```

```
Task2 start!
Task3 start!
Received from task3: a[0]=     0, a[1]=     0, and the result is R
Received from task2: a[0]=21468, a[1]= 1522, and the result is R
Received from task3: a[0]= 9988, a[1]=    15, and the result is R
......................................................
Received from task3: a[0]= 3498, a[1]= 3498, and the result is R
Received from task2: a[0]=16927, a[1]= 6954, and the result is R
......................................................
......................................................
Received from task3: a[0]=21087, a[1]= 1141, and the result is R
Received from task2: a[0]=25875, a[1]= 5929, and the result is R
Received from task2: a[0]=26233, a[1]= 6287, and the result is R
Received from task3: a[0]=15212, a[1]= 5239, and the result is R
Received from task2: a[0]=17661, a[1]= 7688, and the result is R
 BYE
```

1.6 VxWorks 中断机制

在 VxWorks 实时系统中，为了尽快地响应中断，中断服务程序（ISR）在所有任务上下文之外的一个特殊上下文内执行。因此，中断处理不涉及任务上下文的切换。

VxWorks 中有一张中断向量表。表中的每一项记录了两个内容：用户中断服务程序入口和一个参数指针。系统中的每一个中断源预先分配一个特定号码，称为中断号（Interrupt Number）。每个中断号对应一个中断向量（Interrupt Vector），它实质上是对应中断在中断向量表的序号或者偏移。

VxWorks 提供了两个专用的宏定义，用于实现二者之间的转换。

- **INUM_TO_IVEC**：将一个中断号转换成中断向量。
- **IVTE_TO_INUM**：将一个中断向量转换成中断号。

中断处理连接程序

程序员可以使用 VxWorks 未使用的系统硬件中断。VxWorks 提供的 **intConnect( )** 函数允许 C 函数与任何中断处理建立联系。该 intConnect 函数的参数为：相连中断向量的字节偏移量、C 函数的地址以及传递给该函数的一个参数。当中断请求发生时，连接的 C 函数被调用，处理后完成 C 函数返回。用这种方法连接到中断的 C 函数就是 VxWorks 的 ISR。

intConnect 函数首先保持寄存器的值，使用传递过来的参数建立一个栈（或者一个特殊的中断栈，或者当前的任务栈），然后调用连接函数。当从调用函数返回时，intConnect 函数恢复寄存器和栈，退出中断，如图 1-16 所示。VxWorks 提供了一个函数 checkStack 来检查任务栈的使用情况。

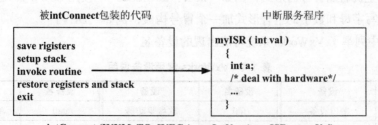

图 1-16　用 intConnect 函数连接中断服务程序

从 ISR 调用 C 例程有许多限制。例如，在 ISR 中不能够使用 printf、malloc 和 semTake 函数。但是可以使用 semGive、logMsg、msgQSend 和 bcopy 函数。

1.7 VxWorks 设备驱动

VxWorks 的外部设备分类与 UNIX 类似，宏观上分为 3 种类型：字符设备、块设备和网络设备。VxWorks 下设备驱动程序的管理也被划分为三种模块：字符设备驱动程序模块、块设备驱动程序模块、网络设备驱动程序模块。每个模块对应一种设备类型，设备不同则模块中包含的功能不同。

设备驱动程序的主要功能是：设备初始化，打开设备，关闭设备，从设备上接收数据并提交给系统，把数据从主机上发送给设备，对设备进行控制操作。

嵌入式系统有三种调用设备驱动程序的方式：

1）应用程序直接调用设备驱动程序。

2）应用程序通过操作系统内核调用设备驱动程序。

3）应用程序通过操作系统的扩展模块调用设备驱动程序。

图 1-17 给出了 VxWorks 应用程序三种调用驱动程序的示意图。

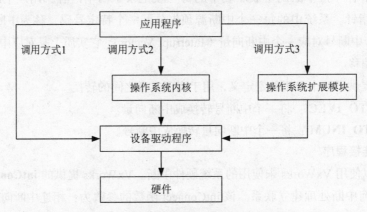

图 1-17 应用程序调用驱动程序的三种方式

VxWokrs 设备命名规则

类似 UNIX 操作系统的设备管理机制，在 VxWorks 中设备被当作文件来管理。打开设备操作即通过打开指定的文件来操作 I/O 设备。对设备命名时，通常有一些约定的标准格式，大部分会以"/"开头，并使用"/"将设备名和文件名分开表示。但是不基于 NFS 的网络设备会采用远程主机名加冒号的形式，例如"host：download"。使用 dosFS 格式的文件系统设备名经常以大写字母和数字的组合形式加一个冒号构成，例如"DEV1："。

在表 1-4 中列举了 VxWorks 系统可能出现的设备名。

表 1-4 VxWorks 常用设备说明

设备名	设备	设备名	设备	设备名	设备
/tyCo/0	串口设备	/fd0	软盘驱动器	/ata0	ATA 接口设备
/sd0	SCSI 设备	/pipe/0	管道设备		
/tffs0	闪存文件系统	/ide0	IDE 接口设备		

1.7.1 VxWorks 设备描述符

在 VxWorks 的 I/O 系统中，设备驱动程序需要定义一个被称为设备头的数据结构。在这个结构中包含了设备名称和为设备服务的驱动程序索引号。设备头数据结构原型如下：

```
typedef struct                            /* DEV_HDR  所有设备结构体变量的设备头字段 */
{
    DL_NODE   node;                       /* 设备连接的列表节点 */
    short     drvNum;                     /* 设备的驱动程序索引号 */
    char * name;                          /*  设备名称  */
}DEV_HDR;
```

I/O 系统中所有设备的设备头都保存在一个称作设备列表的链表结构中。实际上，每一个设备都会有更多的数据存储在更大的数据结构中。设备头就是这个数据结构的起始字段，而更大的数据结构则称为设备描述符。设备描述符示例如下：

```
typedef struct xxx_Dev
{
    DEV_HDR      devHdr;                  /* 设备头结构 */
    UINT 32      BuffBase;                /* 缓冲区基地址 */
    UNIT 32      StrDataBase;             /* 字符串数据基地址 */
    BOOL isCreate;                        /* 通道创建标志 */
    BOOL myDrvDataAvailable;              /* 驱动程序可以读取数据 */
    BOOL myDrvRdyForWriting;              /* 驱动程序可以向设备写入数据 */
    SEL_WAKEUP_LIST selWakeupList;        /* 被 select 机制阻塞的任务队列 */
}MY_DEV;
```

VxWorks 系统中所有设备描述符连接成设备链表。图 1-18 给出了一个设备链表示意图。这个链表中的每一个节点就是一个设备描述符。

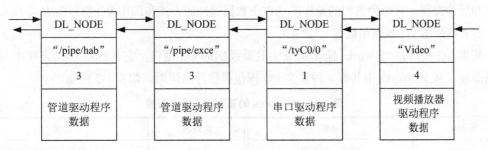

图 1-18　VxWorks 的设备表（设备链表）

1.7.2 VxWorks 的 I/O 系统

在 VxWorks 应用程序中，设备访问是通过 VxWorks 的 I/O 子系统进行的。对于字符设备和块设备，VxWorks 的 I/O 系统提供一些标准的 I/O 接口函数，而对网络设备则提供另一套接口函数。这样设计的优点是应用程序开发人员无需关心底层硬件。

图 1-19 给出了 VxWorks 的 I/O 系统方框图。从该图可以看出，I/O 系统访问块设备需要通过文件系统，这是与访问非块设备（字符设备）所不同的。

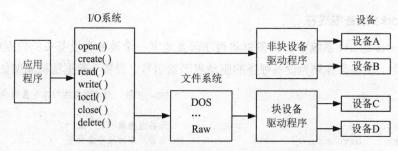

图 1-19　VxWorks 的 I/O 系统与设备驱动程序

VxWorks 的 I/O 系统管理通过 3 张表进行。它们是：文件描述符表（简称 fd，file descriptor table）、设备链表（Device List）和设备驱动表（Driver List）。通过 VxWorks 的函数库，程序员可以编写程序，在后两张表中注册和卸载设备、设备驱动程序。

1.7.3　基本 I/O 接口

1. 文件、设备和驱动程序

在 VxWorks 操作系统中，应用程序通过打开指定的文件来操作 I/O 设备，每个 I/O 设备由一个指定的文件表示：

- 一个非结构化的原始设备，如一个串行通信通道或者一个任务间的管道。
- 在具有文件系统的结构化的随机存储设备上的一个逻辑文件。

例如：/usr/mypro、/pipe/grpTwo、/tyC0/0。

即使这些操作对象代表不同的实际对象，但它们都称为文件，VxWorks 对于它们的 I/O 操作方法也是相同的。所有的 I/O 操作都指向已命名的文件，可分为两种不同的类型：基本操作和缓冲操作。这两种类型的操作区别在于数据缓冲的方式和调用 I/O 操作的方式不同。

2. 7 种基本 I/O 操作函数

基本 I/O 接口是 VxWorks 操作系统中最低级别的 I/O 接口。它在标准 C 语言库中与 I/O 原语兼容。在 VxWorks 中共有 7 种基本 I/O 操作函数可供调用，如表 1-5 所示。

表 1-5　VxWorks 的基本 I/O 操作函数

函数名	功能	函数名	功能
create	创建一个文件	read	从一个已打开文件中读取数据
delete	删除一个文件	write	向一个已打开文件写入数据
open	打开一个文件	ioctl	对文件执行特殊的控制操作
close	关闭一个文件		

在 VxWorks 编程和调试阶段，在 Wind Shell 窗口输入 **iosDrvShow** 命令，可以看到设备驱动表中的全部驱动程序函数的十六进制数入口地址。图 1-20 是 Wind Shell 的操作截图。

在图 1-20 的最左侧，列出了驱动程序号，驱动程序号与设备号有关联关系。从图 1-20 中，我们可以看到 4 号驱动程序只有 4 个接口函数的绝对地址，而 create、delete 和 open 函数的首地址为 0，这说明 4 号驱动程序的 create、delete 和 open 函数不存在；再者，2 号驱动程序只有 5 个接口函数的绝对地址，而 create 和 delete 接口函数的首地址也为 0，说明它们不存在。

```
-> iosDrvShow
drv   create    delete       open      close       read      write      ioctl
  1   3008dfcc        0   3008dfcc   3008e00c   3008e3f8   3008ef3c   3008e050
  2          0        0   30089070   300890b4   300890dc   30089114   30089254
  3   30075e4c 30075e00   30075ad0   30075500   300768cc   30076948   300771a4
  4          0        0          0   30047560   30047914   3004778c   30060d90
  5   30055600 30053e10   30055a28   3005652c   30054b34   30054290   300562f0
  6   300a7f9c        0   300a7f9c   300a8058   3008e3f8   3008ef3c   300a80b4
  7   300a7e74 300a76cc   300a77bc   300a7624   300a7588   300a74ec   300a7974
```

图 1-20 VxWorks 的设备驱动表快照

3. 文件描述符

在 VxWorks 基本 I/O 层面，文件用它的文件描述符（fd）来表示。一个文件描述符就是通过调用 open 函数或者 create 函数而返回的一个整数值。其他基本 I/O 接口函数以文件描述符作为参数来指定目的文件。图 1-21 给出了驱动程序的文件描述符序号。

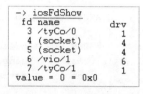

```
-> iosFdShow
fd  name                  drv
 3  /tyCo/0                 1
 4  (socket)                4
 5  (socket)                4
 6  /vio/1                  6
 7  /tyCo/1                 1
value = 0 = 0x0
```

图 1-21 VxWorks 的文件描述符表快照

文件描述符是 VxWorks 的全局变量。例如，任务 A 和任务 B 可分别对 fd 值为 7 的设备各执行一次 write 函数操作，其目标文件（或者设备）相同。

当 open 函数打开一个文件时，系统将分配一个文件描述符，并将该文件描述符作为返回值回送给调用程序。当文件被关闭后，相应的文件描述符会被系统删除。

VxWorks 已经为最前面的三个 fd 值指定了默认设备。

- 0 = 标准输入设备
- 1 = 标准输出设备
- 2 = 标准错误输出设备

这三个 fd 值不会出现在 open 或者 create 函数的返回值中，但是它们可以作为非直接的参数值重定向到其他任何已打开文件的文件描述符。

1.7.4 安装 VxWorks 驱动程序

VxWorks 的 I/O 系统的功能是将用户的 I/O 请求转换成对相应驱动程序具体操作函数的调用。这通过维护一个包括所有驱动程序操作函数的地址表来实现。

安装 VxWorks 驱动程序需要执行两个重要的函数：**iosDrvInstall** 和 **iosDevAdd**。

1. 安装驱动程序的函数

调用 iosDrvInstall 函数可以动态地安装驱动程序。该函数的参数就是新驱动程序中 7 种基本 I/O 操作函数的地址。iosDrvInstall( ) 函数原型如下：

```
int iosDrvInstall
(
    FUNCPTR pCreate,      /* pointer to driver create function */
    FUNCPTR pDelete,      /* pointer to driver delete function */
    FUNCPTR pOpen,        /* pointer to driver open function */
    FUNCPTR pClose,       /* pointer to driver close function */
    FUNCPTR pRead,        /* pointer to driver read function */
    FUNCPTR pWrite,       /* pointer to driver write function */
    FUNCPTR pIoctl        /* pointer to driver ioctl function */
)
```

　　iosDrvInstall 函数将操作系统分配的新驱动程序首地址写入驱动程序表的空白栏。该函数的返回值是新安装驱动程序的驱动号。如果把空地址（0）分配给 7 个基本 I/O 接口函数中的某一个，则表示驱动程序不具备该项功能。对于非文件系统的驱动程序而言，close 函数和 delete 函数通常不起作用。

2. 把设备添加到 I/O 系统的函数

　　程序员使用 iosDevAdd 函数向 I/O 系统动态地增加非块存取设备。iosDevAdd 函数的原型如下：

```
STATUS iosDevAdd
(
    DEV_HDR * pDevHdr,        /* 新添加设备的设备描述符地址 */
    char *    name,           /* 设备名 */
    int       drvnum          /* 为该设备服务的驱动程序的驱动号   */
                              /* 由 iosDrvInstall 函数返回   */
)
```

　　为了把一个块设备添加到 I/O 系统，调用该设备所需文件系统的设备初始化程序（dosFsDevCreate 或者 rawFsDevinit）。随后，设备初始化过程将自动调用 iosDevAdd 函数。

1.8　VxWorks 图形组件

　　构成 VxWorks 图形组件的基础是 WindML。WindML 具有基本的文本显示功能、二维图形显示功能、图片显示以及视频显示功能，其中包含的 UGL（Universal Graphics Library）组件提供了显示模式设置、标准输入输出控制和点 / 线 / 面作图等函数。它有三个主要特点：简单，兼容多种硬件，容易开发驱动程序。

　　VxWorks 操作系统的图形解决方案采用 WindML 与 Zinc 结合的方式。Zinc 是风河公司开发的图形应用框架，提供了类似于 Windows 风格的控件，在 WindML 之上运行。Zinc 程序员需要通过调用 WindML 的 API 来实现其图形功能。WindML 和 Zinc 都是 VxWorks 中可裁减的多媒体组件，能够以较低的系统开销实现丰富的图形用户界面。

　　目前多数用户使用的 VxWorks 图形用户界面是采用单一的 WindML，结合使用 WindML 与 Zinc 的比较少。本书介绍的综合课程设计包含有图形用户界面和绘图函数的使用，它们是基于 WindML 3.0 的应用代码。

1.8.1　WindML 3.0

　　WindML 3.0 适用于多种 CPU，可以提供独立于硬件的代码，同时它也支持鼠标、键盘等输入设备。WindML 本身具有可裁剪性和可配置性。

　　利用 WindML 进行图形界面开发，首先要对 WindML 进行相应的配置和编译，然后将 WindML 加载到 VxWorks 内核。当 WindML 配置和添加完成后就可以在 Tornado 开发环境中进行编程，从而实现图形界面的开发。

　　WindML 的主要功能有二维图形 API、事件服务、区域和视窗管理、多媒体 API 和资源管理。其中，二维图形 API 是最常用的部分，包括基本绘图操作（如画线、矩形、椭圆、多边形、点等）、选择字体输出文体、位图管理、光标管理、批量绘图操作、图形上下文、色彩管理和双缓冲等；事件服务程序是用来处理输入设备的输入请求的，它会把键盘、鼠标等输入数据转化为事件并加入应用队列；区域和视窗管理可以在界面上定义一个区域或多线程之间共享的窗口以进行绘图操作；多媒体 API 支持 NTSC、PAL、SECAM 等视频制式，以及 DSP 或混频器两种设备的音频输出，也支持 JPEG 图形格式；资源管理是指常规的 WindML 资源（例如设备和事件队列）、内存管理和驱动器注册等资源的建立、控制和删除。WindML 包括两个组件，即 SDK 和 DDK：

1）Software Development Kit（SDK）组件用于开发应用程序，它为应用程序提供一个独立于硬件的标准 API 接口（包括图形、音频、视频和事件服务等）。SDK 层定义了一个在应用程序和底层硬件驱动（DDK 层）之间的接口。它允许用户开发独立于硬件的应用程序。

2）Driver Development Kit（DDK）组件用于实现驱动程序，它提供一系列通用硬件的参考驱动程序，并为这些参考驱动提供了一个 API 集。DDK 是可扩展和可优化的。DDK 位于硬件层和 SDK 层之间，它直接与驱动硬件（如 LCD、视频接口、音频接口、键盘和鼠标等）相接。

1.8.2 通用图形库

一般称 WindML 的 API 为通用图形库（Universal Graphics Library，UGL）。通用图形库分为两层，上层是 ugl 组件库，下层是 ugl 函数。一个 ugl 组件库内含数量不等的 ugl 函数。WindML 3.0 通用图形库共由 26 个组件库构成，大多数库名称的特点是前三个字母为"ugl"。表 1-6 列出了这些组件库。

表 1-6　WindML 3.0 通用图形库的 26 个组件库

序号	WindML 组件库名称	组件库功能
1	uglBatchLib	应用层批量绘图 API
2	uglClrDDKLib	WindML 彩色转换库
3	uglColorLib	WindML 彩色 API
4	uglCursorLib	应用层光标 API
5	uglDibLib	WindML 位图 API
6	uglFontDrvLib	WindML 字体驱动 API
7	uglFontLib	WindML 字体 API
8	uglGcLib	WindML 图形上下文 API
9	uglGenLib	WindML 图形驱动库
10	uglHwAbsLib	WindML 硬件抽象库
11	uglInfoLib	应用层信息 API
12	uglInputLib	UGL 输入服务库
13	uglJpegLib	JPEG 扩展 API
14	uglMacroLib	UGL 宏定义
15	uglMemoryLib	应用层存储 API
16	uglModeLib	应用层图形方式 API
17	uglOverlayLib	应用层视频和图形覆盖 API

（续）

序号	WindML 组件库名称	组件库功能
18	uglPageLib	应用层分页（双缓存）API
19	uglPrimitivesLib	WindML 绘图原语 API
20	uglRegionDDKLib	UGL 区域设备驱动开发包函数库
21	uglRegionLib	UGL 区域函数库
22	uglRegistryLib	WindML 注册 API
23	uglUgiLib	通用图形接口（UGI）
24	uglUtilLib	WindML 实用程序库
25	uglVideoLib	WindML 视频扩展 API
26	winLib	WindML 窗口库

1.8.3 WindML 基本知识

1. 图形设备模式信息结构体变量的原型

```
typedef struct ugl_mode_info            /* 图形设备模式信息 */
{
    UGL_SIZE        width;              /* 显示设备的显示宽度，以像素计算 */
    UGL_SIZE        height;             /* 显示设备的显示高度，以像素计算 */
    UGL_SIZE        colorDepth;         /* 帧缓存中一个像素的位元数 */
    UGL_SIZE        clutSize;           /* 彩色查找表的位元数 */
    UGL_COLOR_MODEL       colorModel;   /* 帧缓存的彩色模式 */
    UGL_COLOR_FORMAT      colorFormat;  /* 帧缓存或者彩色查找表中的彩色模式 */
    void *          fbAddress;          /* 帧缓存地址 */
    UGL_SIZE        displayMemAvail;    /* 可用的显示存储空间 */
    UGL_UINT32  flags;                  /* 通用标志 */
}UGL_MODE_INFO;
```

2. 阿尔法混色

WindML 函数库中，彩色表有两种：一种是 UGL_ARGB 型，另一种是 UGL_COLOR 型。前者含有阿尔法（alpha）混色系数，后者不含。在计算机图形学中，阿尔法混色是把源点颜色值和目标（背景）点颜色值按照加权算法进行运算，得到某种透明的效果。一旦使用阿尔法混色指定来源色彩中的每一个元素（红色、绿色、蓝色）都要根据公式与背景色彩中的对应元素混合。

阿尔法混色的基本公式如下：

显示颜色值 = alpha × 源点颜色值 +（1 - alpha）× 背景点颜色值。　（公式 1-1）

alpha=0 时，显示颜色值就是目标点的颜色原值；alpha=1 时，显示颜色值是源点的颜色原值。为了方便计算，这个浮点数常常被转换成整数参与计算。实际上，阿尔法值常常用单字节的 8 位表示，于是边界的 0 值为 0x0，边界的 1 值为 0xFF。换言之，alpha 取值范围从 0 到 255，0 表示完全透明的色彩，255 则表示完全不透明的色彩。使用 8 位整数表示的阿尔法混色计算公式如下：

显示颜色值 = 源点颜色值 × alpha / 255 + 背景点颜色值 ×（255 - alpha）/ 255（公式 1-2）

3. 批量绘图

WindML 支持批量绘图。所谓批量绘图就是一个进程独占显示资源，在该进程的控制下完成一批绘图操作。绘图操作完毕后，释放显示资源，让其他的绘图进程接着使用显示资源进行绘图。批量绘图的好处是：避免每一个单独的绘图操作分别申请显示资源，增加系统开销，减慢绘图速度。

函数 uglBatchStart 赋予正在调用的进程独占显示资源的权利。如果此时另一个进程已经占有了显示资源的控制权，调用 uglBatchStart 的进程则被挂起，直到显示资源可以使用。uglBatchStart 函数通过互斥信号量锁定图形上下文、图形设备及缓冲，并且隐藏光标。一次批量绘图完毕之后要调用 uglBatchEnd 函数结束对显示资源的独占，让其他画图函数使用显示资源。

在这两个函数之间，可以批量地绘制 JPEG 格式的图片、圆、圆弧、多边形、点、线、矩形以及文本行。这种由 uglBatchStart 函数开始，以 uglBatchEnd 函数结束的批量绘图处理可以嵌套使用。

1.8.4　UGL 获得输入设备信息的详细解释

1）首先声明输入设备 ID 变量。例如：

```
UGL_LOCAL UGL_INPUT_SERVICE_ID inputServiceId;
```

2）在 Tornado 2.2 的 uglMsg.h 文件中给出了 UGL_MSG 数据结构体的定义：

```
typedef struct ugl_msg
{
UGL_MSG_TYPE          type;              /* 声明一个消息类型变量 */
UGL_ID                objectId;          /* 用来确定路径的 ID */
UGL_MSG_DATA          data;              /* 消息数据 */
} UGL_MSG;
```

3）函数 uglInputMsgGet 的原型声明：

```
UGL_STATUS uglInputMsgGet
(
UGL_INPUT_SERVICE_ID inputServiceId,    /* 输入服务 ID */
UGL_MSG * pMsg,                          /* 获得消息的指向结构体变量的指针 */
UGL_TIMEOUT   timeout                    /* 在消息队列满之前的等待时间 */
)
```

描述：uglInputMsgGet 函数从默认消息队列获得一个输入消息。参数 inputServiceId 识别输入设备，参数 pMsg 指明消息拷贝的位置，如果消息队列已经充满，参数 timeout 按照毫秒指明等待时间长短。

返回值：UGL_STATUS。

4）返回值 UGL_STATUS 的定义根据是语句"typedef UGL_ORD UGL_STATUS;"。

UGL_STATUS 变量的定义值如下列出：

```
/* success values */
#define UGL_STATUS_OK                    0
#define UGL_STATUS_FINISHED              1
/* failure values */
```

```
#define UGL_STATUS_ERROR                          -1
#define UGL_STATUS_DROP                           -2
#define UGL_STATUS_MSG_NOT_READY                  -3
#define UGL_STATUS_Q_ACTIVE                       -4
#define UGL_STATUS_Q_EMPTY                        -5
#define UGL_STATUS_Q_FULL                         -6
#define UGL_STATUS_BATCH_ERROR                    -7
#define UGL_STATUS_MEMORY_ERROR                   -8
#define UGL_STATUS_TRUE_COLOR_SYSTEM              -9
#define UGL_STATUS_RESOURCES_EXHAUSTED            -10
#define UGL_STATUS_RESOURCES_UNRESERVED           -11
#define UGL_STATUS_TIMEOUT                        -12
#define UGL_STATUS_PERMISSION_DENIED              -13
```

1.8.5 典型 WindML 绘图程序结构

以下是非窗口型的 WindML 显示程序基本结构，供实验者在编写 WindML 程序时参考。

```
#include <ugl/ugl.h>                   /* 一系列包含语句，涉及有关的 .h 文件 */
...
#define JPEG_IMG_NJU "NJU 205x74.JPG"  /* 一系列宏定义语句，涉及字符串常量等 */
#define PRIORITY 101
...


UGL_FONT_ID fontSystem;                /* 声明系统字体 ID  */
UGL_FONT_ID font;                      /* 声明另一个字体 ID  */
UGL_FONT_DRIVER_ID fontDrvId;          /* 声明字体驱动 ID  */
UGL_FONT_DEF fontDef;                  /* 声明字体定义变量 fontDef   */

UGL_LOCAL struct _colorStruct          /* 定义 RGB 值，确定一个配色表 */
    {
    UGL_ARGB rgbColor;                 /*  UGL_ARGB 的数据类型是 UGL_UINT32   */
    UGL_COLOR uglColor;
    }
colorTable[] = /* 彩色表 (也叫做调色板) 的 RGB 值定义，一共定义 16 种颜色 */
    {
    { UGL_MAKE_ARGB(0xff, 0, 0, 0), 0},
    /*  UGL_MAKE_ARGB 是 32 位的阿尔法红绿蓝色，alpha 取值范围为 8 位，取不变的 0xFF。*/
    { UGL_MAKE_ARGB(0xff, 0, 0, 168), 0},
    { UGL_MAKE_ARGB(0xff, 0, 168, 0), 0},
    { UGL_MAKE_ARGB(0xff, 0, 168, 168), 0},

    { UGL_MAKE_RGB(168, 0, 0), 0},
    /* 24 位的 UGL_MAKE_RGB 红绿蓝三色  与  */
    /* 32 位的 UGL_MAKE_ARGB 阿尔法红绿蓝色之间有变换关系 */
    /* { UGL_MAKE_RGB(168, 0, 0), 0} 等价于 { UGL_MAKE_ARGB(0xff, 168, 0, 0), 0} 可类推 */
    { UGL_MAKE_RGB(168, 0, 168), 0},
    { UGL_MAKE_RGB(168, 84, 0), 0},
    ...
    }
/* 对彩色表 (配色表，调色板) 中每一颜色定义名称 (即颜色助记符赋值) */
#define BLACK            (0)
#define BLUE             (1)
#define GREEN            (2)
...
```

```
/* 定义清除屏幕函数。在本例中，实质绘制一个有相同前景和背景色的矩形  */
UGL_LOCAL void ClearScreen(UGL_GC_ID gc)
{
    uglBackgroundColorSet(gc, colorTable [GREEN].uglColor); /* 本例设置浅绿色背景 */
    uglForegroundColorSet(gc, colorTable [GREEN].uglColor); /* 本例设置浅绿色前景 */
    uglLineStyleSet(gc, UGL_LINE_STYLE_SOLID);   /* 设置新线条样式为实线 */
    uglLineWidthSet(gc, 1);     /* 设置新线条宽度为 1 像素 */
    uglRectangle(gc, 0, 0, displayWidth - 1, displayHeight - 1);
    /* 绘制一个显示器最大宽高的矩形 */
}


void   MYWindMLPro( )  /* 用户主函数 */
{
    /* 声明一个 UGL_MODE_INFO 型结构体变量，它将被帧缓存数据所填充 */
    UGL_MODE_INFO modeInfo;
    /* 声明一个 UGL 设备 ID  */
    UGL_DEVICE_ID devId;
    /* 声明一个图形上下文识别号结构体变量 gc */
    UGL_GC_ID gc;
    /* 初始化通用图形库 (UGL)，在执行其他操作之前必须执行此操作 */
    uglInitialize( );
    gc = uglGcCreate(devId);  /* 创建图形上下文 */
    /* 从显示器得到设备的识别号 */
    devId = (UGL_DEVICE_ID)uglRegistryFind (UGL_DISPLAY_TYPE, 0, 0, 0)->id;
    /* 获得字体驱动 */
    fontDrvId =  (UGL_FONT_DRIVER_ID)uglRegistryFind (UGL_FONT_ENGINE_TYPE, 0,0,0)->id;
    /* 从字体驱动中得到特定字体  */
    uglFontFindString(fontDrvId, "pixelSize=12", &fontDef);
    /* 创建一个字体 */
    if ((font = uglFontCreate(fontDrvId, &fontDef)) == UGL_NULL)
    {
        printf("Font not found. Exiting.\n");
        return;
    }
    /* 使用 uglInfo 函数，从图形设备驱动中得到应用程序或者 UGL 2D 层所需要的信息 */
    uglInfo(devId, UGL_MODE_INFO_REQ, &modeInfo);
    displayWidth = modeInfo.width;
    displayHeight = modeInfo.height;
    /* 设置图形上下文的字体 */
    uglFontSet(gc, font);

    /* 使用配色表为绘图系统配色，即初始化系统彩色表，允许定义过的颜色被使用 */
    uglColorAlloc (devId, &colorTable[BLACK].rgbColor, UGL_NULL,
                        &colorTable[BLACK].uglColor, 1);
    uglColorAlloc(devId, &colorTable[BLUE].rgbColor, UGL_NULL,
                        &colorTable[BLUE].uglColor, 1);
    ...
    /* 清除屏幕 */
    ClearScreen(gc);
    while(draw==TRUE)
    {
    /* 成批绘图开始，与后面的 uglBatchEnd 语句配对使用 */
    uglBatchStart(gc);
    ...
    /*
    或者打开 JPEG 文件，绘制 JPEG 图片，可以将一张 JPEG 图片绘制在显示器屏幕的多个位置；
```

或者打开多个 JPEG 文件，将多幅图片绘制在显示器屏幕上的多个位置。

或者绘制一个或者多个图形，包括：矩形、圆、椭圆、圆弧、点、线、多边形。

或者绘制一个或者多个文本行。

具体语句省略。

请读者参看附录的代码范例以及 VxWorks/Tornado 的联机帮助手册

```
*/
…
/* 批量绘图结束，即解锁图形上下文 */
uglBatchEnd(gc);
}

/* 清除占用的资源 */
uglFontDestroy(font); /* 释放字体资源 */
uglGcDestroy (gc);   /* 释放图形应用上下文 */
uglDeinitialize( );   /* 释放初始化阶段建立的所有内存资源 */

return;
}
```

1.8.6 UGL 常用的窗口函数

目前，程序员开发的 WindML 显示程序多数是非窗口型的。但是，如果使用了 winLib 里面的例程，就可以编写具有简单窗口风格的 WindML 显示程序。我们鼓励实验者在开发 VxWorks 课程设计实验项目时编写具有窗口风格的显示程序。为此，以下给出重要的 WindML 窗口函数的原型。

1）**winAppCreate( )**，函数库 **winLib** 的例程，创建一个窗口应用上下文，原型如下：

```
WIN_APP_ID  winAppCreate
(
    char * pName,                          /* 应用名称 */
    int        priority,                   /* 应用任务函数的优先级 */
    int        stackSize,                  /* 应用栈的大小 */
    int        qSize,                      /* 应用队列的大小 */
    const  WIN_APP_CB_ITEM * pCallbackArray  /* 回调数组指针 */
)
```

数据结构体变量 WIN_APP_CB_ITEM 的定义如下：

```
typedef struct win_app_cb_item
{
    UGL_UINT32           filterMin;        /* 调用的最小种类 */
    UGL_UINT32           filterMax;        /* 调用的最大种类 */
    WIN_APP_CB *  pCallback;               /* 调用的回调函数 */
    void *               pParam;           /* 传递给回调函数的参数 */
}WIN_APP_CB_ITEM;
```

winAppCreate 函数创建一个 WindML 窗口应用上下文，启动一个任务为该应用服务，并启动该应用的窗口。参数 pName 是应用的名称和关联任务的名称。参数 priority 是该应用任务的优先级；如果为 0，则使用默认优先级 WIN_APP_DEF_PRIORITY。推荐使用默认优先级。参数 stackSize 是栈空间的字节数；如果为 0，则使用 WIN_APP_DEF_STACK_SIZE，它是默认栈空间尺寸。参数 qSize 是该应用消息队列的消息数量大小；如果为 0，则使用默认的消息数量 WIN_APP_DEF_QUEUE_SIZE。参数 pCallbackArray 是一组要调用的回调函数和消息，回调函数用到的消息是该应用上下文所接收到的。

2）**winCreate( )**，函数库 **winLib** 的例程，创建一个 WindML 窗口，原型如下：

```
WIN_ID winCreate
(
    WIN_APP_ID    appId,                    /* 应用上下文识别号 */
    WIN_CLASS_ID  classId,                  /* 窗口类识别号 */
    UGL_UINT32    attributes,               /* 属性 */
    UGL_POS       x,                        /* 窗口的左边线坐标 */
    UGL_POS       y,                        /* 窗口的顶边线坐标 */
    UGL_SIZE      width,                    /* 窗口宽度尺寸 */
    UGL_SIZE      height,                   /* 窗口高度尺寸 */
    void *        pAppData,                 /* 应用特定数据 */
    int           appDataSize,              /* 应用数据的大小 */
    const WIN_CB_ITEM * pCallbackArray      /* 回调数组指针 */
)
```

回调数组的结构体变量 WIN_CB_ITEM 定义如下：

```
typedef struct win_cb_item
{
    UGL_UINT32        filterMin;        /* 捕获消息的最小种类 */
    UGL_UINT32        filterMax;        /* 捕获消息的最大种类 */
    WIN_CB *          pCallback;        /* 调用的回调函数 */
    void *            pParam;           /* 传递给回调函数的参数 */
}WIN_CB_ITEM;
```

winCreate 函数的参数 appId 标识服务于该窗口的应用。参数 classId 标识新窗口的类，如果为空则该窗口属于根类。x 和 y 指明新窗口左上角相对于它的父窗口左上角的位置。宽度和高度是新窗口的尺寸，以像素计算。

3）**winAttach( )**，函数库 **winLib** 的例程，添加窗口控制层次，原型如下：

```
UGL_STATUS winAttach
(
    WIN_ID childId,                     /* 子窗口 */
    WIN_ID parentId,                    /* 父窗口 */
    WIN_ID nextId                       /* Z 顺序的上层窗口 */
)
```

winAttach 函数把一个窗口添加到另外一个窗口，建立起父子窗口关系。一组相互之间依存的窗口就是受控制的窗口层次。把一个窗口添加到被管理的窗口控制层次就使得它在显示器上显示。参数 childId 标记将要添加的子窗口。参数 parentId 标记将被添加到的父窗口。如果 parentId 为空，被添加的窗口直接被添加到受管理的根窗口（换言之默认显示器）。参数 nextId 标识被添加子窗口的背景窗口，或者说在它上面的窗口。如果 nextId 为空，添加的窗口被放置到 Z 顺序的顶层。

4）**winAppCbAdd( )**，函数库 **winLib** 的例程，向应用上下文添加一个消息回调函数，原型如下：

```
UGL_STATUS winAppCbAdd
(
    WIN_APP_ID  appId,                  /* 应用上下文 ID */
    UGL_INT32   filterMin,              /* 捕获消息的最小类型 */
```

```
    UGL_INT32    filterMax,          /* 捕获消息的最大类型 */
    WIN_APP_CB * pCallback,          /* 调用的回调函数 */
    void *       pParam              /* 回调函数的参数 */
)
```

该函数注册一个从应用上下文接收消息的回调函数。只有在 MSG_APP_FIRST 和 MSG_APP_LAST 之间的消息被送往应用。参数 appId 标识回调函数添加到哪一个应用上下文。参数 filterMin 和 filterMax 指定发往回调函数的消息范围，如果 filterMin 和 filterMax 都是 0，则从 MSG_APP_FIRST 到 MSG_APP_LAST 的所有消息都送到回调函数。参数 pCallback 指定为该应用上下文接收消息的回调函数。参数 pParam 指定每当接收到一个消息时需要传递给回调函数的额外参数。

5）**winCbAdd**()，函数库 **winLib** 的例程，向窗口添加一个消息回调函数，原型如下：

```
UGL_STATUS winCbAdd
(
    WIN_ID     winId,                /* 窗口 ID */
    UGL_INT32 filterMin,             /* 捕获消息的最小类型 */
    UGL_INT32 filterMax,             /* 捕获消息的最大类型 */
    WIN_CB *  pCallback,             /* 调用的回调函数 */
    void *    pParam                 /* 回调函数的参数 */
)
```

该函数注册一个从窗口接收消息的回调函数。输入参数的意义参看 **winLib** 的联机帮助手册。

1.9 小结

VxWorks 是一个高可靠的实时操作系统，本章简单介绍了 VxWorks 5.5 的任务管理、代码框架、任务间通信、中断机制和设备驱动的基本特点以及常用的 API 函数；概述了 VxWorks 集成开发环境——Tornado 2.2 的基本特点；阐述了基于 VxWorks 的图形解决方案 WindML 3.0 的基本知识、WindML 的 UGL 函数库、主要的窗口函数和 WindML 图形显示程序的框架结构。

第 2 章
嵌入式系统课程设计概述

本章首先介绍嵌入式系统课程设计（以下简称嵌入式课程设计）的一般性特点，然后给出几个例子作为概要设计说明，最后给出任务划分原则和 C 程序源代码编写常用规则。

各种嵌入式课程设计项目的应用背景差别较大，实验活动所需要的知识和技能基础也不一样。在开展嵌入式课程设计的实验活动之前，指导教师应该先对课程设计的类型、技能要求范围和具体功能实现有所了解，从而有针对性地帮助学生，让他们利用自己的知识和技能，顺利地完成课程设计实验项目。

2.1 嵌入式课程设计的基本特点

一般而言，嵌入式课程设计实验有两个基本特点：一个是完成综合实验所需要的时间长于单项实验时间之和，在修课的学期之内完成；另一个就是需要运用课程中学到的理论知识和技能进行实验项目的设计，具有综合运用单项实验结果以及创新实验的意义。

课程设计的最大特点是综合性。通过一个课程设计，让学生融会贯通地利用已经学会的知识或者技能，去探索掌握一个具体产品原型的设计与开发。一个嵌入式系统课程设计的功能往往包含多个单项验证性实验的功能，有时甚至含有诸如操作系统移植或者 GUI 移植等比较复杂的开发技术。例如，路口信号灯实验就包含了 LED 数码管驱动、LED 灯驱动、LCD 驱动、小键盘驱动、控制程序编写等。又如，网络游戏实验除了含有实验平台上的单项驱动实验外，还含有 LCD 显示编程实验和网络通信编程实验。

嵌入式课程设计的另外一个特点是平台多样性。一个课程设计实验项目往往可以在基于 SoC 的实验板上实现，也可以在基于 FPGA/SoPC 的实验板上实现。例如：群控电梯模拟器课程设计可以在 ARM 9 处理器、VxWorks 操作系统和 WindML 图形用户界面的实验平台上实现，也可以在 ARM 9 处理器、嵌入式 Linux 和 Qtopia 图形用户界面的实验平台上实现，还可以在单纯的 FPGA 实验平台上用 HDL 编程实现；如果实验者对软核处理器 Nios Ⅱ 有应用开发经验，还可以在基于 Nios Ⅱ 软核处理器、μC/OS-Ⅱ 操作系统的 SOPC builder 实验平台上实现。

嵌入式课程设计还有一个特点，就是技术领域的交叉性。一个嵌入式课程设计实验者不但要掌握嵌入式硬件和嵌入式软件的理论知识和技能，往往还要掌握这个课程设计的应用领域的专门知识和技能。例如：门禁系统实验就要求学生既掌握 8 位单片机控制程序的编写，又要掌握网络信息安全方面的知识和技能。一般而言，做嵌入式课程设计实验的学生，至少应该学习过诸如图形图像、多媒体、人工智能、密码学、数据库等计算机专业领域的一门专业课。有了专业课知识，结合嵌入式实验平台，就可以设计出一个应用专业课程知识的课程设计。例如：学过了密码学课程，就能够利用 DES 加密解密算法在嵌入式实验板上做门禁系统、嵌入式保密数据库或者安全文件传输之类的课程设计。

2.2　嵌入式课程设计的教学目标

对于本书，嵌入式课程设计教学目标要求参加课程设计的实验者掌握基于 ARM 9 实验开发板、VxWorks 5.5 操作系统和 WindML 图形用户界面的嵌入式系统设计和开发方法，巩固和加深对课堂讲授知识的理解，提高对所学知识的综合运用能力。具体要求如下：

1）通过理论课的学习和课堂上介绍的课程设计范例，以及检索课堂外的嵌入式产品样本、嵌入式科研项目和科技文献，能够自行构思创意，提出一个课程设计题目，或者提出一个课程设计方案。

2）检索科技文献数据库，了解课程设计选题所在技术领域现状以及课程设计选题的实现理论和方法。

3）检索 VxWorks 的联机帮助手册、ANSI C 标准函数库或者 C++ 标准函数库，了解实现课程设计有哪些现成可用的 API 函数，学会运用已有的 API 函数构思一个课程设计解决方案。

4）根据已经学到的理论知识和技能，以及能够利用的工具和库函数，调查分析所选择的课程设计题目以及所选择的课程设计方案的技术难点和关键技术。

5）研究和确认课程设计选题的实施可行性。若可行则开始着手设计实现方案，若不可行，则重新考虑课程设计题目。

6）编写设计文档，编写实验程序代码，编写测试方案书，调试程序。

7）撰写测试报告书和课程设计总结报告。

2.3　嵌入式课程设计的基本分类

市场上销售的嵌入式硬件产品和软件产品，以及科技期刊上发表的嵌入式研究项目对于嵌入式课程设计的选题有着启发和引导作用。这些嵌入式产品和科研项目的分类对于嵌入式课程设计的分类有很大影响。它们可以按如下不同的标准进行分类：

1）按功能分类。例如：控制类、通信类、模拟器类、游戏类等。

2）按实验平台分类。例如：单纯 FPGA 实验平台，基于 Nios Ⅱ 和 μC/OS-Ⅱ 的 SOPC Builder 实验平台，ARM 处理器、Liunx 操作系统和 Qt 图形用户界面的实验平台（以下简写成 ARM+Linux+Qt，其他类似实验平台也做同样的简化描述），诺基亚手机，iPhone 手机，ARM+VxWorks+WindML 等。

3）按专业分类。例如：多媒体、人工智能、数据库、信息安全、图形图像等。

下面分类描述嵌入式课程设计的几种主要类型。

2.3.1　控制类课程设计

控制类产品是单片机 / 单板机的典型应用领域，如液晶屏时钟、密码锁、门禁控制器、数字温度计、自动气象站、路口信号灯控制器、考勤控制器、视频监控系统、楼宇自控系统等。控制类课程设计与控制类产品有类似之处，硬件工作量大，常常可以在 8/16 位单片机 / 单板机平台上实现。

这一类课程设计从简单到复杂，典型选题可以是 LCD 数字时钟、数字温度计、路口信号灯、门禁控制器、考勤控制器和视频监控器。主要目标是让同学们掌握控制类产品的引导加载程序编程、面向寄存器的汇编代码编程、驱动程序编程以及应用程序设计。

例如，LCD 数字时钟是一个复杂程度适中的控制类课程设计题目。它适合在各种平台上进行实验练习。一般应该实现在 LCD 上，用数字显示当前时、分、秒数据。除了数字显示时间之外，还可以具有定时关机、倒计时、农历日期显示、公历日期显示、定时打开文件、世界时钟等扩展功能。

2.3.2 模拟器类课程设计

模拟器类课程设计的主要目标是在嵌入式实验平台上实现一个嵌入式产品的功能原型或者仿真。通过模拟器实验，学生能够了解被仿真产品的基本硬件 / 软件架构，培养他们对现实嵌入式产品的观察力，提高他们设计和开发该类产品的能力。

例如，可以在多部 ARM 9+Linux+Qt 的实验平台上完成一个民航公司的自助值机系统模拟器。该模拟器的实验架构由若干个实验板经由以太网线连接，通过交换机同一个 PC 服务器相连，组成一个局域网。如图 2-1 所示。从图 2-1 可见，PC 机构成了服务器端，ARM 9 实验平台构成了客户端，两者形成了一个 C/S 网络架构。

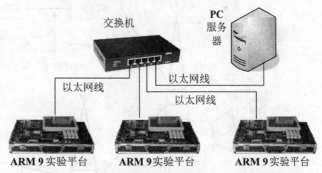

图 2-1　一个 C/S 结构的嵌入式联网实验平台示意图

较为简单的民航自助值机系统模拟器的功能是：①实验平台显示初始 LOGO 画面，实验者按启动按钮表示请求服务；②LCD 出现欢迎信息，并且给出操作提示信息；③实验者使用小键盘输入身份证号码，有条件的院校可以配置第二代身份证阅读器，从身份证阅读器输入身份证号码；④实验平台联网查询 PC 主机，在飞机票数据库上检索当天实验者所搭乘飞机的航班号、机场登记口以及座位分配表；⑤进行人机对话，询问实验者的座位选择，或者采用随机分配方式给出一个座位号；⑥在 LCD 上显示一张将要打印出来的登机牌作为登机牌模拟输出；⑦经过一段时间延时，实验平台显示服务结束，返回到初始 LOGO 画面。

更多的模拟器类课程设计题目包括：机动车驾驶模拟器、坦克驾驶模拟器、洗衣机模拟器、区域路口交通监控模拟器等。

2.3.3 通信类课程设计

嵌入式设备通过有线或者无线的设备连入 Internet 就是所谓的嵌入式 Internet。嵌入式

Internet 是嵌入式技术领域的一个重要分支。嵌入式通信类课程设计实验的主要训练目标是让学生掌握在嵌入式平台上编写各种网络通信程序的技能，主要包括两种类型：有网线连接的 Socket 编程和无线的 GSM 短信通信或者 GPRS 数据包通信。

1.Socket 编程

Socket 通常也称作"套接字"，定义了许多函数或例程，适用于网络应用程序开发，是网络上主机与主机之间相互通信的主要编程方法。嵌入式课程设计要求实验者采用 Socket 编写通信程序。

2.GSM/GPRS 通信

嵌入式实验平台上自带或者外接 GSM 模块，就可以通过标准的 AT 命令进行短消息服务（Short Message Service，SMS）通信。GPRS 是通用分组无线服务（General Packet Radio Service）技术的简称。借助 GPRS 模块，可以完成传输速率远高于 SMS 的数据通信。图 2-2 给出了基于 GPRS 网络的无线通信架构图，其中的 SGSN 表示服务 GPRS 支持节点，GGSN 表示网关 GPRS 支持节点，是 GPRS 的子网。分析、研究、设计和实践无线通信的实验项目或者应用项目都需要借助 GPRS 网络的通信功能。

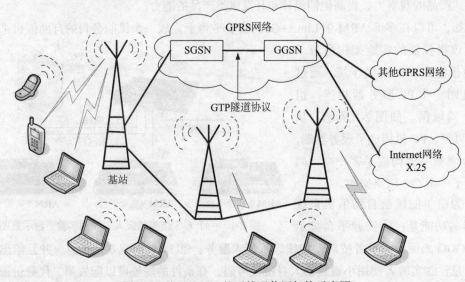

图 2-2　基于 GPRS 的无线通信网架构示意图

这一类课程设计往往与联网的嵌入式应用实验项目相结合，如网络游戏实验、联网嵌入式系统之间的数据传输、无线传感器的通信、车载系统 GPRS 模块、超市商品购销监控系统、自动售货机系统模拟器等。

2.3.4　地理位置服务类课程设计

位置服务（Location-Based Services，LBS）也称为地理位置定位服务，是结合移动地理信息系统（GIS）技术、地理定位技术（以 GPS 为主）和网络通信技术为使用者提供空间地理位置相关的信息服务。

位置服务的一个重要特点是能够将位置坐标点，或者特定物体的运动轨迹在电子地图上标记出来，使用者阅读之后能够对目标物体的空间位置进行快速清晰的辨认和感知，从而为他们的工作和生活带来方便。目前位置服务大约已有几十种。有的在一个专用的硬件装置上实现，有的在手机上实现。参看表2-1。这些产品都是位置服务类课程设计的良好参考。

表 2-1   常见的位置服务一览表

类别	位置服务名称	类别	位置服务名称
导航	城市停车场导航	应急	火灾报警
	汽车目的地行驶导航		紧急情况呼叫
	餐馆和旅店导航		汽车交通事故报警
	大型室内场馆导航		医疗急救呼唤
	名胜游览地、旅游景点导航	管理	旅行团队管理
信息	个人用位置和行动轨迹		未成年人出行管理
	出租车呼唤	追踪	查找个人位置
	旅行计划制定和使用		查找车辆位置
	移动黄页电话号码簿		货物运输在途位置查询

目前国内比较重要的位置服务是城市道路交通监控系统。它是公安指挥系统的重要组成部分，道路交通监控系统发布的信息也是运输企业、公交企业、城管机构和大众传媒日常活动过程中十分关注的内容。

道路交通监控系统的实时数据采集主要由路口摄像机、信号灯控制器、信息采集机动车完成，通过无线网、光纤网和以太网送往监控中心。监控中心的员工可以在大屏幕显示器前观看整个城市的道路拥塞情况、车流行驶和阻塞情况，及时把实况报告通过有线或者无线网络发送有关部门，进行实时的交通管理和控制。机动车驾驶员和普通公交乘客则可以在手机或者其他移动终端上了解同自己行程有关的实时路况信息。

图2-3给出了南京市城市交通概貌图，这种交通概貌显示器常常以各种形式出现在交通监控中心、物流公司监控中心、交通广播电台的总控室里。

图 2-3   南京市城市交通和车辆监控的电子地图

作为课程设计可以采用的位置服务项目有：城市停车场导航、出租车呼唤和派车系统、医疗急救应急系统、城市餐饮业服务网等。

2.3.5 游戏类课程设计

游戏类课程设计是嵌入式系统课程设计的重要方面。这一类课程设计主要训练学生们的游戏逻辑和场景设计技能、嵌入式数据库编程以及 2D 可视化图形界面编程技能。手机上就有大量的游戏程序存在。目前，游戏软件正从单机版向网络版发展。因此，借助嵌入式系统实验室的软硬件平台，搭建网络游戏运行环境，可以让学生的手持设备网络游戏研发能力得到充分的锻炼。

按照游戏的特点，适合做课程设计的有拼字游戏、滑块游戏、迷宫游戏、棋牌游戏和动作游戏等。

2.3.6 实用工具类课程设计

嵌入式实用工具类课程设计主要是驱动程序实验和平台支撑工具实验。例如，USB 摄像头驱动实验、外接 Flash 存储器实验、VxWorks 的汉字显示实验、SATA 硬盘接口实验以及硬盘文件系统实验等。此外，VxWorks 的联机帮助手册有 1800 多个 API 函数，结合这些 API 函数可以给出许多课程设计实验的选题方案。例如，基于 WindML 窗口界面的数值科学计算器、基于 WindML 的简易中英文文本编辑工具。

此外，VxWorks 操作系统上的汉字输入方式还不多见，可以安排实验者实践 VxWorks 平台上的汉字输入方法。

2.4 嵌入式课程设计的基本步骤

嵌入式课程设计实验与嵌入式工程开发的性质相差较大，一般而言没有必要严格遵循嵌入式产品的开发步骤进行。但是做好课程设计实验还是需要执行一些必要的步骤，以下概述嵌入式课程设计的基本步骤。

2.4.1 选题说明书

选题说明书是学生在课程设计活动中的最初设计报告，提出时并不需要做可行性分析。选题说明书简明扼要，篇幅较短。主要内容包括：

1）课程设计实验项目的大致使用范围。

2）课程设计实验项目的基本功能。

任课教师或者助教对选题说明书进行审阅，评判其可行性如何。如果可行则列入教学计划，如果不可行则要求学生实验者另选题目。

选题说明书应该由学生创意编写，也可以在教师或者助教的指导下由学生编写。以下我们给出三个选题说明书的例子。

课程设计选题例 1——LCD 数字时钟

在广场、楼宇大厅、影院、车站和机场等公共场合，过往群众往往能够看到显示实时时间的 LCD 大屏幕或者 LED 阵列屏幕。它们统称为户外实时时钟。

本课程设计是在 ARM 9 开发板上实现一个户外实时时钟的原型。取名为 LCD 数字时钟，也就是在 ARM 9 实验开发板的 LCD 上以数字方式或者指针方式显示实时时间。LCD 数字时钟可以具备的功能如下：

1）设置北京时间（标准时间，以年、月、日、星期、时、分、秒的格式输入）。

2）在 LCD 上显示北京时间。有两种显示方式：

①指针式，按照传统的圆盘时钟方式绘制。

②数字式，按照数码方式绘制。

3）协调世界时（Coordinated Universal Time，UTC）以及世界各主要城市标准时间的显示。

4）闹钟设置与显示。

课程设计选题例 2——路口信号灯

随着道路建设的迅猛发展，路口信号灯的功能也越来越强。以十字路口信号灯为例，从早期一个方向只有单个红绿灯，不分车道，发展到现在一个方向有多达 5 盏红绿灯，可以控制 5 个车道；从早期红绿灯控制不分车辆交通的高峰 / 低谷时段，到现在可以根据交通流量分时间段进行控制；从早期红绿灯只控制直行车辆不控制左右拐弯车辆，到现在既控制直行车辆也控制左右拐弯车辆；从早期红绿灯不能够进行远程控制，到现在能够进行联网远程控制。可见路口信号灯的控制技术有了长足的进步。

本课程设计是在 ARM 9 实验平台上实现一个多车道路口信号灯的仿真控制器。要求实验者到所在地的主要多车道马路，观察一个交通枢纽的路口信号灯，记录红绿黄信号灯的控制规律。然后回到实验室，设计功能类似的路口信号灯控制器。该控制器的主要功能如下：

1）能够仿真任意形状的路口信号灯。既可以是十字路口的信号灯控制器，也可以是 T 型三岔路口或者 Y 型三岔路口的信号灯控制器，以及其他形式的路口信号灯控制器。

2）RTC 定时器按照预先设定的时段，周期性地控制某一个方向的通行和禁止通行信号。

3）6 个 LED 数码管可以显示 3 个方向的倒计时。例如，分别用于显示南北方向车辆或者东西方向车辆能够看到的倒计时秒数。

4）在 LCD 上用图形实时显示路口信号灯的指示信号（要求与倒计时匹配）。

5）能够通过键盘或者从另外一个 ARM 9 实验平台进行远程控制，临时地改变信号灯对几个车流方向的周期性通行或者禁止通行的控制。

课程设计选题例 3——围棋

围棋在我国已经有 2000 多年的历史，它反映了中华民族的睿智文化底蕴。标准围棋棋盘由 19 根横线和 19 根竖线组成，棋子有黑白子两种。两人对弈，分别执一种棋子在棋盘纵横线交叉点布局，以获得最大存活区的棋子数为竞赛目标。

本课程设计是在嵌入式开发板上实现电子游戏围棋。这个围棋的棋盘在实验平台的
LCD 上显示，它可以是标准棋盘，也可以是缩减的棋盘（例如纵横各有 15 线）。博弈者通
过触摸屏或者小键盘进行下棋活动。该课程设计有两个版本，即单机版、网络版。单机版
可以让两名博弈者在一台实验平台上进行下棋。网络版可以让对弈者分别在两地使用各自
的嵌入式实验平台进行围棋博弈。这里的两地指距离超过 200 米以上。网络版的联网功能
实现有三种方法：RS485 串行通信网、以太网或者 GPRS 无线联网。

2.4.2　可行性分析

可行性分析（Feasibility Analysis）强调对课程设计选题的应用功能和开发技术问题的调
查，而不是确定解决方案。在这个实验阶段，对学生提出的课程设计选题或教师建议的课程
设计选题进行调查和评估。

一个具体课程设计选题的评估内容包括：实际应用价值如何？先进性如何？有无硬件限
制或者软件限制？编程工具是否齐备？能否利用现成的 API 函数？能否利用开源的自由软
件？能否借鉴已有的单项实验代码？程序设计的复杂度有没有超出现阶段学生的能力？安装、
编码和调试等工作内容有没有超出一个学期之内的实验作业量？如果发现上述列出的考查点
对学生的课程设计实验造成障碍，则应该由教师和助教协助加以解决；如果解决不了，则被
评估的选题就不能够付诸实施。

现在以位置服务（LBS）为例，说明如何进行可行性分析。

GPS 校园导航是一个典型的 LBS 类型课程设计。该选题基于 ARM 9 实验平台，直接利
用实验平台电路板上固定安装的 GPS 模块，或者外接 GPS 模块，在室外实时采集开发板持有
者的地理坐标信息。采集到的坐标信息通过开发板上的串口读入内存，再利用实验平台 LCD
上的电子地图显示画面，结合 GIS 软件，将用户的位置信息显示出来。

随后，该实验程序进入校园内目的地指定的人机对话界面。用户点击触摸屏上显示的校
园内一个建筑物或者活动场地，系统就会弹出一个对话框。该对话框提示实验者，从他所在
的校园当前位置到目的地的最佳路径。

这个选题的可行性调查点包括：

1）实验平台能否在室外移动？供电问题如何解决？

2）实验平台上有没有 GPS 接收模块？没有就需要采购一个 GPS 模块，外接在实验平台。
不解决 GPS 模块问题，则无法实施这个实验。

3）显示校园地图和用户位置的 GIS 电子地图如何解决？有两种 GIS，一种是矢量 GIS，
另一种是光栅 GIS。只要能够解决其中一种就能够满足实验需要。

4）导航算法。如何构造校园内的各个建筑物和教学场地的交通网络？从一个起始节点如
何最快地到达一个目的节点？实验者应该在实验之前对需要优化的路径算法进行研究，拿出
解决方案，否则这个实验就无法开展。

5）位置精度。调查潜在客户对于电子地图上显示的位置精度要求，随后再调查安装在实际
使用的嵌入式实验板上的 GPS 模块提供的民用地理定位精度。看看 GPS 模块能否达到用户实用
需要。

2.4.3 概要设计

在选题说明书中会简明扼要地陈述课程设计实验项目的用途和功能是什么。在概要设计阶段，将对选题说明书中的功能进行细化。用建模工具、自然语言或者伪代码描述课程设计实验的各个具体功能要求。下面我们给出三个课程设计概要设计的例子，供读者参考。

概要设计例 1——LCD 数字时钟

（1）启动

实验板加电，启动 U-Boot 引导程序运行，将映像文件加载到内存，然后自动启动 LCD 数字时钟实验程序。LCD 数字时钟首先显示 LOGO 画面，然后在 LCD 屏幕上给出主操作界面。参看图 2-4。主操作界面分为五个区域：左侧上部是指针式实时时间显示区，右侧上部是 LOGO 图标显示区，右侧中部是数字式实时时间显示区，右侧下部是软键盘（校对时间），最底层是闹钟、世界时钟、农历和倒计时共用的显示区。主界面的矩形底部是按钮区。按钮区安排 6 个按钮，其功能用中文或者英文标记在按钮框内。每一个按钮响应触摸屏点击，当用户使用触摸笔点击某个按钮时，会引发 LCD 数字时钟程序的响应，从而执行相应操作。

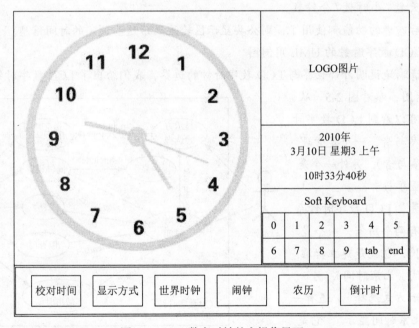

图 2-4 LCD 数字时钟的主操作界面

（2）主要功能

通过 LCD 数字时钟主界面的按钮操作可以导出它的主要功能。其功能描述如下：

1）校对时间。这个功能将弹出一个对话框，让用户使用小键盘或者点击软键盘上的数字键输入当前北京时间，并存入实验平台的 RTC 部件。

2）显示方式。这个功能将弹出一个对话框，让用户选择指针式时钟的显示类型。包括时钟盘面的彩色方案、指针方案、数字式时钟的显示语种（中文／英文）、年月日显示方式等。

3）世界时钟。弹出一个对话框（含列表框），让用户选择需要显示的世界主要城市的名称，或者时区的名称。用户可以使用触摸笔逐个选择城市，或者从4行4列的16键小键盘输入城市的英文名称。世界时钟的显示位置是主界面LOGO标记下面的矩形公共显示区，自动循环显示已经选定的世界时间。每一个城市/地区/时区的显示分两步，先显示某个城市或者某个时区的协调世界时（即格林威治标准时），再显示当地的标准时间。

为了实现世界时钟的功能，要求4×4小键盘能够输入26个英文字母。这样才能够从键盘上输入世界各地的主要城市名称，达到选择时区的目的。

4）闹钟。对话框含有两个子功能按钮，一个是设置闹钟的闹铃时刻，另外一个是显示闹铃的设置时刻。闹铃发声由蜂鸣器完成。

5）农历。在弹出的对话框中可以设置需要显示的农历时间段，还可以选择显示方式（循环显示/翻页显示）。然后在LOGO下面的公共显示区以月份为单位逐个显示当月的公历/农历对照表（循环显示）；用户可以使用小键盘的翻页键进行翻页观察（翻页显示）。

6）倒计时。在弹出的对话框中需要设置两个参数：设定未来某一个时刻为倒计时刻；选择倒计时的单位是天数/小时数/分钟数。设置完毕，在公共显示区显示距离倒计时刻还有多少天数/小时数/分钟数。

如果后四者的功能都使用了，则公共显示区轮流显示这些预定的时间信息。

（3）LCD数字时钟的UML用例图

为了清晰地说明外部世界与LCD数字时钟的边界，我们给出了LCD数字时钟的UML用例图，参看图2-5。从图中我们可以看到LCD数字时钟有两个参与者，一个是管理员（发起参与者），另外一个是用户（受益参与者）。

管理员与LCD数字时钟系统之间只有两个用例，一个是"校对时间"，也就是建立标准时区的时间（北京时间），另一个是"显示方式选择"。还有一个用例"北京时间显示"，它是"显示方式选择"的包含用例。

用户与LCD数字时钟之间

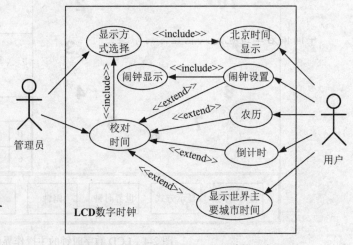

图2-5 LCD数字时钟的UML建模用例图

有5个用例。除了"北京时间显示"之外，还有"闹钟设置"、"农历"、"倒计时"和"显示世界主要城市时间"。后4个用例是"校对时间"用例的扩展用例。

（4）LCD数字时钟的实时时间数据设定和获取

本课程设计的计时数据来源于RTC部件。实验平台初始化时程序设置RTC部件的时钟节拍，然后经过人机对话读入北京时间，再写入RTC部件。此外，每当节拍中断信号到来时，执行节拍中断服务例程，该例程从RTC部件中读取时间数据，送往液晶屏显示。

闹钟信号设置时，从人机对话界面将预定的闹钟时间存入 RTC 部件。

（5）功能扩充

可以把定时启动嵌入式应用程序的功能作为 LCD 数字时钟的扩充功能。

（6）实验重点

本课程设计的实验重点是：① RTC 部件的控制；②时间管理；③基于实验开发板上 LCD 和触摸屏的人机交互；④从 4×4 小键盘输入英文字母；⑤汉字显示处理。

概要设计例 2——路口信号灯

（1）路口交通规则设定

本课程设计方案仿真一个十字路口信号灯控制器。为了让实验者得到充分的练习并且做到控制器仿真具有一定的逼真度，假定路口的纵向道路和横向道路均为 4 车道，即路口的东西方向和南北方向均为 4 车道。

该路口通行信号的总周期、东西方向用时和南北方向用时可以从键盘输入参数加以控制。初始化时暂定为：总周期 110 秒，南北方向 50 秒，东西方向 60 秒。显然，南北方向用时加上东西方向用时等于总周期时间。参照有关部门的规定，信号灯的控制信号颜色变换序列是：红—绿—黄—红。黄灯的持续时间为 3 秒。要求本实验程序满足这个规定。

进一步假定该路口 4 个车流方向的 4 个车道行车时间规则和编号标记都一样。按照自左向右的顺序，我们对 4 个车道给出如下的编号：

最左边是只能左拐的车道，标记为车道 1。

中间偏左车道是只能直行的车道，标记为车道 2。

中间偏右车道也是只能直行的车道，标记为车道 3。

最右边车道是直行和右拐两用的行车道，标记为车道 4。参看图 2-6 。

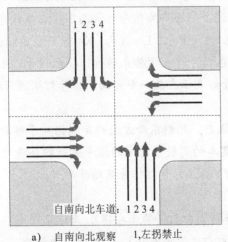
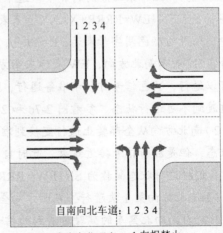

图 2-6　十字路口信号灯自南向北方向的两个控制状态（1）

图 2-6 至图 2-8 均为彩图。为了便于理解，请读者从华章网站上下载本书插图的彩色电子版。

（2）路口信号状态分析

按照给出的路口交通规则设定，南北方向和东西方向的控制是对称的。这样，我们只要列出一个方向的信号灯控制状态即可。现在我们先列出自南向北的行车驾驶员在这个路口上所看到的一个周期的全部信号灯状态，然后再列出自东向西的行车驾驶员在这个路口上所看到的一个周期的全部信号灯状态。参看图2-6和图2-7。

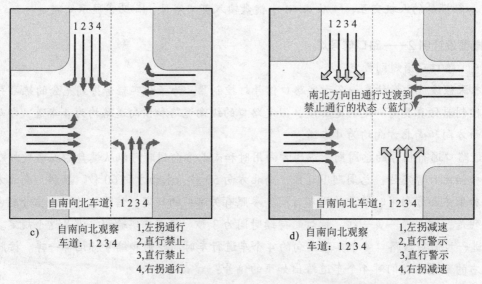

图 2-7　十字路口信号灯自南向北方向的两个控制状态（2）

1）南北方向4个车道全部禁止通行，也就是说自南向北行驶的驾驶员看到的信号是：车道1红灯（禁止左拐），车道2红灯（禁止直行），车道3红灯（禁止直行），车道4红灯（禁止右拐）。此时东西方向的4个车道中一定有车道处于通行状态。我们把这种状态用一个字符串"SN+EW=RRRR+XXXX"来表示。称这个字符串为信号灯状态字。在该状态字中，信号灯颜色用字母表示，R=红色，G=绿色，Y=黄色，L=蓝色，X=暂不考虑颜色。此外，SN表示南北方向，EW表示东西方向。R色信号灯表示禁止通行，G色信号灯表示可以通行，Y色信号灯表示准备通行，L色信号灯表示在某一个方向上信号灯从通行状态过渡到不可通行状态。参看图2-7c和2-7d。

2）南北方向从全部禁止通行变换到准备通行状态，此刻东西方向的车辆仍处于部分通行状态，但是放行信号接近结束。此时自东向西驾车的驾驶员看到的信号是：四盏黄灯。

我们把这种状态简称为 SN+EW= RRRR+YYYY。注意黄灯信号只给3秒钟。

3）南北方向第1次放行，东西方向全部禁止通行。

此时自南向北驾车的驾驶员看到的信号是：车道1红灯（禁止左拐），车道2绿灯（可以直行），车道3绿灯（可以直行），车道4红灯（禁止右拐），这种状态简称为SN+EW=RGGR+RRRR。参看图2-6b。

4）南北方向第2次放行，东西方向全部禁止通行。

此时自南向北驾车的驾驶员看到的信号是：车道1红灯（禁止左拐），车道2绿灯（可以直行），车道3绿灯（可以直行），车道4绿灯（可以右拐），这种状态简称为

SN+EW=RGGG+RRRR。

5）南北方向第 3 次放行，东西方向全部禁止通行。

信号灯状态为：车道 1 绿灯（可以左拐），车道 2 红灯（禁止直行），车道 3 红灯（禁止直行），车道 4 绿灯（可以右拐），这种状态简称为 SN+EW=GRRG+RRRR。参看图 2-7c。

6）东西方向从全部禁止通行变换到准备通行状态，此刻南北方向的车辆仍处于部分通行状态，但是放行信号接近结束。此时自南向北驾车的驾驶员看到的信号是：四盏蓝灯。

我们把这种状态简称为 SN+EW=LLLL+RRRR。注意蓝灯信号只给 3 秒钟。

参看图 2-7d。

7）东西方向第 1 次放行，南北方向全部禁止通行。

此时自东向西驾车的驾驶员看到的信号灯状态为：车道 1 红灯（禁止左拐），车道 2 绿灯（可以直行），车道 3 绿灯（可以直行），车道 4 红灯（禁止右拐），这种状态简称为 SN+EW=RRRR+RGGR。参看图 2-6a。

8）东西方向第 2 次放行，南北方向全部禁止通行。

此时自东向西驾车的驾驶员看到的信号灯状态为：车道 1 红灯（禁止左拐），车道 2 绿灯（可以直行），车道 3 绿灯（可以直行），车道 4 绿灯（可以右拐），这种状态简称为 SN+EW=RRRR+RGGG。

9）东西方向第 3 次放行，南北方向全部禁止通行。

此时自东向西驾车的驾驶员看到的信号灯状态为：车道 1 绿灯（可以左拐），车道 2 红灯（禁止直行），车道 3 红灯（禁止直行），车道 4 绿灯（可以右拐），这种状态简称为 SN+EW=RRRR+GRRG。

10）信号灯的显示状态同状态 2）。对两个方向的驾驶员而言，工作的描述状况与 2) 相同。

（3）功能安排

表 2-2 给出了本课程设计的两个车流方向各 4 盏信号灯的控制时序和倒计时分配。LED 数码管控制程序的编写和 LCD 图形控制程序的编写按照表 2-2 的定时顺序进行。该表中的序号(1)(2)(3)…(8)表示当需要改变信号灯显示周期时，应该用键盘输入值修改的变量位置。

注意：①第 2 行是衔接栏目，表示周期性地显示路口控制信号，该行等同最后一行的下一行。②4 个倒计时秒值中的(1)～(4)，只有 3 个是独立数据，因为有算式：值(1)−3＝ 值(2)＋(3)＋(4)。同理，4 个倒计时秒值中的(5)～(8)，也只有 3 个独立值。

表 2-2　4 车道十字路口信号灯的控制周期表

南北 信号灯	东西 信号灯	通行方向	南北 倒计时	南北车流 时段分配	通行方向	东西 倒计时	东西车流 时段分配
RGGR	RRRR		(2) 20			20	
RGGG	RRRR	南北	(3) 14	(1)50 秒 倒计		14	
GRRG	RRRR		(4) 13			13	
YYYY	RRRR		3			3	

（续）

南北 信号灯	东西 信号灯	通行方向	南北 倒计时	南北车流 时段分配	通行方向	东西 倒计时	东西车流 时段分配
RRRR	RGGR		24			(6) 24	
RRRR	RGGG		20		东西	(7) 20	(5) 60 秒 倒计
RRRR	GRRG		13			(8) 13	
RRRR	YYYY		3			3	

（4）功能扩充

扩充 1：远程控制

使用两个 ARM 9 开发板进行 Socket 远程通信。一个开发板为主控制器，另外一个开发板是从控制器。主控制器可以向从控制器发出修改信号灯显示周期的命令。

收到主控制器发来的命令之后，从控制器上的路口信号灯实时更改显示周期。

扩充 2：16 组红绿黄信号灯仿真电路板

外接一个 LED 发光管组装的 4 车道十字路口信号灯仿真电路板，以取代 LCD 上的控制信号图形仿真显示。该电路板上一共装有 48 盏 LED 发光管，其中红色、绿色和黄色的 LED 发光管各 16 个。一个车道信号灯含红绿黄灯管各一个，一个方向上有 4 盏信号灯，它们的位置分布参见图 2-8。这个电路板上有一个 6 位输入 48 位输出的译码器，可以通过 RS485 接口与 ARM 9 开发板相连。红绿黄信号灯的控制信号经过 RS485 接口送往仿真电路板，控制 LED 发光管的点亮和熄灭。控制方式：一个字节控制一盏 LED 灯（发光管），48 个字节将所有的 LED 灯开关状态刷新一次。一秒钟内保持刷新 2000 次左右，大致可以实现较好的仿真效果。

6 线输入 48 线输出的译码器可以由 4 线输入 16 线输出的 74LS154 芯片构成，也可以由 3 线输入 8 线输出的 74LS138 芯片构成。LED 十字路口信号灯仿真电路板的器件选择、PCB 电路设计、器件焊接、安装和调试由实验者自行完成。

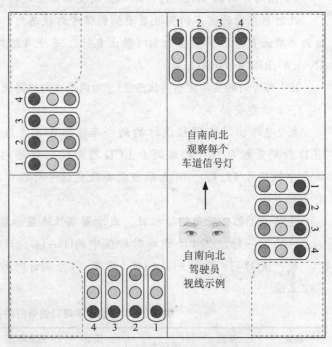

图 2-8　4 车道十字路口信号灯组的 LED 发光灯仿真电路板

（5）实验重点

本课程设计的实验重点是：①RTC 部件控制；②小键盘驱动；③LED 信号灯控制；④LED 数码管控制；⑤LCD 的十字路口信号灯可视化图形显示。

概要设计例 3——跳棋

跳棋是一个兼有网络功能和电子游戏功能的课程设计。一个跳棋的下棋参与者可以是 2 人、3 人、4 人或者 6 人。组网方式可以采用 RS485 串口通信网，也可以采用以太网。网络架构是 C/S 型，除了最多有 6 个 ARM 9 实验开发板联网运行之外，还需要使用 PC 或者另外一个单独的实验板作为服务器。

（1）功能安排

初始化：程序启动时首先显示 LOGO 画面，然后在 640×480 的 LCD 屏幕上显示跳棋的初始棋盘、操作控制按钮和玩家用时统计，参看图 2-9。在程序初始化阶段，建立本棋局的走棋记录数组。它是一个三维数组（棋子坐标占二维，玩家占一维），全程记录博弈方（标准的参与玩家数目是 2、3、4、6）的走棋步骤、棋盘局面和每一步走棋用时。

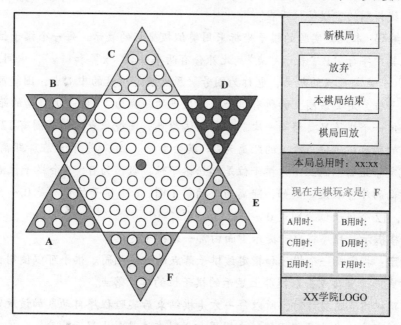

图 2-9　跳棋的人机交互界面基本方案

新棋局开始：点击触摸屏的"**新棋局**"按钮，新的一轮跳棋竞赛就准备好了。首先提示用户从键盘输入当前时间，然后请用户输入跳棋的棋盘大小。有两种选择：大棋盘（15 个棋子）或者小棋盘（10 个棋子）。随后程序在棋盘区绘制整个六边形的棋盘网格。图 2-9 给出的棋盘是小棋盘。由于是联网的电子游戏，由控制程序自动给每一个棋手分配棋子颜色。也就是棋子的起始区号，参看图 2-9。

走棋提示：在状态显示区提示现在正在走棋的棋手代码（玩家代码）。

退出比赛：当某个棋手感觉已经不能取胜，需要放弃时，点击触摸屏的"**放弃**"按钮。控制程序此后将不提示该棋手走棋。

比赛结束：当棋盘上还剩下最后一名棋手的棋子没有移动到目的位置时，可以点击触摸屏的"**本棋局结束**"按钮。此时，控制程序先给出一个对话框，显示本次下棋的名次。然后采用默认文件名把本次走棋的数据记录存入闪存文件，供棋局回放使用。

棋局回放：这是一个高级功能。在**"新棋局"**按钮按下之后、**"本棋局结束"**按钮按下之前，**"棋局回放"**按钮处于不可用状态。初始化之后，**"新棋局"**按钮没有按下之前，该按钮是可用的。按下**"棋局回放"**按钮之后，提示用户输入文件名，之后实验程序随即读取闪存上的一个跳棋走棋数据记录文件。文件打开之后，实验程序可以按照原来的棋手数量和走棋速度，回放整个下棋过程。棋局回放有倍速和 4 倍速回放的选择。

（2）跳棋下棋规则

棋手轮流走棋，每次走棋只能移动一枚棋子；移动的方式可为一格，或数格跳跃。移动一格是指棋子可在六个方向中，任选其中一个以移至相邻的空格中。跳跃是指在同一条线上，一个棋子跃过相邻的棋子沿直线到另一边的空格。跳跃可以是 1 个棋子的单步或者连续跳跃，也可以是花样间隔跳跃。花样间隔跳跃需要有两条或者两条以上棋子间隔模式相同的直线排列的空棋子位存在。

棋子位编码：本跳棋实验的棋子坐标采用类似极坐标的表示，每一个棋子位用"Px.y"形式标记。其中字母 'P' 表示"点"，此外含有两个整数 'x' 和 'y'，中间用小数点隔开。① 'x' 代表与原点的距离，也称为圈号。原点就是棋盘的中心点，围绕原点的第 1 圈有 6 个棋子位，定义该圈上的所有棋子位与原点的距离为 1（即一次移动的距离），因为它们中的任何一个棋子只要移动一次就可以到达原点。围绕原点的第 2 圈有 12 个棋子位，定义该圈上的所有棋子位与原点的距离为 2。其余类推。② 'y' 代表在等距离圈上的棋子序号。规定等距离圈的正下方棋子位是起始棋子位，数值为 0。其余棋子位沿着等距离圈顺时针方向的序号取值。例如，距离为 1 的第 1 圈，6 个棋子位分别是 0 ～ 5。距离为 2 的第 2 圈，12 个棋子位分别是 0 ～ 11。参看图 2-10。

玩家走棋提示：程序将自动提示下面由哪一方棋手走棋。

棋子指定：指定哪一个棋子和指定该棋子落点的方法相同。棋手可以使用键盘输入棋子位坐标方式或者直接点击触摸屏上显示的棋子位的棋子落点。

计时：跳棋博弈需要计时，所以每一方走棋结束后实验程序自动累加该玩家的走棋用时。在走棋过程中，各方已经用掉的走棋累积用时在液晶屏上显示出来。

（3）界面设计

640×480 像素的 LCD 工作区域划分为两个区域：一个是棋盘区，位于左边；另一个是操作控制区，位于右边。有一个实验者所在院校的 LOGO 标志位于 LCD 的右下角，参看图 2-9。

跳棋棋盘的棋位坐标系设计和棋子位置编号设计有多种方法。它的设计好坏与后面的棋位距离计算、可达棋位位置计算和判断棋子跳跃是否合法计算有密切的关系。

在图 2-10 中，给出了以中心棋子位为原点的类似极坐标系表示跳棋的棋子坐标方案。但是，这种表示方式不是唯一的。实验者可以结合自己的算法特点来另行设计跳棋的棋子位置编码方法。例如：夹角为 60° 的 XY 轴坐标系表示方案。

（4）服务器端程序的功能设计

本课程设计最多可有 6 个客户端和 1 个服务器端。服务器端有一个玩家数据库，负责管理登录到该跳棋游戏服务器上的所有玩家信息。棋局开始之后，服务器接收并处理来自任何一个客户端的网络消息，然后向其他相关的客户端发送反馈消息，以消息驱动游戏的进行。在一局游戏结束后，它会更新内存中玩家的等级和积分等数据。事实上，每一步走棋信息都从某一个客户端发出，由服务器端收到后发送到在线的其他客户端，做到每一个ARM 9 实验板能够实时显示当前的走棋状态或者运行状态。当某一个玩家因为正常游戏结束而离线注销，或者发生意外网络故障被游戏服务器检测出来，则服务器的数据库会及时更新该玩家的注销状态或者运行状态，并且在所有玩家的 LCD 上显示发出的广播信号。

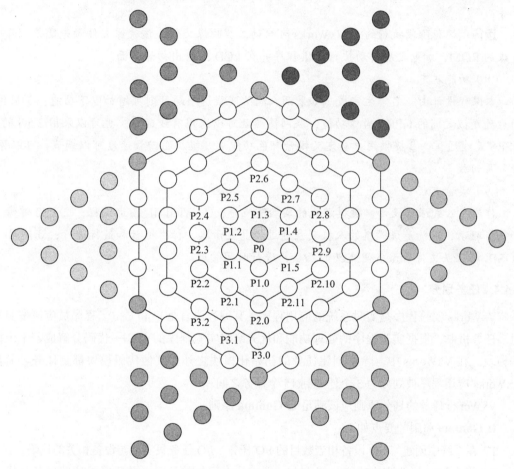

图 2-10　跳棋的棋子位坐标系和棋子位编码

（5）客户端程序的功能设计

客户端的功能可以分成三个部分。第一部分是初始化，交互界面中的棋盘绘制和功能按钮绘制和设定。第二部分是游戏逻辑处理，该部分更新和查询游戏进展状态，并向游戏服务器发送相关的请求，接收并处理来自服务器端的消息。第三部分是人机交互界面部分，接收来自触摸屏和键盘的消息，负责向玩家显示当前棋盘的走棋状态、当前累计用时、其他玩家的信息等。

（6）编程特点

全部代码使用 C 语言编写，基于 WindML 函数库编程实现 LCD 上人机交互界面。多个 ARM 9 实验开发板之间的消息传输通过 RS485 串口通信协议或者 UDP 协议进行。

（7）调试运行

调试：调试阶段的 VxWorks 工程文件是可加载工程。在调试阶段主要检查：①界面显示是否正常；②汉字显示功能是否正常实现；③网络通信数据包能否正常发送和接收；④初始化操作是否正确；⑤下棋过程中输入的棋子坐标和显示的棋子位置是否一致，棋子落下之后屏幕显示是否正常；⑥棋局结束后能否正常输出本棋局的走棋数据文件；⑦棋局回放功能是否正确；⑧各个按钮被触摸点击后的动作是否正常；⑨界面的时间显示是否准确；等等。

运行：运行阶段执行的是 VxWorks 可启动工程映像文件。该映像文件预先烧录入开发板的 ROM，加电之后自动执行跳棋程序并在 LCD 上输出初始界面。

（8）功能扩充

本课程设计由一名学生完成。如果两人组队实践这个题目则可增加以下功能：①提供两台开发板之间的 GPRS 通信功能，联网博弈既可以采用有线通信，也可以采用 2.5G 的 GPRS 无线通信。②提供用户自定义棋盘颜色功能。③棋局的回放速度可以调节，可以暂停和再回放。

（9）实验重点

作为嵌入式课程设计，跳棋游戏的实验重点是：① WindML 图形编程；② PS2 键盘和鼠标驱动，也就是说跳棋的人机交互通过液晶显示器、标准键盘和鼠标进行；③使用 POSIX 标准头文件 time.h 里定义的函数，进行时间管理。

2.4.4 任务划分

VxWorks 实验程序是实时系统的应用程序，其编程语言是 C 和 C++。程序员应该按照实时多任务机制，根据实验程序的处理功能和优先级将实验程序的 C/C++ 代码分解成若干个代码模块。在 VxWorks 中，除了创建任务的初始化模块之外，其他代码模块都是任务。通常 VxWorks 应用程序被划分为 3 个任务到 15 个任务之间。

VxWorks 任务的划分原则应该满足 **H·Gomma** 原则。

H·Gomma 原则的要点如下：

1）在系统中创建与 I/O 设备相当数目的 I/O 任务，I/O 任务只实现与设备相关的代码。

2）将有时间关键性的功能分离出来，组成独立运行的任务，并且赋予这些任务高优先级，以满足实时处理需要。

3）计算量大的代码归纳为一个任务，赋予较低的优先级。

4）耦合度大的处理不能划分成不同的任务，而应当归并为一个任务。这样做的好处是减少任务之间的通信开销。

5）将在相同周期内执行的功能组归并成一个任务。

2.4.5 常用编码规则

这一小节介绍 VxWorks 嵌入式课程设计的一些常用编码规则。这些规则具有参考价值，但不要求读者强制执行。

（1）使用 C 语言编程还是使用 C++ 语言编程

在 VxWorks/Tornado 中，既可以用 C 语言编写课程设计，也可以用 C++ 语言编写课程设计。选用哪一种语言要根据课程设计实验的数据特点。如果数据结构具有较强的对象特征，就应该使用 C++ 语言，否则应该使用 C 语言。再者，由于 Tornado 的 API 函数库里的函数例程都是用 C 语言描述的，所以使用 C 语言比较直观。也就是说，多数情况下使用 C 语言编程较好。

C 和 C++ 在 VxWorks/Tornado 中是通过文件名来区分的。如果代码文件使用".c"后缀，它就用 C 编译器编译；如果使用".cpp"后缀，就用 C++ 编译器编译。值得读者注意的是：如果源代码完全一样，只是文件名后缀不同，则这两个编译器编译出来的目标文件也是不一样的。但这不影响两者在目标板的运行，因为 VxWorks 内核都能识别。无论源代码是 C 还是 C++，也无论是可启动的还是可加载的，只要源代码逻辑正确，都能够得出正确的运行结构。但是这两种源代码的映像文件底层结构、底层的运行结构和存储符号的命名格式都不一样。这就是说，如果做底层级分析或链接，两者差别很大。

（2）只编写一个源代码文件，还是一组源代码文件

只有在课程设计非常简单、代码行数很少的情况下，才把源代码写在一个文件中。多数情况下，按照任务数量，把源代码语句分别写在若干个源代码文件中。源代码文件中的语句可按照处理类别进行分类。例如：图形用户界面的函数 / 语句写入 GuiPro.c 中，数据处理的函数 / 语句写入 DataProcess.c 中。C/C++ 的源代码文件名要求含义直观明了，方便他人阅读和理解。

（3）.h 文件和 .c 文件的分解

函数实现代码语句一般都写入 .c 文件或者 .cpp 文件。预处理语句、数据结构定义语句和函数原型声明语句一般写入头文件（header file）。

为了实现良好的程序设计模块化，尽量做到每一个 C 语言文件都有一个 .h 文件与之对应。

（4）消除多次定义的符号

如果头文件（.h 文件）被包含（#include）到一个以上的源文件中，这个头文件中所有的定义就会出现在每一个有关的源码文件里。这会使这些符号被定义一次以上，从而出现链接错误。

解决方法：不在头文件里定义变量。只需要在头文件里声明变量，而在包含这个头文件的 C 源代码文件里定义变量。

对于初学者来说，定义和声明很容易混淆。声明的作用是告诉编译器其所声明的符号应该存在，并且声明中含有变量的类型。但是，声明并不会使编译器分配存储空间。而定义的作用是要求编译器分配存储空间。当做一个声明而不是定义的时候，需要在声明前添加一个关键字"extern"。

例如，某一段 C 代码，含有一个叫"ArrayLength"的变量。如果让它成为公用的，我们在一个 C 语言源代码程序的开始定义它：int ArrayLength; 再在相关的头文件里声明它。

```
extern  int  ArrayLength    或者 IMPORT  int  ArrayLength
```

函数原型里隐含着 extern 和 IMPORT 的意思，所以不需要顾虑多次定义的问题。

（5）消除重复定义和重复声明

在编写源代码过程中，由于参与人员多，或者由于开发者编写的模块多，常常会发生 .h 头文件重复包含的情况。这样，就会导致变量、常量被重复定义，函数被重复声明。

例如：在 TestPro.c 源码文件中有两条 #include 语句。它们分别是：

```
#include <data.h>
#include <process.h>
```

而 process.h 文件又有一条语句包含了 data.h。

这样，TestPro.c 包含了 data.h 两次。因此，每一个在 data.h 文件中的"#define"都发生了两次，每一个数据结构和函数声明也发生了两次。理论上，它们是完全一样的拷贝，所以应该不会有什么问题，但是在实际应用上这是不符合 C 语法的，会导致编译时出错或至少是警告。

解决方法是把下面一段语句结构放在每一个头文件的开始部分：

```
#ifndef FILENAME_H
#define FILENAME_H
...
```

然后把下面一行代码放在 .h 文件的最后

```
#endif    /*#ifndef FILENAME_H 的配对结束语句 */
```

注意：用头文件（.h）的大写文件名代替上面的 FILENAME_H，用下划线代替文件名中的点。endif 语句的注释内容起提醒作用，可以省略。

2.4.6　头文件编程范例

这里我们给出一个 VxWorks 中 C 和 C++ 语言程序包含头文件的编程范例。这个范例实验程序的功能是 C 语句调用 C++ 函数完成两个 long long 类型整数加法运算，实验程序的 VxWorks 工程名称是 LongLongNumberAdd，已经在 VxWorks 5.5/Tornado 2.2 的 VxSim 模拟器上运行通过。

这个实验工程是可加载的模拟器性质的，含有一个 .c 代码文件、一个 .cpp 代码文件和两个 .h 包含文件。下面给出全部的源代码清单，其中的头文件源代码编写方法和对应预处理语句的使用方式可供读者借鉴。

包含文件 LongLongNumAddition.h 的源代码语句清单

```
#ifndef __LONGLONGNUMADDITION_H__
#define __LONGLONGNUMADDITION_H__

extern void * malloc(unsigned int num_bytes);

struct LLData{
int n;
unsigned long long LLarray[4];
}MyLLData;

#endif     /* __LONGLONGNUMADDITION_H__ */
```

C 程序文件 LongLongNumAddition.c 的源代码清单

```
/* C_Call_CPP_do_LonglongNum_add_operation  */
#include "stdio.h"
#include "stdlib.h"
#include "LongLongNumAddition.h"

struct LLData * ptr2MyLLData;

int k;  /* get return value of calc_longlong_Add function */

extern  int  longlong_Add(struct LLData * arg1, int type);

void main(void)
{
    ptr2MyLLData  = (struct LLData *)malloc(sizeof(MyLLData));
    ptr2MyLLData = &MyLLData;
    ptr2MyLLData->n = 0x00000000ff000000;
    ptr2MyLLData->LLarray[0] = 0x1200000000000000;
    ptr2MyLLData->LLarray[1] = 0x00ff000001000000;
    ptr2MyLLData->LLarray[2] = 0x2000000000100000;
    ptr2MyLLData->LLarray[3] = 0x1000000000010000;

        printf("The size of MyLLData is %d \n\n", sizeof(MyLLData));
        printf("The first   long long number is %16llx\n", MyLLData.LLarray[0]);
        printf("The second  long long number is %16llx\n", MyLLData.LLarray[1]);
        printf("The third   long long number is %16llx\n", MyLLData.LLarray[2]);
        printf("The fourth  long long number is %16llx\n\n", MyLLData.LLarray[3]);

        k=longlong_Add(ptr2MyLLData, 1);
          if (k==1) printf("The sum of first two long long number is  \
        %16llx\n\n", MyLLData.LLarray[0]);
        k=longlong_Add(ptr2MyLLData, 2);
          if (k==2) printf("The sum of last  two long long number is  \
        %16llx\n\n", MyLLData.LLarray[2]);
    printf("BYE\n");
}
```

包含文件 add.h 的源代码语句清单

```
#ifndef __ADD_H_
#define __ADD_H_

extern "C" int  longlong_Add(struct LLData * aa1, int bb1);

#endif
```

C++ 程序 add.cpp 语句清单

```
#include "longlongstruct.h"

/* The function below does add operation for two long long integer number. */
extern "C" int  longlong_Add(struct LLData * aa1, int bb1)
{
        if (bb1==1)
        {
            aa1->LLarray[0] = aa1->LLarray[0] + aa1->LLarray[1];
```

```
        return 1;
    }
    else if (bb1 ==2)
    {
        aa1->LLarray[2] = aa1->LLarray[2] + aa1->LLarray[3];
        return 2;
    }
    else
    {
        return 0;
    }
}
```

注意： 在 VxWorks 5.5/Tornado 2.2 环境中编译和链接本程序，如果使用 Add.cpp 代码文件，则得到的 .out 映像（可加载执行）文件的空间大小是 15407 字节，而使用 Add.c 代码文件得到的映像文件空间大小是 14893 字节。由此可推测在这种开发环境下实现同样的功能，C++ 代码文件比 C 代码文件稍大一些。

实验程序 LongLongNumberAdd 运行测试时在 VxSim 窗口输出的语句截屏如图 2-11 所示。

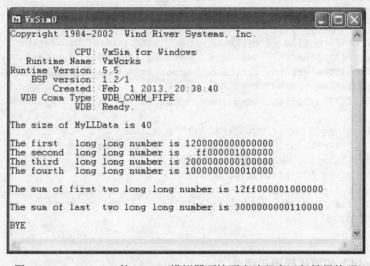

图 2-11　Tornado 2.2 的 VxSim 模拟器环境下实验程序运行结果快照

2.4.7　代码优化

嵌入式课程设计是一个实验性质的课程，设计部分包括：硬件设计、软件设计和测试设计等。若想在课程设计过程中提高编程能力，提高程序的编码质量是十分重要的。在这一小节，我们给出一些重要的 C 语言程序设计优化方法。需要注意的是，代码优化有可能会减低代码的可读性和可维护性，因此要慎重。

（1）选用合理的数据结构，并且选配合适的算法

在数据处理类的嵌入式课程设计中，常常要处理大量按照时间顺序产生的数据，这些数据处理之后，还要尽快删除以腾出空间供后继到来的数据使用。这些数据一般按照线性表方式存储。从数据结构的角度看，既可以使用数组，也可以使用链表。那么进行处理时究竟选择哪一种方式更好？一般来说，指针语句比较灵活简洁，但是不易理解；而数组语句则比较

直观，容易理解，但是语句行较为臃肿。考察大多数 C 编译器输出的目标代码，使用指针语句的映像文件比使用数组语句的映像文件更短，执行效率更高。由上所述，应尽可能地使用指针语句为宜。

以列车自动售票机模拟系统为例，虚拟乘客数据的产生、处理和消除是一个随机过程。模拟器的运行时间比较长，虚拟乘客数据的存储、使用和释放都要做到占用空间小，访问速度快，可持久运转。在逻辑设计阶段，使用数组表示数据比较直观。但是到了编码阶段就应该舍弃数组语句，改用指针语句。

（2）把本地函数声明为静态的

如果一个函数只在实现它的 .c 文件中被使用，把它声明为静态的（static）以强制使用内部连接。否则，默认的情况下会把函数定义为外部连接。这样可能会影响某些编译器的优化。在 VxWorks 中，静态变量类型使用 LOCAL 标识符做标记。

例如：

```
LOCAL int memWrite( );
LOCAL int memClose( );
LOCAL STATUS memIoctl( );
LOCAL int memDrvNum;      /* 内存驱动的数目 */
```

（3）不定义无用的函数返回值

在定义一个函数原型时，往往还不完全了解是否需要该函数的返回值，以及该函数的返回值采取什么数据类型。此时，应该假定返回值不会被用到，使用 void 来明确声明函数不返回任何值。

（4）所有函数都要给出原型声明

在 C/C++ 代码文件中，所有函数都要给出原型声明，而且建议将所有函数的原型声明都编写在与 .c 或者 .cpp 文件所对应的 .h 文件中。例如：在自动售票机模拟器实验项目的 C 程序文件 TiVending.c 文件中有 drawmap 函数、touchstage0 函数、touchstage1 函数、touchstage2 函数和 keyboard 函数。则在对应的 TiVending.h 文件中写入这 5 个函数的原型声明语句以及函数功能的注释。以下列出 TiVending.h 的代码片段：

```
...
void drawmap(int arg);            /* 绘制站点线路和车票价格 */
...
void touchstage0(void);           /* 触摸屏输入函数 0，选择起始车站 */
void touchstage1(void);           /* 触摸屏输入函数 1，选择目的车站 */
void touchstage2(void);           /* 触摸屏输入函数 2，选择购买车票数量 */
void keyboard(void);              /* 键盘输入处理函数 */
...
/* 得到队列的下一个乘客 */
nodeType * getNextPasger(int flr);
```

（5）宏定义表达式中使用完备的括号

使用不完备括号去定义宏存在一定的风险。例如，以下三条定义矩形面积计算的宏都有风险。

```
#define RECT_AREA(a, b) a*b;
#define RECT_AREA(a, b) (a*b);
```

```
#define RECT_AREA(a, b) (a)*(b);
```

正确的定义应该是：

```
#define RECT_AREA(a, b) ((a) * (b));
```

（6）局部变量的类型

在定义局部变量时应尽可能地使用 int 或 long 数据类型。现在的嵌入式系统多采用 32 位微处理器，寄存器都是 32 位的，而且栈的最小分配单位也是 32 位。因此，定义一个 char 或 short 类型的变量并不能节省空间，有时反而会降低代码的效率。例如以下代码片段：

```
unsigned char i;
for(i=0; i<10; i++)
{
    printf("%d", i);
}
```

因为循环次数较少，所以程序员定义循环控制变量 i 时使用了 unsigned char 类型。unsigned char 的范围是 0 ~ 255，因此当 i 的值为 255 时，i+1 的值应该为 0。为了保证 i 的值不超过 255，编译器需要添加额外的代码来处理这一情况。由 Tornado 内置的 GNU 编译之后，得到的汇编代码如下：

```
    MOV      r4, #0   ;把寄存器 r4 分配给 i 变量，设置初值为 0
loop
    …                 ; 此处省若干准备参数、调用 printf 函数的代码
    ADD      r3, r4, #1    ; r4 中的值加 1 放入 r3 中
    AND      r4, r3, #0xff ; r3 中的值与 0xff 相与之后放入 r4 中
    CMP      r4, #9        ; r4 中的值和 9 相比较
    BLS      loop          ; 如果前面的比较结果是小于等于则跳转到 loop 处
```

如果我们把 i 变量定义成 int 类型，则得到的汇编代码如下：

```
    MOV      r4, #0
loop
    …                       ; 此处省若干准备参数、调用 printf 函数的代码
    ADD      r4, r4, #1
    CMP      r4, #9
    BLS      loop
```

通过比较可以看出，把 i 定义成 unsigned char 类型不但没有节省空间（int 和 unsigned char 类型变量都占用一个寄存器），而且编译器为了保证 unsigned char 的范围是从 0 到 255，额外增加了一条指令语句" AND r4，r3，#0xff"。需要注意的是，如果读者要在 Tornado 环境验证这一现象，需要把编译器 GNU 的优化等级至少设置成 1（共有 none、1、2、3 四个等级）。如果使用默认的 none 选项，则产生的汇编代码可能通过 STRB 或 LDRB 等字节操作指令实现 int 与 char 之间的转换。

因为局部变量（包括函数参数）经常放在寄存器中，所以应该遵循以上规律；而对放在内存中的全局变量或大型数组，为了节省内存空间，还是应该尽量使用占用字节少的变量。

（7）循环结构

在处理循环结构的控制条件时，尽量使用减计数到 0 的控制方式。以前面的代码为例，我们可以看到" for(i=0; i<10; i++)"的循环控制代码包括三条：

```
ADD        r4, r4, #1
CMP        r4, #9
BLS        loop
```

如果我们把循环控制结构改成减计数到 0 的方式：

```
int i;
for(i=10; i!=0; i--)
{
    printf("%d", i);
}
```

则可以得到如下的汇编代码：

```
    MOV        r4, #0xa      ;把寄存器 r4 分配给 i 变量，设置初值为 10
loop
    …          ;此处省略若干准备参数、调用 printf 函数的代码
    SUBS       r4, r4, #1    ;把 r4 中的值减 1，并且设置 CSPR 中的标志位
    BNE        loop          ;如果上一条减法指令的执行结果不为 0
                             ;（即 CSPR 中的 Z 标志位的值为 1），则跳转到 loop 处
```

经过比较可以看出，通过采用减计数到 0 的循环方式，减少了一条"CMP"比较指令。这主要是因为循环的结束条件是"i=0"，而这一情况可直接通过查询 CSPR 寄存器中 Z 标志位的值来获知。

（8）函数的参数传递

根据 ARM 的过程调用标准，函数的前 4 个参数是直接通过 r0、r1、r2 和 r3 寄存器来传递，而更多的参数则使用堆栈来传递。显然带有 4 个或更少参数的函数其执行效率比带有多于 4 个参数的函数要高。当函数需要传递的参数较多时，可以考虑把多个参数组织到一个结构体中，然后把结构体的指针作为参数。

2.4.8　测试方案设计和测试用例

测试的目的是找到错误，排除错误。在嵌入式课程设计实验的测试阶段，主要测试软件程序。为了使测试过程有条不紊，达到良好的测试效果，需要事先编写测试设计书以及测试用例。

一般情况下可以把测试方案设计书做成表格的形式。在测试表中，含有三个栏目，它们分别是：序号、测试操作说明和测试分类。序号栏的整数表示测试的步骤顺序，测试操作说明栏的内容是对该测试步骤的简单作业描述，测试分类栏的内容指明测试类型。

表 2-3 给出了嵌入式系统测试操作分类一览表。

表 2-3　嵌入式系统测试操作分类一览表

软 件 测 试		
按照测试用例分类	白盒测试	按照程序内部逻辑结构和编码结构设计测试用例的测试方法
	黑盒测试	编写对象模块的测试用例时不考虑内部构造的测试方法
	灰盒测试	测试用例综合了白盒测试和黑盒测试的特征的测试方法
按照开发阶段分类	单元测试	软件最小不可分单元——程序模块的正确性验证测试
	集成测试	将各个代码模块按照总体设计方案组装起来进行的测试

（续）

软 件 测 试			
按照开发阶段分类	**接口测试**		程序模块内部接口和程序模块之间外部接口测试
	确认测试 ——对软件系统进行的合格性测试	有效性测试	检查被测试软件是否满足设计书列出的功能指标以及性能指标
		软件配置复审	保证软件配置齐全，分类有序。此外，还包括软件维护所必需的细节
		α 测试	开发机构内部用户在模拟实际环境下进行的测试
		β 测试	软件最终用户在一个或多个场地进行的测试
	系统测试 ——将测试合格的软件与系统的其他部分进行组装，对整个嵌入式系统进行的测试	功能测试	检查嵌入式产品的功能是否全面实现和达标程度
		性能测试	检查嵌入式产品的性能是否达标
		健壮性测试	包括边界测试、非法数据测试、异常中断测试和数据有效生存期测试等
		疲劳测试	在一段时间内（例如连续72小时）保持系统功能的频繁使用，检查是否会产生错误动作，是否引起功能或者性能失效问题
		用户界面测试	考察图形用户界面控件安排的合理性和正确性，人机交互界面是否友好，是否具备容错功能
		安全性测试	检查系统中是否存在软件病毒，是否具备网络防火墙功能，能否抵抗非授权用户的入侵等
		压力测试	逐步减少资源（如存储容量），或者对系统的特定输入环节/处理环节/输出环节不断地增加负荷，记录在何种情况下系统出现停机或者崩溃失效，或者记录能否在预设的边界负荷下正常运行。压力测试也考核系统的最大服务能力
		文档测试	检查嵌入式产品的文档是否齐备，是否符合国际/国内标准，是否规范，是否正确等
	验收测试		软件系统投入实际运行之前的最后一个测试操作。相关的用户或者第三方测试人员根据测试计划和结果对系统进行测试，如果通过测试则给软件系统出具合格证书

下面我们给出两个课程设计的测试方案设计书以及它们的部分测试用例。

测试方案设计书例 1——LCD 数字时钟

以下是 LCD 数字时钟的测试方案设计书。参看表 2-4。

表 2-4 LCD 数字时钟的测试方案设计书（部分）

序号	测试 操作 说明	测试分类
1	实验板加电，观察主机超级终端窗口给出的串口信号是否正常？如果显示正常表示bootloader运行正常	系统测试
2	VxWorks的映像文件vxworks.bin是否加载正常	系统测试
3	如果vxworks.bin加载正常，能否正常执行	系统测试
4	LCD数字时钟实验程序能否开机启动？根据LCD有无主界面出现进行研判	系统测试
5	点击LCD主界面中的"校对时间"按钮（见图2-4），观察校对时间对话框能否出现。如果出现，输入当前时间。当前时间输入完毕后，窗口关闭	确认测试

（续）

序号	测试操作说明	测试分类
6	点击LCD主界面中的"显示方式"按钮（见图2-4），观察显示方式对话框能否出现。如果出现，在显示方式对话框输入操作员的选择，选择结束后，显示方式对话框退出。LCD立即恢复主界面显示。之后，主画面应该能够输出符合新给定显示方式的当前北京时间	确认测试
7	用20分钟时间核实计时的精度。使用**12117**报时电话播报的当前北京时间，核对液晶屏输出的时间，研判20分钟的走时误差。如果20分钟内走时误差不超过20秒，可以认为合格	确认测试
8	世界时钟显示测试，点击LCD主界面中的"**世界时钟**"按钮（见图2-4），用户可以使用触摸笔逐个选择城市，或者从4×4小键盘输入城市的英文名称。观察主界面公共显示区的世界时钟显示是否出现，以及显示是否正确	RTC单元测试，计时精度确认测试
9	闹钟设置测试，点击LCD主界面中的"**闹钟**"按钮（见图2-4），观察闹钟对话框能否出现。如果出现，从4×4小键盘输入闹钟的定时。输入结束后闹钟对话框退出，LCD应立即恢复主界面显示。当给定的闹钟时间到达，观察闹铃声是否出现	"闹钟"单元测试，确认测试
10	农历测试，点击LCD主界面中的"**农历**"按钮（见图2-4），观察农历设置对话框能否出现。如果出现，从4×4小键盘输入农历的显示时间数据。输入结束后农历对话框退出，LCD应该立即恢复主界面显示。观察主界面公共显示区的设定农历显示是否出现，以及显示是否正确	"农历"单元测试，确认测试
11	倒计时测试，点击LCD主界面中的"**倒计时**"按钮（见图2-4），观察倒计时对话框能否出现。如果出现，从4×4小键盘输入倒计时的定时时刻。输入结束后倒计时对话框退出，LCD应立即恢复主界面显示。观察主界面公共显示区的倒计时显示是否出现，以及显示是否正确	"倒计时"单元测试，确认测试

在上述测试方案设计书中，测试项目的第6项、第8项和第10项需要用到测试用例。这些测试用例集中在LCD数字时钟的测试用例表里。参看表2-5。

表2-5　LCD数字时钟的测试用例表

测试序号	测试用例与用例说明	测试分类
测试操作第6号（参见表2-4）	时钟显示方式的测试用例： 1）指针式时钟，黑色圆形钟，指针为黄色 2）指针式时钟，绿色圆形钟，指针为黑色 3）数字时钟，英文日期 例如：May 2nd, 2010 Mon. pm 12:30:40 4）数字时钟，中文日期 例如：2010年5月2日 星期一 上午 12时30分40	单元测试确认测试
测试操作第8号（参见表2-4）	在LCD数字时钟的世界时钟任务中，预先设置20个主要城市的英文名称。例如：东京（Tokyo），新德里（New Delhi），伦敦（London），柏林（BerLin）纽约（New York）等。在世界时钟测试过程中，输入上述城市名，检查显示的当地时间是否正确	单元测试确认测试
测试操作第10号（参见表2-4）	如果输入的北京时间是2010年3月22日，则当月的农历显示如下列出：（具体日期数据略）	单元测试确认测试

测试方案设计书例2——路口信号灯

下面我们给出路口信号灯的测试方案设计书。启动部分被省略。参见表2-6。

表 2-6　路口信号灯的测试方案设计书（部分）

序号	测 试 操 作 说 明	测试分类
1	测试LED数码管每秒显示一个倒计时数字的时间间隔误差大小。方法：让路口信号灯连续运行20分钟，考察倒计时秒数显示是否精确做到每秒显示一次。标准：20分钟内如果有小于20秒的累积误差则认为合格	RTC模块显示，系统测试
2	检查南北方向通行时段里先后显示的三个不同组合的绿灯信号和最后显示的黄灯减速信号在LCD上的显示是否正常。与预先设定的倒计时的秒数显示是否匹配	LCD显示模块测试，系统测试
3	检查东西方向通行时段里先后显示的三个不同组合的绿灯信号和最后显示的黄灯减速信号在LCD上的显示是否正常。与预先设定的倒计时的秒数显示是否匹配	LCD显示模块测试，系统测试
4	按下实验板上的EINT2按钮，能否弹出一个修改信号灯显示周期的对话框，这个对话框显示时主界面暂时停止显示	硬件中断服务子程序测试，集成测试
5	在修改路口信号灯显示周期的对话框控制下，输入8个时间参数（参见表2-2，只有6个独立参数）。按下该对话框返回按钮之后，程序再次给出主显示界面	修改时间周期的任务测试，集成测试

2.4.9　测试报告

测试报告是调试阶段的小结报告。通常在测试结束之后，连同课程设计工程文件一起提交，以便教师和助教进行现场验收，或者书面验收。

测试报告一般有两个文档。一个是故障排除报告，另外一个是测试结果报告。

测试报告书举例——LCD 数字时钟

以下我们给出 LCD 数字时钟测试报告的示例，参见表 2-7 和表 2-8。注意这个示例是两个测试报告表的部分片段内容，不反映课程设计过程中的全部故障排除记录以及全部测试结果记录。如果较为真实地反映两张表的全部记录，表格的篇幅就可能较长。

表 2-7　LCD 数字时钟故障排除报告示例（部分）

序号	故障发生日期	故障现象与故障原因	故障排除日期	故障排除方法
1	2009-10-8	可启动工程不能正常下载到开发板，检查后发现网线不通	2009-10-8	更换网线，故障消失
2	2009-10-9	LCD数字时钟的可加载映像不能够在开机后自动执行。故障原因：不知道如何让实验程序在开机后自动执行	2009-10-11	把这个实验的入口函数调用语句写入usrAppInit.c文件的预留位置。参看代码清单2-1
3	2009-10-15	主界面的布局多处存在问题，指针式时钟的显示不美观，数字式时钟字符显示重叠	2009-10-15	对LCD的画面显示程序进行精细调整，实现正确和美观显示
4	2009-10-18	4×4小键盘的英文字符输入不正确。经检查发现键盘按键的时间间隔太短，以至用户不能够在这么短的时间内看清LCD字符并进行选择	2009-10-18	延长每一个字符的显示时间，让用户能够从容地击键选择要输入的字符
5	……	……	……	……

代码清单 2-1　实现开机后自动运行 VxWorks 实验程序的代码示例

```
/* usrAppInit.c  表 2-7 指出了本代码文件，含 VxWorks 应用程序的开机自启动语句   */
void usrAppInit (void)
{
    int yy = 2010;                /* 实时时钟初始化时刻，年数据 */
    int mm = 5;                   /* 实时时钟初始化时刻，月数据 */
    int dd = 20;                  /* 实时时钟初始化时刻，日数据 */
    int hh = 8;                   /* 实时时钟初始化时刻，小时数据 */
#ifdef    USER_APPL_INIT
    USER_APPL_INIT;               /* for backwards compatibility */
#endif


/* 在此行下面添加调用入口函数的语句 */
    UGL_Init( );                  /* 初始化 LCD 的图形用户界面 */
    DrawLogo(&yy, &mm, &dd);      /* 绘制 LOGO 和欢迎画面 */
    LcdClockStart( );             /* 如果启动成功则 LCD 数字时钟投入运行 */
}
```

表 2-8　LCD 数字时钟测试结果报告（部分）

序号	测试操作说明	测试结果
1	实验板加电后主机超级终端窗口给出的串口信号是否正常	正常
2	VxWorks的映像文件vxworks.bin是否加载正常	正常
3	vxworks.bin的执行是否正常	正常
4	图形库初始化函数UGL_Init能否正常执行	正常
5	LCD数字时钟的初始化程序能否正常启动	有故障
6	点击LCD主界面中的"校对时间"按钮（参见图2-4）之后能否出现"校对时间"时间对话框	有时不出现
7	校对时间操作完成之后，LCD数字时钟的北京时间显示是否改变成校对之后的时间	正常
8	启动之后LCD数字时钟是否立即投入正常运行	稍许延时

2.4.10　实验文档编写指导

课程设计实验完成之后，学生需要向教师提交一组实验文档。实验文档的题目和必要性可以参见表 2-9。

表 2-9　课程设计实验文档一览表

序号	标题（近似标题或者内容）	说明
1	选题说明书（前言，实验项目概述）	必有项目
2	实验项目的技术（领域）背景	视条件编写，可省略
3	可行性分析	必有项目
4	数据流分析和处理分析	视条件编写，可省略
5	概要设计书	必有项目
6	任务划分（任务的分解和定义）	必有项目
7	任务设计（模块设计）	视条件编写，可省略

（续）

序号	标题（近似标题或者内容）	说明
8	关键处理程序流程图	视条件编写，可省略
9	人机接口（人机交互界面）	必有项目
9	详细设计书（任务函数设计）	视条件编写，可省略
10	测试方案设计（含测试用例和测试用例说明）	必有项目
11	调试与排错记录（列出重要的错误现象、出错原因和排错过程和方法）	必有项目
12	测试报告	必有项目
13	整体代码运行结果评价和实验体会	视条件编写，可省略
14	本实验程序运行指导（让试用者掌握如何运行本实验程序）	必有项目
15	运行结果截图、照片或者录像	必有项目
16	实验源代码的详细注释	必有项目
17	进一步改进方案和应用建议	必有项目

2.5 小结

本章介绍了嵌入式系统课程设计实验的基本特点、教学目标和大致的分类，比较详细地阐述了嵌入式系统课程设计的具体实验步骤。内容涵盖了实验选题、可行性分析、概要设计、任务划分、C 源代码编写常用规则、C 代码优化、测试。在本章的后半部分给出了 LCD 数字时钟、路口信号灯和跳棋三个课程设计的选题构思。本章最后给出了课程设计实验报告编写指导。不论嵌入式课程设计属于哪种类别，其实验步骤大致相同。

第 3 章
控制类课程设计

嵌入式系统常常作为工业设备、医疗设备、娱乐设备和家用电器的控制器。本章介绍在 ARM 9 实验板上外接硬件扩展电路板，控制 64×16 LED 点阵模块滚动显示汉字的课程设计。该课程设计涉及 CPLD 设计、汉字库芯片选用、PCB 设计和 VxWorks 操作系统驱动程序设计等。

3.1 LED 点阵汉字滚行显示扩展板

VxWorks 操作系统以良好的可靠性和卓越的实时性被广泛应用在对实时性要求很高的领域中，尤其是在控制领域。本节描述的课程设计是一个在嵌入式实验板上实现的基于 VxWorks 操作系统的横幅型 LED 点阵汉字显示屏，能够滚行显示一行或多行汉字。典型应用场合包括广场的告示牌、银行的金融数据显示牌以及列车车厢出入口的信息牌等。设计内容包括：LED 扩展电路板、LED 扩展板程序、字库设备驱动程序、LED 显示驱动程序以及测试程序。下面分几个部分描述这个显示子系统的设计方案。

3.1.1 软硬件开发环境

本实验采用武汉创维特公司 CVT2410 嵌入式实验平台。该平台没有富余的可扩展用的 GPIO 接口，但有总线扩展接口。该总线扩展接口使用的内存地址空间位于 S3C2410 芯片内存映射表的 Bank4 的地址空间之内。

基于上述的实验平台接口条件，本课程设计利用 CPLD 设计了一个扩展电路板，并采用 Protel 99SE 软件设计了该扩展板的印刷电路板（PCB）。该扩展板占用总线地址空间为 Bank4 对应的地址空间，使用 S3C2410 芯片的片选 nGCS4 作为使能信号。由 CPLD 扩展出 12 个 GPIO 接口，其中 8 个接口用于驱动 LED 显示屏，4 个接口用于与字库芯片进行通信。整个硬件部分的总体结构参看图 3-1。

在软件开发方面，采用 Quartus II 开发环境设计 CPLD 程序，使用 Tornado 开发环境编写 VxWorks 驱动程序（其工程名称是 ebd）以及测试应用程序，完成对 ebd 驱动程序的测试。

3.1.2 硬件功能分析与设计

1.CPLD 芯片功能分析

复杂可编程逻辑器件（Complex Programmable Logic Device，CPLD）是从可编程阵列逻辑（Programmable Array Logic，PAL）和通用阵列逻辑（Generic Array Logic，GAL）发展出来

的器件，其复杂度介于 PAL 和 FPGA（Field-Programmable Gate Array，现场可编程门阵列）之间，属于大规模集成电路的范围。CPLD 由基本宏单元组成，是一种用户可以根据需要构造逻辑功能的数字集成电路。CPLD 和 FPGA 不同，它具有非易失配置存储器，系统启动的时候 CPLD 电路就立刻生效。其基本设计思路是借助集成开发软件平台，用原理图、硬件描述语言等方法，生成相应的目标文件，通过下载电缆将代码烧写到目标芯片中，实现设计方案的数字系统。目前世界著名的半导体器件公司如 Xilinx、Altera、Lattice、AMD 和 Atmel 等，均提供不同类型的 CPLD 和 FPGA 产品。众多公司的竞争促进了可编程集成电路技术的提高，使其性能不断完善，产品日益丰富，成本不断降低。可编程逻辑器件在结构、密度、功能、速度和性能方面都有非常快的发展，在现代电子系统设计中被广泛应用。CPLD 的开发语言主要有 VHDL 以及 Verilog HDL，而不同公司的不同系列产品都有自己的开发环境。

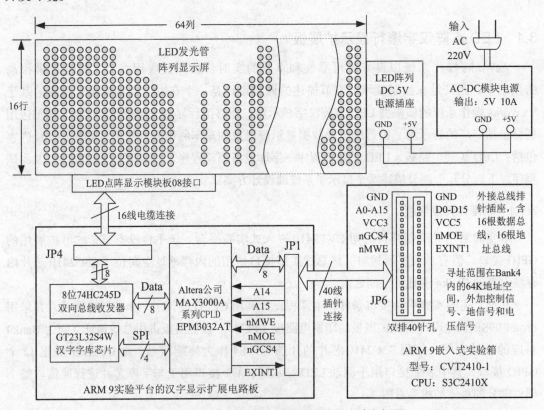

图 3-1　CVT2410 实验平台汉字显示扩展电路方框图

　　本实验扩展电路板采用的是 Altera 公司的 MAX3000A 系列的芯片 EPM3032AT。它是在高性能低成本的 CMOS 型 EEPROM 基础上制造的 CPLD，有 600 个门电路，32 个宏单元，最多可以使用 34 个 I/O 引脚。该芯片引脚到引脚（pin-to-pin）的延时只有 4.5ns。扩展电路板与 ARM 9 实验箱之间的信号连线共有 14 根。本实验的电路方框图如图 3-1 所示。

　　为了焊接电路方便，我们选择了 TQFP 封装形式的 CPLD 芯片。该型号的 CPLD 引脚功能如表 3-1 所示，电路引脚连接参考 3.1.3 节内容。

表 3-1　CPLD 引脚说明

编号	功能	编号	功能	编号	功能	编号	功能
1	IO/TDI	12	IO	23	IO	34	IO
2	IO	13	IO	24	GND	35	IO
3	IO	14	IO	25	IO	36	GND
4	GND	15	IO	26	IO/TCK	37	INPUT/GCLK1
5	IO	16	GND	27	IO	38	INPUT/OE1
6	IO	17	VCC	28	IO	39	INPUT/GCLRn
7	IO/TMS	18	IO	29	VCC	40	INPUT/OE2
8	IO	19	IO	30	GND	41	VCC
9	VCC	20	IO	31	IO	42	IO
10	IO	21	IO	32	IO/TDO	43	IO
11	GND	22	IO	33	IO	44	IO

因为控制 LED 显示屏需要通过 I/O 接口来实现，而本实验使用的实验箱没有富余的 GPIO 接口可供使用，所以我们首先设计一块扩展板用来获得足够的 GPIO 接口。扩展板将使用总线扩展访问方式，所以采用 8 位数据总线输入信号 [D0-D7]、片选输入信号 [nGCS4]、读写输入信号 [nMOE，nMWE]、地址总线输入信号 [A14-A15] 和送往 ARM 9 实验箱的输出信号 [EXINT1] 共 14 根信号线作为输入输出控制。有关 A14、A15 和 EXINT1 信号在 3.1.9 节将详细解释。

CPLD 接 LED 显示屏需要 8 根 I/O 总线。与字库芯片的连接采用 SPI 接口，需要 4 根 I/O 模拟 SPI 总线。引脚 TDI、TMS、TDO、TCK 用于 JTAG 调试与编程，电源电压采用 3.3V 直流输入。

2.Verilog HDL 语言介绍

随着可编程逻辑器件复杂程度的不断提高，使用硬件描述语言来设计电路显得尤为重要。使用硬件描述语言使电路逻辑更容易理解，便于计算机对逻辑进行分析处理，并将逻辑设计与具体电路实现分成两个独立阶段来操作，逻辑设计时不涉及工艺。在设计过程中，资源和模块不断积累，既可以重复利用，又可以提高设计的稳定性和效率。最常用的硬件描述语言是 VHDL 和 Verilog HDL。VHDL 是最早成为 IEEE 标准的硬件描述语言，语法结构严格，编写出的模块风格清晰。Verilog HDL 语法结构相对简单，获得更多的第三方工具的支持，仿真工具性能出色，90% 以上的公司都是采用 Verilog HDL 进行 IC 设计。本实验采用 Verilog HDL 语言描述 CPLD 的功能。下面初步介绍 Verilog HDL 的语法结构和特点，读者可以参考相关教材或者参考书系统学习 Verilog HDL 的语法结构。

模块是 Verilog HDL 的基本描述单位，用于描述某个设计的功能或结构以及与其他模块通信的外部接口。一个设计结构可使用开关级、门级和用户定义的原语方式描述。

一个 Verilog HDL 模块的基本语法如下：

```
module module_name (port_list);
```

```
Declarations:
    reg, wire, input, output, inout, function, parameter, task
Statements:
    Initial statement, Always statement,
    Module instantiation, Gate instantiation,
    UDP instantiation, Continuous assignment
endmodule
```

在 Verilog HDL 模块中，可以用数据流方式、行为方式、结构方式、混合方式描述一个硬件设计。下面我们使用 Verilog HDL 编写一个例子。它是一个双端口输入的 8 位加法器或减法器模块 M。模块 M 用做加法器还是减法器通过 add_sub 引脚的电平进行选择。操作数 a 和操作数 b 通过 8 位数据端口进入模块 M。运算结果通过模块 M 的 result 端口输出。clk 是时钟信号。

模块 M 框图如图 3-2 所示。端口说明参见表 3-2。

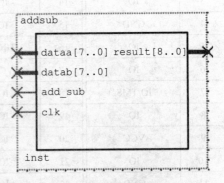

图 3-2　加减法器框图

表 3-2　加减法器端口说明

端口名称	类型	描　述
dataa[7..0]，datab[7..0]	Input	8 位操作数 a 和 b 的数据输入端口
add_sub	Input	动态选择加法或减法
clk	Input	时钟信号
result[8..0]	Output	8 位数据信号，1 位进位或借位

模块 M 的 Verilog HDL 程序清单如下列出：

```
module addsub(dataa,datab,add_sub,clk,result);
    input [7:0] dataa;
    input [7:0] datab;
    input add_sub;
    input clk;
    output reg [8:0] result;
    always @ (posedge clk)
      begin
        if (add_sub)
            result <= dataa + datab;
        else
            result <= dataa - datab;
      end
endmodule
```

在使用 Verilog HDL 语言设计电路过程中，值得一提的是"保证性的赋值描述"和"非保证性的赋值描述"概念，它们分别用"非阻塞赋值"和"阻塞赋值"语句表示，运算符分别为"<="和"="。这两类逻辑赋值语句需要读者正确使用。

图 3-3 给出了阻塞赋值和非阻塞赋值的例子。我们可以看到阻塞（Blocking）和非阻塞（Non_Blocking）赋值方式对变量 c 赋值的时间点不同，等效电路也有所不同。

非阻塞赋值语句块(<=)示例

```
Initial
  always@(posedge clk)
  begin
      m <= a;
      c <= m;
  end
```

阻塞赋值语句块(＝)示例

```
Initial
  always@(posedge clk)
  begin
      m = a;
      c = m;
  end
```

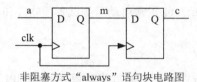

非阻塞方式"always"语句块电路图

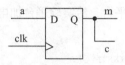

阻塞方式"always"语句块电路图

图 3-3　Verilog HDL 的阻塞赋值语句与非阻塞赋值语句之图解

Verilog HDL 两种赋值语句的特点如下。

1）非阻塞赋值方式：

①在 always 块里用"非阻塞赋值"产生时序逻辑。

②非阻塞语句在时钟信号到来时同时执行。

③ m 值被赋值为 a 值的操作与块内其他赋值语句同时完成。

④在需要综合的模块中应使用非阻塞赋值语句。

2）阻塞赋值方式：

①在 always 块里用"阻塞赋值"产生组合逻辑。

②阻塞赋值语句按照前后次序执行。

3.Quartus II 简介

当利用 Verilog HDL 语言完成电路的逻辑设计后，就需要使用芯片厂家提供的编译、调试环境进行编译与综合。Quartus II 是 Altera 公司的综合性开发软件，支持原理图、VHDL、Verilog HDL 等多种设计输入形式，内嵌有综合器及仿真器，可以完成从设计输入到硬件配置的完整 PLD 设计流程。Altera 公司提供了很多 IP 核，也提供了 LPM/MegaFunction 宏功能模块库。用户可以充分利用成熟模块，简化设计的复杂性，加快设计速度，从而对第三方 EDA 工具给予良好支持。在 Altera 公司网站上有详细的 Quartus II 培训文档和设计教程可供下载。

4.硬件调试方法简介

本课程设计用 Protel 软件设计 CPLD 扩展板的电路原理图和 PCB 版图，然后将设计文件送至厂家进行加工。电路板加工完成后，进行焊接和调试电路。下面介绍扩展电路板的调试方法。

（1）搭建最小系统

首先检查电路板电源和地之间是否有短接的现象。然后焊接电源输入端口，防止二极管 D1 以及电源转换芯片 LM117-33 的短路。焊接完成后，通电并使用万用表确认输出电压为 3.3V。

焊接 EPM3032AT，并对每一个引脚进行检查，防止短路。检查无误后可以通电并检测芯片状况，如有异常立刻断电。如果没有问题则焊接 JTAG 端口和一个 LED 指示灯，JTAG 用于烧写调试 CPLD 程序，LED 用来显示一些调试状态。

（2）调试最小系统

可以先进行 CPLD 仿真调试再烧写映像文件。①在 Quartus II 写一个简单的测试程序。让扩展板在某个条件下点亮 LED，并在另一个条件下关闭 LED。②扩展板测试完成之后，配置 CVT2410 实验平台的 VxWorks 测试环境。③环境配置完成后，可以将扩展板插入武汉创维特公司 CVT2410 实验平台，给实验平台加电启动。④正常启动后测试各项软件和设备驱动工作是否正常。

（3）编写 VxWorks 驱动

最小系统的硬件调试完成后，需要在 VxWorks 上编写驱动程序测试 CPLD。驱动程序通过对 Bank4 对应的地址空间写入数据，使得片选信号 nGCS4 有效。nGCS4 使能 CPLD 芯片，使数据线上的数据通过 CPLD 的 I/O 端口被读入，经过 CPLD 内部转换连接到对应的模拟 SPI 总线、LED 显示屏控制端口。同样，驱动程序从 Bank4 对应的地址空间读取数据时，也会使得片选信号 nGCS4 有效，进而使能 CPLD。模拟 SPI 总线上的数据经过 CPLD 连接到 S3C2410 的 I/O 管脚上（EXINT1，即 GPF1 管脚），从 GPFDAT（0x56000054）就可以取到管脚上接收的数据。扩展板的最大地址空间为 64KB，具体的地址空间范围由 A14、A15 这两个地址信号的最大值和最小值决定。图 3-4 中灰色填充方块表示了 CPLD 的地址范围。

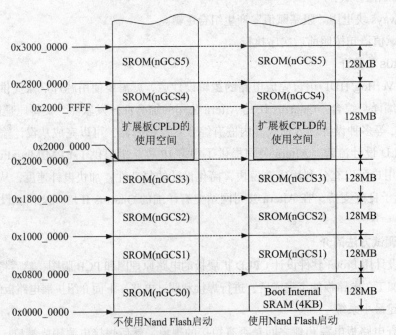

图 3-4 扩展板 CPLD 地址空间在 S3C2410 地址映射图的位置

VxWorks 驱动程序是一个 Bootable 工程。工程中为该"/ebd/0"设备编写了 7 个功能函数，它们分别与 VxWorks 设备驱动标准 I/O 接口的 7 个函数相对应。

5. 字库芯片的选用

在本课程设计中使用了 GT23L32S4W 汉字字库芯片，以加快汉字信息的处理速度。该字库芯片使用 SPI 总线协议与 CPLD 进行连接。使用 CPLD 的 I/O 端口来模拟一套 SPI 接口，编写 VxWorks 驱动程序，测试从字库芯片中读出点阵信息。

SPI 是一种同步串行总线，它可以使 CPU 与各种外围设备以串口方式进行通信。SPI 主要有三个寄存器：控制寄存器 SPCR、状态寄存器 SPSR 和数据寄存器 SPDR。SPI 总线系统可以直接与各厂家生产的多种标准外围器件进行连接。在调试过程中可以使用示波器对其四根总线进行检测，主要先看时钟和片选信号是否正确。时钟和片选信号如果正确，数据输入和数据输出信号一般不会有问题。如果读不到正确的数据，就需要再次确认输入命令的格式和寄存器的配置。特别要注意的是对于在时钟上升沿还是下降沿读数据，两种设备的配置要保持一致。

6.LED 显示屏驱动芯片

74HC245D 是总线驱动器，也称为双向总线收发器，属于典型的 TTL 型三态缓冲门电路。单片机或 CPU 的数据/地址/控制总线端口都有一定的负载能力。如果负载超过其负载能力，一般应加驱动器。另外，也可以使用 74HC244 等其他同相三态缓冲器/总线驱动器。74HC244 比 74HC245 多了锁存器。在本实验中，CPLD 芯片的 I/O 输出端与显示屏之间添加了 74HC245D 来驱动 LED 显示屏。

74HC245D 工作原理：在显示过程中，驱动代码通过对片选 4 的地址空间上写入数据，使得片选 4 存储空间有效。片选信号 nGCS4 使能 CPLD 芯片，而数据线上的数据通过 CPLD 的 I/O 端口被读入，经过 CPLD 内部转换连接到对应的管脚，这些管脚经过 74HC245D 又连接到 LED 显示屏控制端口。只要设计好写入 Bank4 地址上的数据内容和所处的位，就可以控制 CPLD 芯片对应的 I/O 端口。该种设计属于典型的总线扩展方式，在嵌入式系统开发中得到广泛应用。

74HC245D 的调试：焊接 74HC245D，连接 LED 显示屏，编写 VxWorks 驱动以及测试程序。可以先从显示整屏幕、单行开始调试直至显示所需的字符，最后再设计字符移动显示方案。

7.LED 显示屏功能

LED 显示屏由很多发光二极管组成阵列，采用逐行或逐列动态扫描的工作方式，无需长时间将二极管点亮。它由峰值较大的窄脉冲驱动，先向各列送出表示图形或符号的脉冲信号，同时逐次不断地对显示屏的各行进行选通，反复循环以上操作，各种图形文字就可以显示出来。只要控制脉冲的占空比，就可以控制灰度等级。

3.1.3 扩展板电路设计

字库芯片和 CPLD 采用 SPI 接口连接，主要引脚说明见表 3-3，由于 CPLD 和字库芯片均采用 3.3V 供电，无需电源转换电路，直接连接即可。

表 3-3 字库芯片 SPI 接口的引脚信号一览

字库芯片引脚编号	1	13	19	20
名称	SO	SCK	CS	SI
功能	数据输出	时钟信号	片选信号	数据输入

电路连接如图 3-5 所示，根据 GT23L32S4W 芯片手册，在 SPI 模式下需要将其 HOLD 引脚接高电平。

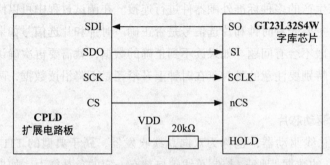

图 3-5 字库芯片与 CPLD 连接示意图

LED 点阵显示屏采用 08 标准接口，引脚定义如表 3-4 所示。LED 点阵显示屏通过 16 芯扁平电缆同 CPLD 扩展电路板 JP4 排针插座连接。参看图 3-1。

表 3-4 LED-08 接口引脚定义表

编号	名称	功能	编号	名称	功能
1	GND	数字地	9	R1	红灯信号输入
2	A	行扫描信号 [0]	10	G1	绿灯信号输入
3	GND	数字地	11	R2	红灯信号输入
4	B	行扫描信号 [1]	12	G2	绿灯信号输入
5	GND	数字地	13	GND	数字地
6	C	行扫描信号 [2]	14	STB	数据锁存信号
7	EN	使能信号	15	GND	数字地
8	D	行扫描信号 [3]	16	CLK	时钟信号

为了增加信号的驱动能力和对信号进行隔离，在 CPLD 和 LED 接口之间增加 74HC245D，74HC245D 的输出端可以选择 3.3V 或 5V 供电，以驱动不同类型的 LED 显示屏，另外为了调试方便增加了一些发光二极管，可以根据需要显示程序运行的状态。

图 3-6 左上角的 JP1 连接排针在外部与 ARM 9 实验板的 JP6 插座以插入方式连接，在内部连接到 CPLD（U3）的 A14~A15 地址引脚、nMOE/nMWE/EXINT1 引脚、nGCS4 存储区 4 使能引脚以及 D0~D7 数据引脚。

图 3-6 上部的 CPLD（U3）的 JTAG 信号引脚（26/32/7/1）连接到 JP5 插座，用于调试扩展板电路。图 3-6 左边的 JP4 插座在扩展板内部连接双向收发器（U4），在扩展板外部通过 16 芯的电缆连接 LED 点阵屏的 08 接口，U4 的 B 口与 CPLD 的 8 个 LED 输出引脚（44/43/42/35/34/33/31/28）连接。CPLD 的 2/3/5/6 引脚是 SPI 总线信号，它与 U2（标准汉字

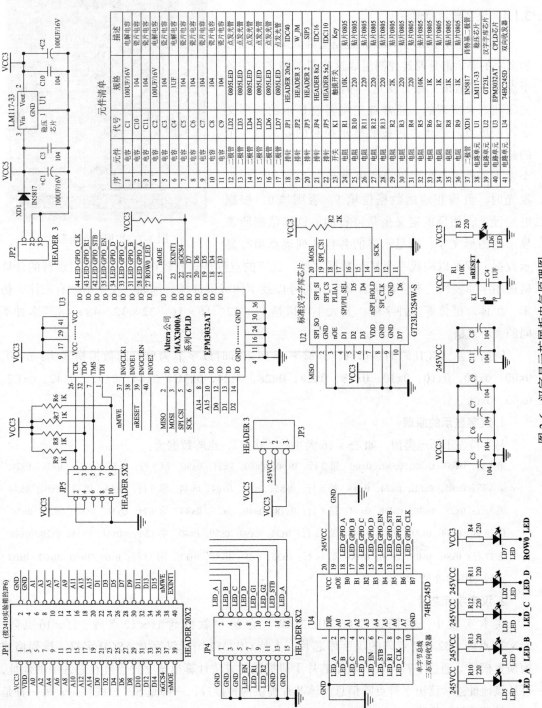

图 3-6 汉字显示扩展板电气原理图

字库芯片）相连接。字库芯片 GT23L32S4W 的 D0~D7 引脚信号没有与其他器件连接。

扩展板正面的实物照片参见图 3-7。

3.1.4　汉字显示原理

无论是小型 LED 显示屏，还是室外大屏幕，图形和文字的显示都是通过控制组成这些图形和文字的各个点所在位置的二极管发光，而使其余的二极管处于关闭状态来实现的。通常首先将需要显示的图形文字转换成点阵图形，再按照显示控制的要求以一定的格式形成显示数据。对于单色单灰度显示屏，每个发光器件占 1 位数据，当需要使某位置的二极管发光时，就将相应的数据位填 1，否则填 0。根据电路设计，相反的定义也是可行的。这样依照所需显示的图形文字，按显示屏的各行各列逐点填写显

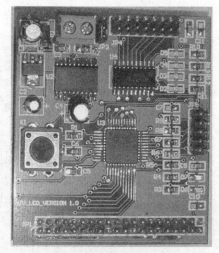

图 3-7　扩展板实物照片

示数据，就可以构成一个显示数据文件。文字的点阵格式比较统一，一般采用现行的计算机通用字库模块，有多种语言文字、符号以及字体可供选择。例如，汉字中就有宋体、仿宋、黑体、楷体等多种字体，其大小可以是 11×12、16×16、32×32、48×48 等多种不同的大小规格。

例如显示 ASCII 码的字母 A，分辨率为 16×16 时以字节为单位的数据格式为：0x00，0x00，0x00，0x10，0x10，0x18，0x28，0x28，0x24，0x3C，0x44，0x42，0x42，0xE7，0x00，0x00。

1. 汉字显示的原理

与字符显示原理类似，如 15×16 大小的"欢迎"，点阵数据为：

第 1 行：0x00，0x80，0x40，0x00　第 2 行：0x00，0x80，0x21，0x80　第 3 行：0xFC，0x80，0x36，0x7C

第 4 行：0x05，0xFE，0x24，0x44　第 5 行：0x85，0x04，0x04，0x44　第 6 行：0x4A，0x48，0x04，0x44

第 7 行：0x28，0x40，0xE4，0x44　第 8 行：0x18，0x40，0x25，0x44　第 9 行：0x18，0x60，0x26，0x54

第 10 行：0x24，0xA0，0x24，0x48　第 11 行：0x24，0x90，0x20，0x40　第 12 行：0x41，0x18，0x20，0x40

第 13 行：0x86，0x0E，0x50，0x00　第 14 行：0x38，0x04，0x8F，0xFE　第 15 行：0x00，0x00，0x00，0x00

点阵如图 3-8 所示。

2. 汉字字库芯片

在本实验中，我们选择 GT23L32S4W。它是一款内含 11×12 点阵、15×16 点阵、24×24 点阵、32×32 点阵的汉字库芯片，支持 GB2312 国标汉字及 ASCII 字符。排列格式为横置横排。通过字符内码，利用芯片手册提供的方法计算出该字符点阵在芯片中的地址，可从该地址连续读出字符点阵信息。该芯片提供两种接口，一种是 SPI 总线接口，另一种是 PLII 精简地址总线接口。

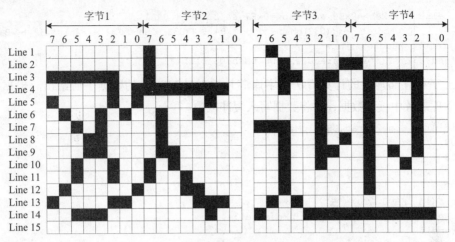

图 3-8　汉字点阵显示图示例

3.SPI 接口

本课程设计采用 SPI 接口方式，SPI 接口由 4 根连线组成。串行数据输出线将数据从芯片串行输出，数据在时钟的下降沿移出；串行数据输入线是用来将数据以串行的方式输入芯片，数据在时钟的上升沿移入；串行时钟用来提供数据输入、输出的同步信号；片选信号低电平有效。CPLD 没有 SPI 总线，我们使用 GPIO 模拟 SPI 时序，从而 CPLD 可以与字库芯片进行数据传输。

经 SPI 总线从 GT23L32S4W 读取数据的指令格式如表 3-5 所示。如果要从字库中读取某个汉字的点阵信息，需要先计算出该字在字库中的存储地址（存储地址为 24 位），然后向 GT23L32S4W 发送 03h 命令，再从高到低连续发送 3 个字节的地址信息，就可以通过 SPI 总线从 GT23L32S4W 得到相应字的点阵信息。

表 3-5　SPI 读取 GT23L32S4W 的命令格式

指令	描述	指令格式		地址字节数
READ	读取数据	0000 0011	03h	3

4. 字符地址计算

下列函数清单给出了 ASCII 字符存储地址的计算方法：

```
U32 GT23_GetAsciiAddress(U8 bAscii) {
    U32  wAddress = 0;
    U32  BaseAdd=0x1DE580;
    wAddress = (bAscii - 0x20) * 34 + BaseAdd;
    return wAddress;
}/*end U32 GT23_GetAsciiAddress(U8 bAscii)*/
```

下列函数清单给出了汉字字符存储地址的计算方法：

```
U32 GT23_GetCharAddress(U8 bMsb, U8 bLsb) {
/* 汉字使用 16 位进行编码，bMsb 是编码的高 8 位，bLsb 是低 8 位 */
    U32 wBaseAdd=0x2C9D0, wAddress = 0;
    if((bMsb >= 0xA1) && (bMsb<=0xA9) && (bLsb>=0xA1))
        wAddress= ((U32)bMsb-0xA1) * 94 + ((U32)bLsb-0xA1)*32 + wBaseAdd;
```

```
      else if(bMsb>=0xB0 && bMsb<=0xF7 && bLsb >= 0xA1)
            wAddress =(((U32)bMsb-0xB0) * 94 + ((U32)bLsb-0xA1) + 846) * 32 + wBaseAdd;
    return wAddress;
}/*end U32 GT23_GetCharAddress(U8 bMsb,U8 bLsb)*/
```

以上字符存储地址的计算方法由字库芯片 GT23L32S4W 的数据手册给出。根据字符地址，从字库芯片中读取数据，并将数据写入缓冲区中。

```
void GT23_Code2Array(U8 * pMessage) {
  U8 i;
  U8 j = 0;
  U32 wAddress;
  GT23_Init( );
#ifdef DEBUG_LCD
  printf("pMessage = %s", pMessage);
#endif
while(*pMessage != 0 && j < g_displayData.displayMaxSize)
{
  /* Enable 字库芯片 */
  Gt23_Enabled( );
  if ((*pMessage >= 0x20) && (*pMessage <= 0x7E))
  {
    /*获得 ASCII 码字符的地址 */
    wAddress = GT23_GetAsciiAddress(*pMessage++);
    /*先按照 pMessage 指针当前指向的位置获得一个字符的编码，然后
      pMessage 指针后移，指向下一个字符的编码 */
  }/* end if ((*pMessage >= 0x20) && (*pMessage <= 0x7E)) */
  else
  {
    /* 获得中文字符的地址 */
    wAddress = GT23_GetCharAddress(*pMessage++, *pMessage++);
  }/* end if ((*pMessage >= 0x20) && (*pMessage <= 0x7E)) … else … */
  /* 向字库芯片发送地址 */
  Gt23_SendAdress(wAddress);
  /* 从字库芯片读点阵信息 */
  for(i = 0; i < DISPLAY_WORD_Y_SIZE -1; i++)
  {
    g_displayData.displayBuf[i][j] = (U8) GT23_SpiGetByte();
    g_displayData.displayBuf[i][j+1] = (U8) GT23_SpiGetByte();
    #ifdef DEBUG_LCD
      printf("g_displayData = %x, %x \n", g_displayData.displayBuf[i][j], \
              g_displayData.displayBuf[i][j+1]);
    #endif
  }/* end for(i = 0; i < DISPLAY_WORD_Y_SIZE -1; i++) */
  j = j + 2;
  Gt23_Disabled( );
 }/* end while(*pMessage != 0 && j < g_displayData.displayMaxSize) */
 g_displayData.displayDataSize = j;
}/* end void GT23_Code2Array(U8 * pMessage) */
```

3.1.5 软件功能分析与设计

图 3-9 是软件层次结构框图，应用测试程序通过 VxWorks 的 I/O 系统调用扩展板驱动，扩展板驱动调用 GPIO 接口控制 LED，也可以查询字库的点阵信息。

本实验项目的功能测试界面如图 3-10 所示。在图 3-10 中左边列出的函数名就是要在

Target Shell 输入的命令。这些命令需要在驱动程序启动命令 test 之后才能够执行。

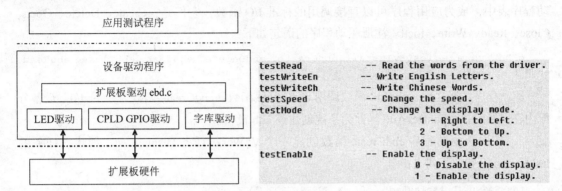

图3-9 软件层次结构框图　　图3-10 LED点阵测试程序的操作菜单

本实验项目的整体程序调用流程见图 3-11。

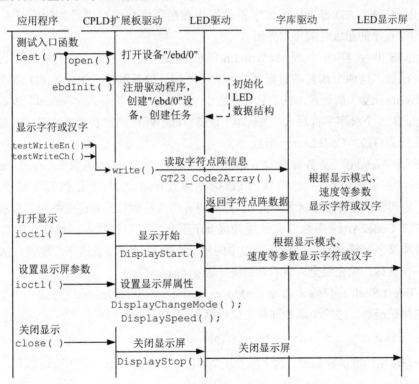

图 3-11 汉字滚行显示处理程序流程图

1. 程序调用流程说明

从图 3-11 可见，应用程序（在本节是指测试程序，今后可以用于各种应用实验项目）向 LED 点阵屏输出字符数据时，需要经过三个驱动程序：CPLD 扩展板驱动、LED 驱动和字库驱动。下面结合时序关系详细描述。

1）用户在 Target Shell 窗口输入测试程序的入口函数 test（位于 ledtest.c）。test 函数执行 open 函数，打开名为 " /ebd/0" 的设备。该设备名是 " /ebd/0"，由宏定义 EBD_EDV_NAME 给出。test 函数如果不能打开 "/ebd/0" 设备，则调用 ebdInit 函数（位于 ebd.c）。

ebdInit 函数执行 iosDrvInstall 函数。iosDrvInstall 将 ebd 的 7 个驱动程序注册到内核的驱动程序表中，成为应用程序可以直接调用的标准 I/O 函数，它们是：Create、Delete、Open、Close、Read、Write、Ioctl。注册驱动程序的语句如下：

```
gEbdDrvNum = iosDrvInstall(ebdCreate, ebdDelete, ebdOpen, ebdClose, ebdRead,
ebdWrite, ebdIOCtl);
```

驱动程序注册之后，ebdInit 函数调用 ebdCreate 函数。ebdCreate 函数为 "/ebd/0" 设备分配内存，然后执行 iosDevAdd 函数为系统创建该 edb 设备。

2）扩展板驱动程序 ebdCreate 函数创建一个 VxWorks 任务 DisplayLed。创建该任务的 taskSpawn 语句如下列出：

```
taskSpawn ("DisplayLed", 50, VX_SUPERVISOR_MODE, 6000,
           (FUNCPTR) DisplayTask, 0, 0, 0, 0, 0, 0, 0, 0, 0, 0);
```

3）DisplayLed 任务的执行函数 DisplayTask 调用 LED_Init 函数完成 LED 的初始化。

4）应用程序向 LED 显示屏输出字符的操作在超级终端窗口进行。参见图 3-10 给出的 LED 点阵测试程序的超级终端操作界面。

可用的输出字符命令是 testWriteEn 和 testWriteCh。它们分别调用 testWriteEn 和 testWriteCh 函数。这两个函数的数据缓冲区大小不同，但是都执行了标准 I/O 函数 write（实际上是 ebdWrite 函数）的处理。前者从局部数组 buf 取 5 个字符写入 "/ebd/0" 设备，后者从局部数组 buf 取 6 个汉字字符写入 "/ebd/0" 设备。ebdWrite 函数在向缓冲区写入需要显示的数据时都执行了 GT23_Code2Array 函数。

可用的读 "/ebd/0" 设备命令是 testRead，实际上就是调用函数 testRead。testRead 函数首先打开 "/ebd/0" 设备，然后执行 I/O 标准函数 read（实际上是执行驱动程序的函数 ebdRead），得到显示字符缓冲区大小值 n。然后将 n 值送往串口并在超级终端上显示出来。

5）GT23_Code2Array 函数完成从缓冲区 buf 逐个接收字符数据，使能字库芯片，区分 ASCII 字符和汉字字符并获得字符在字库中的地址，然后向字库发送字符地址并从字库中获得字符的字模数据，填充到全局显示数据缓冲区 g_displayData。

6）在 Target Shell 窗口输入命令 testMode、testSpeed 和 testEnable（外加一个整数参数），执行相应的测试函数。这三个函数都首先执行以下的打开语句：

```
int fd = open(EBD_DEV_NAME, O_RDONLY, 0666);
```

然后分别调用标准函数 ioctl，这实际上就是调用 ebdIOCtl 函数。调用语句如下：

```
ioctl(fd, 3, arg);          /* 参数 arg 的取值含义：1= 从右往左，2= 从下往上，3= 从上往下 */
ioctl(fd, 2, speed);        /*speed 输入值在 1 ~ 9 之间，默认值 =3，数值越大移动显示越慢 */
ioctl(fd, arg, 0);          /* testEnable 函数调用 ioctl 函数时，参数 arg 取值为 0 或者 1 */
```

ioctl 函数执行之后，这三个函数都调用 close(fd) 语句关闭设备 "/ebd/0"，然后结束。

7）说明：ebdDelete 函数作为 VxWorks 的标准 I/O 函数 Delete，并没有删除驱动程序的功能。它只是释放设备 "/ebd/0" 所占用的 DEV_DEVICE 结构体变量空间，然后将 DEV_DEVICE 结构体变量指针 pEbdDev 的值置为 NULL。另外，ebdOpen 函数和 ebdClose 函数都没有实质性操作。

8）DisplayStart 函数调用 LED_ControlDataInit 函数完成 LED 显示的初始化操作。包括：

移动位数清零，移动字节宽度清零，显示字符指针清零，当前显示高度清零。然后将全局的显示屏设置结构体变量 g_displaySettings 的初始显示状态字段值 displayStatus 设置为 1。假如 displayMode 字段是未定义值，则置为从右向左移动的默认值。

9）DisplayStop 函数将停止 LED 点阵的显示。它实质上只执行下面语句。

```
g_displaySettings.displayStatus = 0;
```

10）DisplaySpeed 函数执行的操作是：执行 DisplayStop 停止显示，延时 1 秒，根据输入参数 speed 值，设置结构体变量 g_displaySettings 的 displaySpeed 字段值，从而改变显示移动的速度。注意：默认速度参数 speed=3，操作者可用的输入参数范围是 1 ～ 9，1 最快，9 最慢。最后执行 DisplayStart 函数，启动 LED 点阵显示。

11）DisplayChangeMode 函数的功能是改变 LED 上字符显示的移动方向，即向上、向左或者向右。处理操作包括：停止 LED 点阵显示，延时 1 秒，LED 数据结构初始化清零（防止残留移动动作和数据），将输入参数 mode 赋值给结构体变量 g_displaySettings 的 displayMode 字段，启动 LED 点阵显示。

2. 数据结构定义

（1）扩展板驱动数据结构定义

```
/* 驱动返回值定义 */
enum {
  EBD_DEV_ERROR = -1,
  EBD_DEV_OK
};
/* 设备驱动数据结构定义 */
typedef struct
{
  DEV_HDR devHdr;
}EBD_DEVICE;
/* IOCTL 命令定义 */
enum {
  EBD_DEV_LED_STOP = 0,    /* 停止显示 */
  EBD_DEV_LED_SHOW,        /* 开始显示 */
  EBD_DEV_LED_SPEED,       /* 速度设置 */
  EBD_DEV_LED_MODE         /* 显示模式 */
};
```

（2）LED 显示驱动数据结构定义

```
/* 驱动返回值定义 */
typedef struct displayData{
  char displayBuf [DISPLAY_WORD_Y_SIZE]
    [DISPLAY_MAX_CHARS*DISPLAY_WORD_X_SIZE/8];
  U8 displayDataSize;      /* 数据大小 */
  U8 displayMaxSize;       /* 数据最大长度 */
  U8 displaySpeed;         /* 实际显示速度 */
}DISPLAY_DATA;

/* 显示屏设置数据结构 */
typedef struct dispalySettings{
  U32 displaySpeed;        /* 设置显示速度 */
```

```
  U8 displayStatus;            /* 显示屏状态 */
  U8 displayMode;              /* 显示模式 */
}DISPLAY_SETTINGS;
```

3.SPI 接口模拟程序

根据 SPI 总线协议，在每一个时钟的下降沿，向数据输出端口发送一位数据。因此使用一个 GPIO 端口，控制其输出电平的高低变化，以此来模拟时钟信号。

```
/* 发送字节程序 */
void GT23_SpiSendByte(U8 data) {
  U8 i;
  GT23_SET_GPIO(GT_CLK);    /* 把时钟引脚 GT_CLK 置为高电平 */
  for(i=0; i<8; i++)
  {
    /* 产生 8 个下降沿，从高到低依次发送 data 的 8 位数据 */
    GT23_CLEAR_GPIO(GT_CLK);        /* GT_CLK 由原来的高电平置为低电平，给时钟一个下降沿 */
    if ((data & 0x80) == 0) {       /* data 的最高位为 0 */
      GT23_CLEAR_GPIO(GT_MI);       /* 发送 1 位数据 */
    }                               /* end if  ((data & 0x80)  == 0) */
    else {                          /* data 的最高位为 1 */
      GT23_SET_GPIO(GT_MI);
    }/* end f ((data & 0x80) == 0) … else … */
    GT23_SET_GPIO(GT_CLK);          /* 产生 1 个上升沿，让从设备接收数据 */
    data = data << 1;
  }                                 /* end for(i=0; i<8; i++) */
}                                   /* end void GT23_SpiSendByte(U8 data) */
```

在主设备产生一个时钟的下降沿之后，从设备把数据送到数据线上，主设备就可以从数据输入端口接收一位数据。

```
/* 接收字节程序 */
U8 GT23_SpiGetByte( ) {
  U8 i, data = 0;
  GT23_SET_GPIO(GT_CLK);
  /* 设置时钟引脚 */
  for (i=0; i<8; i++) {
    GT23_CLEAR_GPIO(GT_CLK);
    /* 给时钟一个下降沿 */
    data = data << 1;
    if (GT23_GetBit( ) == 1) {
      /* 接收 1 位数据 */
      data = data | 0x01;
    }/* end if (GT23_GetBit( ) == 1) *
    GT23_SET_GPIO(GT_CLK);
  }/* end for(i=0; i<8; i++) */
  return data;
}/* end U8 GT23_SpiGetByte( ) */
```

4.LED 显示程序

LED 显示流程如图 3-12 所示。

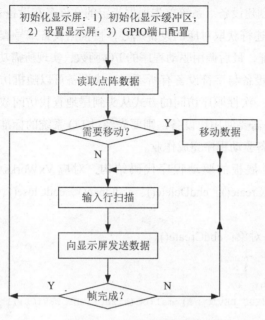

图 3-12　LED 显示流程图

5. 字库查询程序

字库查询首先计算字符在芯片中的地址空间，然后向芯片发送地址并从缓冲区中读出文字点阵信息，程序流程图如图 3-13 所示。

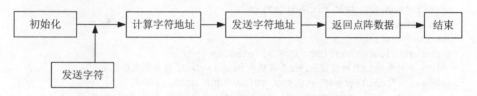

图 3-13　字库点阵信息查询流程图

3.1.6　驱动程序设计

对于嵌入式系统，由于硬件设计灵活多变，各种外围设备可以进行不同的组合，所以移植 VxWorks 操作系统和开发设备驱动程序是嵌入式系统设计的基础，也是系统开发的重要环节。

驱动程序的编写主要是完成对硬件的操作函数和一些相关的配置与控制函数，对于常用的字符设备和块设备，VxWorks 的 I/O 系统提供了一些 I/O 接口标准。标准设备驱动程序的模型如图 3-14 所示。

VxWorks 设备驱动程序可以进行动态安装，字符类型的设备驱动程序通过 iosDrvInstall 函数来实现驱动程序的安装，然后启动代码以调用设备创建函数来创建设备，该函数通过

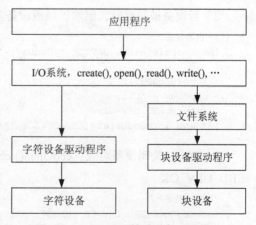

图 3-14　VxWorks 标准设备驱动模型

iosDevAdd 函数为系统创建设备。系统首先根据指定的文件名在设备表中查找对应的描述符，然后根据找到的设备描述符获取对应的设备编号，再根据设备编号查找驱动程序表，从而获得对应的 I/O 函数的地址，最后调用驱动程序的 I/O 函数，实现所需功能。

VxWorks 环境下块设备与字符设备有所不同。块设备可以随机访问数据文件的任何数据项，而字符设备只能以一次性顺序访问的方式从头到尾地查找访问数据文件中的数据项。如果 VxWorks 的应用程序需要使用块设备，则要先经过 I/O 系统的标准函数，然后再经过文件系统，才能够调用块设备驱动程序完成作业。

下面介绍本实验扩展板的驱动程序代码结构，对应 VxWorks 的 I/O 接口。本扩展板的驱动程序包括 ebdCreate()、ebdDelete()、ebdOpen()、ebdClose()、ebdRead()、ebdWrite()、ebdIOCtl() 等函数。

1）创建扩展板设备对象：ebdCreate()。

```
int ebdCreate(char *name)
{
  /* 为新加设备分配内存 */
  if ((pEbdDev = (EBD_DEVICE *) malloc(sizeof(EBD_DEVICE))) == NULL)
  {
    printf("Allocate space for pEbdDev failed!\n");
    return EBD_DEV_ERROR;
  }/* end if ((pEbdDev = (EBD_DEVICE *) malloc …*/
  /* 将新建的设备添加到 I/O 系统中 */
  if (iosDevAdd((DEV_HDR *) pEbdDev, name, gEbdDrvNum) == ERROR)
  {
    printf("Add EBD_DEV failed!\n");
    free(pEbdDev);
    pEbdDev = NULL;
  }/* end if (iosDevAdd((DEV_HDR *) pEbdDev …*/
  /* 创建一个任务对 LED 进行显示，任务名称是 DisplayLed, 任务优先级设为 50 */
  taskSpawn ("DisplayLed", 50, VX_SUPERVISOR_MODE, 6000,
                    (FUNCPTR) DisplayTask, 0,0,0,0,0,0,0,0,0,0);
  return EBD_DEV_OK;
}/* end int ebdCreate(char *name) */
```

2）当设备被卸载时，删除扩展板设备对象：ebdDelete()。

```
/* 删除设备 */
int ebdDelete(EBD_DEVICE *pEbdDev, char *name)
{
  free(pEbdDev);
  pEbdDev = NULL;
  return EBD_DEV_OK;
}/* end int ebdDelete(EBD_DEVICE *pEbdDev,char*name) */
```

3）打开/关闭设备对象：ebdOpen()/ebdClose()，该驱动中不需要做多余操作，直接返回 EBD_DEV_OK。

```
/* 打开设备 */
int ebdOpen(EBD_DEVICE*pEbdDv, char*otherInfo, int mode)
{
  return EBD_DEV_OK;
}/* end int ebdOpen(EBD_DEVICE*pEbdDv, char*otherInfo, int mode)*/
```

```
/* 关闭设备 */
int ebdClose(EBD_DEVICE*pEbdDv)
{
  return EBD_DEV_OK;
}/* end int ebdClose(EBD_DEVICE*pEbdDv)*/
```

4）读/写扩展板设备对象：ebdRead()/ebdWrite()，通过它们 VxWorks 操作系统可读取扩展板设备信息或者向扩展板写数据。本实验通过读函数返回显示缓冲的数据长度，应用程序可以调用此函数获得当前显示字符的长度，应用程序可以调用写函数向设备缓冲区写入需要 LED 显示的数据。

```
/* 读设备对象 */
int ebdRead(EBD_DEVICE*pEbdDv, char*buf, int n)
{
  if (pEbdDev == NULL) printf("\n pEbdDv is null\n");
  /* 返回数据长度 */
  return g_displayData.displayDataSize;
}/* end int ebdRead(EBD_DEVICE *pEbdDv,char*buf, int n) */

/* 写设备对象 */
int ebdWrite(EBD_DEVICE*pEbdDv,char*buf,int n)
{
  printf("\nebdWrite is running\n");
  /* 向缓冲区写入需要显示的数据 */
  GT23_Code2Array(buf);
  return n;
}/* end int ebdWrite(EBD_DEVICE*pEbdDv,char*buf,int n) */
```

5）控制设备函数：ebdIOCtl()，该函数提供多个接口供应用程序使用，应用程序可以通过该接口开/关显示屏、控制显示的速度、更改显示的模式（向左移动、向上翻屏、向下滚动），有了这些函数，就可以让应用程序很方便地对显示屏进行控制。

```
/* 控制设备 */
int ebdIOCtl(EBD_DEVICE*pEbdDv,int request,int arg)
{
  switch(request)
  {
    /* 打开显示屏 */
    case EBD_DEV_LED_SHOW:
      DisplayStart();
      break;
    /* 关闭显示屏 */
    case EBD_DEV_LED_STOP:
      DisplayStop();
      break;
    /* 控制显示屏的显示速度 */
    case EBD_DEV_LED_SPEED:
      DisplaySpeed(arg);
      break;
    /* 控制显示模式，左移、上移及下移 */
    case EBD_DEV_LED_MODE:
      DisplayChangeMode(arg);
      break;
    default:
```

```
      printf("Not implemented request!\n");
      break;
  }/* end switch(request) */
  return EBD_DEV_OK;
}/* end int ebdIOCtl(EBD_DEVICE *pEbdDv,int request,int arg) */
```

6）设备初始化函数：ebdInit()，该函数向系统安装设备的驱动程序。

```
/* 设备初始化 */
int ebdInit(void)
{
  if (ossInitialize() != OK)
  {
    printf("ossInitialize failed!\n");
    return EBD_DEV_ERROR;
  }/* end if (ossInitialize() != OK) */
  /* 注册驱动程序 */
   gEbdDrvNum = iosDrvInstall(ebdCreate, ebdDelete, ebdOpen, ebdClose, ebdRead,
ebdWrite, ebdIOCtl);
  /* 创建设备对象 */
  ebdCreate(EBD_DEV_NAME);
  return EBD_DEV_OK;
}/* end int ebdInit(void) */
```

3.1.7 测试方案设计

1）编写测试程序，详细参考下一节测试应用程序设计。

2）连接电路，先打开实验箱电源，再打开 LED 电源。关机是顺序相反，先关闭 LED 电源，再关闭实验箱电源。

3）根据实验指南，连接串口终端和网络设备，下载驱动和测试程序。

3.1.8 测试应用程序设计

文件名称：ledtest.c

1）定义包含的头文件和设备名称。

```
#include "ebd.h"
#include "stdio.h"
#define EBD_DEV_NAME "/ebd/0"
#define BUF_SIZE 20
```

2）调用 ebdInit() 安装设备驱动。先检查设备是否打开，如果没有打开则初始化设备，并输出命令行提示用户操作。

```
int test(void)
{
  int fd = open(EBD_DEV_NAME, O_RDONLY, 0666);   /* 检查设备是否打开 */
  if (fd < 0)
  {
    ebdInit();
    fd = open(EBD_DEV_NAME, O_RDONLY, 0666);
    if(fd<0){
      printf("open failed");
      return -1;
```

```
      }/*end 第二个 if(fd<0)*/
    }/*end 第一个 if(fd<0)*/
    close(fd);
    /* 输出提示信息 */
    printf("----------------------------help----------------------------\n");
    printf("testRead      -- Read the words from the driver.\n");
    printf("testWriteEn   -- Write English Letters.\n");
    printf("testWriteCh   -- Write Chinese Words.\n");
    printf("testSpeed     -- Change the speed.\n");
    printf("testMode      -- Change the display mode.\n");
    printf("              1 - Right to Left.\n");
    printf("              2 - Bottom to Up.\n");
    printf("              3 - Up to Bottom.\n");
    printf("testEnable    -- Enable the display.\n");
    printf("              0 - Disable the display.\n");
    printf("              1 - Enable the display.\n");
    printf("----------------------------End----------------------------\n");
}/*end int test(void)*/
```

3）测试读设备函数。

```
int testRead(void)
{
  char buf[BUF_SIZE];        /* 宏定义 BUF_SIZE 的值在 ledtest.c 中定义 */
  int n;
  int fd = open(EBD_DEV_NAME, O_RDONLY, 0666); /* 打开设备 */
  if(fd<0)
  {
    printf("open failed");
    return -1;
  }/*end if(fd<0)*/
  n = read(fd, buf, 1);            /* 从 "/ebd/0" 设备读一个字节 */
  printf("Show %d bytes in LED. \n", n);
  close(fd);
}/*end int testRead(void)*/
```

4）向设备写入英文字符函数。

```
int testWriteEn(void)
{
   char buf[ ] = {'A','B','C','D','E','F', 'G','H','I','J','K','L','M','N','O',
'P','\0'};
   int fd = open(EBD_DEV_NAME, O_RDONLY, 0666);
   if (fd<0)
   {
     printf("open failed");
     return -1;
   }/*end if(fd<0)*/
   write(fd,buf,5);   /* 从 buf 数组取 5 个字符写入 "/ebd/0" 设备 */
   close(fd);
}/*end int testWriteEn(void)*/
```

5）向设备写入中文字符函数。

```
int testWriteCh(void)
{
   char buf[ ] = {"南京大学欢迎您      "};
```

```
    int fd = open(EBD_DEV_NAME, O_RDONLY, 0666);
    if(fd<0)
    {
      printf("open failed");
      return -1;
    }/*end if(fd<0)*/
    write(fd,buf,12);    /*向设备写入 6 个中文字符 */
    close(fd);
}/*end int testWriteCh(void)*/
```

6）设置 LED 显示速度函数。

```
int testSpeed(char speed)
{
    int fd = open(EBD_DEV_NAME, O_RDONLY, 0666);
    if(fd<0)
    {
      printf("open failed");
      return -1;
    }/*end if(fd<0)*/
    ioctl(fd, 2, speed);
    close(fd);
}/*end int testSpeed(char speed)*/
```

7）设置 LED 显示模式函数。

```
int testMode(int arg)
{
    int buf[BUF_SIZE];
    int fd = open(EBD_DEV_NAME, O_RDONLY, 0666);
    if(fd<0)
    {
      printf("open failed");
      return -1;
    }/*end if(fd<0)*/
    ioctl(fd, 3, arg);
    close(fd);
}/*end int testMode(int arg)*/
```

8）打开 / 关闭 LED 显示函数。

```
int testEnable(int arg)
{
    int fd = open(EBD_DEV_NAME, O_RDONLY, 0666);
    if(fd<0)
    {
      printf("open failed");
      return -1;
    }/*end if(fd<0)*/
    ioctl(fd, arg, 0);
    close(fd);
}/*end int testEnable(int arg)*/
```

3.1.9 CPLD 程序注解

芯片 EPM3032AT 的引脚连接参看表 3-1 和图 3-6。现在分类说明这些引脚所连接的器件。

CPLD 与 CVT2410 实验箱的接口为：D0-D7，A14，A15，nRESET，nGCS4，nMWE，nMOE，EXINT1。

注意：A14 和 A15 是保留的 CPLD 内存地址空间约束信号。在本节中可以取任意值而不影响 CPLD 的功能。

CPLD 驱动 LED 显示屏接口为：LED_A，LED_B，LED_C，LED_D，LED_EN，LED_STB，LED_R1，LED_CLK。

CPLD 与字库芯片接口为：GT_CS，GT_CLK，GT_MO，GT_MI。

CPLD 可以单独控制调试 LED 显示屏。

1. 模块定义

```
module disp_test(nRESET, nGCS4, nMWE, nMOE, A14, A15, LED,
                 D0, D1, D2, D3, D4, D5, D6, D7, LED_A, LED_B,
                 LED_C, LED_D, LED_EN, LED_STB, LED_R1, LED_CLK,
                 GT_CS, GT_CLK, GT_MO, GT_MI, EXINT1);
```

2. 引脚属性声明

```
input  nRESET, nGCS4, nMWE, nMOE, A14, A15;
input  D0, D1, D2, D3, D4, D5, D6, D7;
input  GT_MO;

output  GT_CS, GT_CLK, GT_MI, EXINT1;
output  LED;
output  LED_A, LED_B, LED_C, LED_D;
output  LED_EN, LED_STB, LED_R1, LED_CLK;

reg  LED, EXINT1;
reg  LED_A, LED_B, LED_C, LED_D;
reg  LED_EN, LED_STB, LED_R1, LED_CLK;
reg  GT_CS, GT_CLK, GT_MI;
```

3. 函数实现

```
always @(nGCS4 or A14 or A15 or nRESET or nMWE or GT_MO)
if(!nRESET) LED <= 1;
else if({nGCS4, nMWE, nMOE} == 3'b001)
     begin
        LED_A <= D0;        /*LED 显示屏接口信号赋值, D0-D7 是输入信号 */
        LED_B <= D1;
        LED_C <= D2;
        LED_D <= D3;
        LED_CLK <= D4;
        LED_EN <= D5;
        LED_STB <= D6;
        LED_R1 <= D7;
        GT_CLK <= D0;       /* GT_CLK 是汉字字库的时钟信号 */
        GT_CS <= D1;        /* GT_CS 是汉字字库的使能信号 */
        GT_MI <= D2;
     end
  else
     begin
        EXINT1 <= GT_MO;
     end
endmodule
```

这段 CPLD 的代码功能描述如下：

每当下面 6 个信号：

- 低电平有效信号：nGCS4，nRESET，nMWE
- 高电平有效信号：A14，A15，GT_MO

其中任意一个或多个信号的值发生变化，执行下面的条件判断：

如果满足 nRESET=0

      将输出引脚 LED 用非阻塞赋值方式置逻辑 "1"

如果满足 nGCS4=0、nMWE=0 并且 nMOE=1，执行以下非阻塞赋值。

      将 ARM 实验箱传送过来的输入信号 D0，D1，D2，D3，D4，D5，D6，D7，赋值给 LED_A，LED_B，LED_C，LED_D，LED_EN，LED_STB，LED_R1，LED_CLK

      将 ARM 实验箱传送过来的输入信号 D0，D1，D2 赋值给字库芯片引脚 GT_CS，GT_CLK，GT_MI

否则

      将 GT_MO 信号非阻塞赋值给实验箱的输入信号 EXINT1。

注意： EXINT1 信号可以暂时理解成 S3C2410 的 EINT1 输入信号。根据 S3C2410X 处理器的数据手册，EINT1 引脚与通用 F 口第 2 引脚（GPF1）的输入或者输出信号复用。

查阅 CVT2410-1 实验箱的电原理图，可以证明这一点。参见图 3-15。

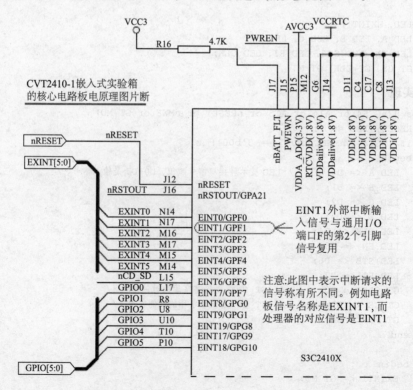

图 3-15   电路板的 EXINT1 信号与 GPF1 信号复用

实际上，输入信号 EXINT1 的功能被定义成端口 F 的第 2 个管脚输入，而不是中断请求信号 EINT1。读者可以从下面的 gt23.c 代码文件中得到证实。该代码文件中的 GT23_InitializeGPIO 函数把该管脚的功能配置为普通输入。因此 EXINT1 信号的功能是让实验程序读取 GPFDAT 寄存器的值来获得该管脚的输入值，从而判断出 CPLD 是否已经完成了从字库中读取一个汉字字模数据的操作。

如果读者尝试完成类似的课程设计实验，并且在实验中需要向 S3C2410 处理器发送一个中断请求信号，则可以把 CPLD 的 EXINT1 信号定义成为 S3C2410 处理器的 EINT1 信号。

3.1.10　VxWorks 驱动程序注解

文件包含：assic.h、cust.h、ebd.c、ebd.h、gt23.h、gt23.c、leddemo.h、leddemo.c。

（1）assic.h

这是一个 ASCII 码字符的点阵数据定义文件。

（2）cust.h

为了程序有良好的移植性，定义常用的变量。

```
#ifndef _CUST_H_
#define _CUST_H_
#define U8    unsigned char
#define U32   unsigned int
#endif
```

（3）ebd.h

包含的头文件，定义扩展板设备名称。

```
/* Header file for pseudo device "\ebd"
   ebd means extra board */
#ifndef _EBD_H_
#define _EBD_H_
#include "iosLib.h"
#include "usb/usbdLib.h"
#define EBD_DEV_NAME "/ebd/0"        /* 定义设备名称 */
#define EBD_DEV_MAX_USER 10
/* 定义返回值的枚举类型 */
enum {
  EBD_DEV_ERROR = -1,
  EBD_DEV_OK
};
/* 定义 IOCTL 命令值 */
enum {
  EBD_DEV_LED_STOP = 0,           /* 停止显示 */
  EBD_DEV_LED_SHOW,               /* 开始显示 */
  EBD_DEV_LED_SPEED,              /* 显示速度 */
  EBD_DEV_LED_MODE                /* 显示模式 */
};
/*ebd_dev 数据结构 */
typedef struct
{
  DEV_HDR devHdr;
}EBD_DEVICE;
EBD_DEVICE *gEbdDev;
```

```
/* 设备初始化 */
int ebdInit(void);
/* 创建设备 */
int ebdCreate (char *name);
/* 删除设备 */
int ebdDelete (EBD_DEVICE *pEbdDev, char *name);
/* 打开设备 */
int ebdOpen (EBD_DEVICE *pEbdDev, char *otherInfo, int mode);
/* 关闭设备 */
int ebdClose (EBD_DEVICE *pEbdDev);
/* 读取设备 */
int ebdRead (EBD_DEVICE *pEbdDev, char *buf, int n);
/* 写入数据到设备 */
int ebdWrite (EBD_DEVICE *pEbdDev, char *buf, int n);
/* 控制设备 */
int ebdIOCtl (EBD_DEVICE *pEbdDev, int request, int arg);
#endif
```

（4）ebd.c

```
#include "ebd.h"
#include "leddemo.h"
#include "taskLib.h"

static EBD_DEVICE *pEbdDev;
int gEbdDrvNum;
/* 创建设备 */
int ebdCreate (char *name)
{
  printf("ebdCreate is running\n");
  /* 为设备分配内存 */
  if ((pEbdDev = (EBD_DEVICE *) malloc(sizeof(EBD_DEVICE))) == NULL)
  {
    printf("Allocate space for pEbdDev failed!\n");
    return EBD_DEV_ERROR;
  }/*end if ((pEbdDev = (EBD_DEVICE *) malloc …*/
  if (iosDevAdd((DEV_HDR *) pEbdDev, name, gEbdDrvNum) == ERROR)
  {
    printf("Add EBD_DEV failed!\n");
    free(pEbdDev);
    pEbdDev = NULL;
  }/*end if (iosDevAdd((DEV_HDR *) pEbdDev …*/
  /* 创建显示任务 */
  taskSpawn ("DisplayLed", 50, VX_SUPERVISOR_MODE, 6000,
            (FUNCPTR) DisplayTask, 0,0,0,0,0,0,0,0,0,0);
  return EBD_DEV_OK;
}/*end int ebdCreate (char *name) */
/* 删除设备 */
int ebdDelete (EBD_DEVICE *pEbdDev, char *name)
{
  free(pEbdDev);
  pEbdDev = NULL;
  return EBD_DEV_OK;
}/*end int ebdDelete (EBD_DEVICE *pEbdDev, char *name) */
/* 打开设备 */
int ebdOpen (EBD_DEVICE *pEbdDv, char *otherInfo, int mode)
```

```
{
  return EBD_DEV_OK;
}/*end int ebdOpen (EBD_DEVICE *pEbdDv, char *otherInfo, int mode) */
/* 关闭设备 */
int ebdClose (EBD_DEVICE *pEbdDv)
{
  return EBD_DEV_OK;
}/*end int ebdClose (EBD_DEVICE *pEbdDv) */
/* 读设备 */
int ebdRead (EBD_DEVICE *pEbdDv, char *buf, int n)
{
  if (pEbdDev == NULL) printf("\n pEbdDv is null\n");
  /* 显示字符缓冲区大小 */
  return g_displayData.displayDataSize;
}/*end int ebdRead (EBD_DEVICE *pEbdDv, char *buf, int n) */
/* 写设备 */
int ebdWrite(EBD_DEVICE *pEbdDv,char* buf, int n)
{
  printf("\nebdWrite is running\n");
  /* 根据输入字符，查询字库点阵信息 */
  GT23_Code2Array(buf);
  return n;
}/*end int ebdWrite(EBD_DEVICE *pEbdDv,char* buf, int n) */
/* 控制设备 */
int ebdIOCtl (EBD_DEVICE *pEbdDv, int request, int arg)
{
  switch (request) {
    case EBD_DEV_LED_SHOW:
      DisplayStart();            /* 开始显示 */
      break;
    case EBD_DEV_LED_STOP:
      DisplayStop();             /* 停止显示 */
      break;
    case EBD_DEV_LED_SPEED:
      DisplaySpeed(arg);         /* 设置显示速度，速度值有arg传入 */
      break;
    case EBD_DEV_LED_MODE:
      DisplayChangeMode(arg);    /* 改变显示模式 */
      break;
    default:
      printf("Not implemented request!\n");
      break;
  }/*end switch (request) */
  return EBD_DEV_OK;
}/*end int ebdIOCtl (EBD_DEVICE *pEbdDv, int request, int arg) */
/* 设备初始化 */
int ebdInit(void)
{
  if (ossInitialize() != OK)
  {
    printf("ossInitialize failed!\n");
    return EBD_DEV_ERROR;
  }/*end if (ossInitialize() != OK) */
  /* 注册驱动程序 */
  gEbdDrvNum = iosDrvInstall(ebdCreate, ebdDelete, ebdOpen, ebdClose, ebdRead,
```

```
ebdWrite, ebdIOCtl);
    /* 创建设备 */
    ebdCreate(EBD_DEV_NAME);
    return EBD_DEV_OK;
}/*end int ebdInit(void) */
```

（5）gt23.h

```
#ifndef GT23_H_
#define GT23_H_

#include "cust.h"
/* 定义 S3C2410 寄存器地址 */
#define S3C2410_GPFCON              0x56000050       /* Port F control */
#define S3C2410_GPFDAT              0x56000054       /* Port F data*/
#define S3C2410_GPFUP               0x56000058       /* Pull-up control F*/
/* 定义扩展板地址 */
#define GT23_BOARD_ADDRESS  0x20000000
/* 读写 S3C2410 寄存器 */
#define S3C2410_GPIO_REG_READ(a,val)    ((val) = *(volatile U32 *)(a))
#define S3C2410_GPIO_REG_WRITE(a,val)   (*(volatile U32 *)(a) = (val))
/* 设置或清除 S3C2410 寄存器的某一位 */
#define S3C2410_GPIO_REG_BITSET(reg,bit) \
        (*((volatile U32 *)(reg)) = *(volatile U32 *)(reg) | (bit))
#define S3C2410_GPIO_REG_BITCLR(reg,bit) \
        (*((volatile U32 *)(reg)) = *(volatile U32 *)(reg) & ~(UINT32)(bit))
/* 定义字库芯片的 SPI 引脚 */
#define GT_CLK 0    /* GT chip clock */
#define GT_CS  1    /* GT chip select 0-enable */
#define GT_MI  2    /* GT chip, data in */
#define GT_MO  3    /* GT chip, data out */
/* 函数声明 */
U32 GT_GetCharAddress(U8 bMsb, U8 bLsb);
U32 GT_GetAsciiAddress(U8 bAscii);
#endif
```

（6）gt23.c

```
#include "gt23.h"
#include "cust.h"
#include "leddemo.h"
/* 定义设置或清除一个 GPIO*/
#define GT23_CLEAR_GPIO(x)  do { mSpiData = ~(~mSpiData|(1<<x));*((U8*) GT23_BOARD_ADDRESS)
                            = mSpiData; }while(0)
#define GT23_SET_GPIO(x)      do { mSpiData = mSpiData|(1<<x); *((U8*) GT23_BOARD_ADDRESS)
                             =mSpiData; }while(0)
/* 片选或关闭字库芯片 */
#define GT23_ChipEnable( )    GT23_CLEAR_GPIO(GT_CS)
#define GT23_ChipDisable( )   GT23_SET_GPIO(GT_CS)
/* 声明适用的显存和显示设置 */
extern DISPLAY_DATA     g_displayData;
extern DISPLAY_SETTINGS     g_displaySettings;
U8 mSpiData;
/* 为字库芯片初始化 S3C2410 的寄存器 */
void GT23_InitializeGPIO ( ) {
    S3C2410_GPIO_REG_WRITE(S3C2410_GPFCON, 0);
```

```
    S3C2410_GPIO_REG_BITSET(S3C2410_GPFUP, 0);
}/* end void GT23_InitializeGPIO ( ) */
/* 从字库芯片中获得1位数据 */
U8 GT23_GetBit ( ){
  U8 data;
  S3C2410_GPIO_REG_READ(S3C2410_GPFDAT, data);
  return (data & 0x02) >> 1;
}/* end U8 GT23_GetBit ( ) */
/* 利用模拟的SPI接口发送一个字节数据 */
void GT23_SpiSendByte (U8 data){
  U8 i;
  GT23_SET_GPIO(GT_CLK);
  for (i=0; i<8; i++)
  {
    GT23_CLEAR_GPIO(GT_CLK);
    if ((data & 0x80) == 0){
      GT23_CLEAR_GPIO(GT_MI);
    }/* end if ((data & 0x80) == 0) */
    else{
      GT23_SET_GPIO(GT_MI);
    }/* end else */
    GT23_SET_GPIO(GT_CLK);
    data = data << 1;
  }/* end for (i=0; i<8; i++) */
}/* end void GT23_SpiSendByte (U8 data) */
/* 从字库芯片读取一个字节数据 */
U8 GT23_SpiGetByte ( ) {
  U8 i, data = 0;
  GT23_SET_GPIO(GT_CLK);
  for(i=0; i<8; i++)
  {
    GT23_CLEAR_GPIO(GT_CLK);
    data = data << 1;
    if(GT23_GetBit( ) == 1)
    {
      data = data | 0x01;
    }/* end if(GT23_GetBit( ) == 1) */
    GT23_SET_GPIO(GT_CLK);
  }/* end for (i=0; i<8; i++) */
  return data;
}/* end U8 GT23_SpiGetByte ( ) */
/* 使能字库芯片 */
void Gt23_Enabled(){
  GT23_ChipEnable();
}/* end void Gt23_Enabled() */
/* 向字库芯片发送地址 */
void Gt23_SendAdress(U32 wAddress) {
  GT23_SpiSendByte(0x03);                           /* 根据协议向字库芯片发送命令头 */
  GT23_SpiSendByte((wAddress & 0xFF0000) >> 16);    /* 向字库芯片发送高8位地址 */
  GT23_SpiSendByte((wAddress& 0xFF00) >> 8);        /* 再向字库芯片发送8位地址 */
  GT23_SpiSendByte(wAddress & 0xFF);                /* 向字库芯片发送低8位地址 */
  GT23_SpiGetByte();                                /* 获取冗余数据，丢弃 */
  GT23_SpiGetByte();                                /* 获取冗余数据，丢弃 */
}/* end void Gt23_SendAdress(U32 wAddress) */
```

```
void GT23_Init() {
  GT23_InitializeGPIO();                        /* 初始化字库芯片的 GPIO 口 */
  Gt23_Enabled();                               /* 使能字库芯片 */
  Gt23_SendAdress(1961098);                     /* 发送测试地址 */
  Gt23_Disabled();                              /* 关闭字库芯片 */
}/* end void GT23_Init() */

void Gt23_Disabled() {
  GT23_SpiGetByte();                            /* 关闭字库芯片, 将冗余数据取出 */
  GT23_SpiGetByte();
  GT23_SpiGetByte();
  GT23_SpiGetByte();
  GT23_SpiGetByte();
  GT23_SpiGetByte();
  GT23_ChipDisable();
}/* end void Gt23_Disabled() */

/* 将字符转换成点阵信息 */
void GT23_Code2Array (U8 * pMessage){
  U8 i;
  U8 j = 0;
  U32 wAddress;
  GT23_Init();
  /* 调试信息 */
  #ifdef DEBUG_LCD
    printf("pMessage = %s", pMessage);
  #endif
  /* 确认输入字符是否结束, 也保证不超过最大缓冲区 */
  while(*pMessage != 0 && j < g_displayData.displayMaxSize)
  {
    Gt23_Enabled();    /* 使能芯片 */
    /* 判断是 ASCII 字符还是汉字 */
    if ((*pMessage >= 0x20) & (*pMessage <= 0x7E)){
      wAddress = GT23_GetAsciiAddress(*pMessage++);
    }/* end if ((*pMessage >= 0x20) & (*pMessage <= 0x7E)) */
    else {
      wAddress = GT23_GetCharAddress(*pMessage++, *pMessage++);
    }/* end if ((*pMessage >= 0x20) & (*pMessage <= 0x7E)) … else …*/
    /* 向字库芯片发送地址 */
    Gt23_SendAdress(wAddress);
    /* 获取数据并根据要求填入缓冲区 */
    for(i = 0; i < DISPLAY_WORD_Y_SIZE -1; i++)
    {
      g_displayData.displayBuf[i][j] = (U8) GT23_SpiGetByte();
      g_displayData.displayBuf[i][j+1] = (U8) GT23_SpiGetByte();
      #ifdef DEBUG_LCD
        printf("g_displayData = %x, %x \n", g_displayData.displayBuf[i][j],  \
               g_displayData.displayBuf[i][j+1]);
      #endif
    }/* end for(i = 0; i < DISPLAY_WORD_Y_SIZE -1; i++) */
    j = j + 2;
    /* 关闭显示芯片 */
    Gt23_Disabled();
  }/*end while(*pMessage != 0 && j < g_displayData.displayMaxSize)*/
  /* 将显示数据大小写入显示屏设置的数据结构 */
  g_displayData.displayDataSize = j;
```

```c
}/* end void GT23_Code2Array */

/* 计算汉字字符的地址 */
U32 GT23_GetCharAddress (U8 bMsb, U8 bLsb){
  U32 wBaseAdd=0x2C9D0, wAddress = 0;
  if ((bMsb >= 0xA1) && (bMsb<=0xA9) && (bLsb>=0xA1))
    wAddress = ((U32)bMsb-0xA1) * 94 + ((U32)bLsb-0xA1)*32 + wBaseAdd;
  else if (bMsb>=0xB0 && bMsb<=0xF7 && bLsb >= 0xA1)
    wAddress = (((U32)bMsb-0xB0) * 94 + ((U32)bLsb-0xA1) + 846) * 32 + wBaseAdd;
  return wAddress;
}/* end U32 GT23_GetCharAddress (U8 bMsb, U8 bLsb) */

/* 计算 ASCII 字符的地址 */
U32 GT23_GetAsciiAddress(U8 bAscii){
  U32  wAddress = 0;
  U32  BaseAdd=0x1DE580;
  wAddress = (bAscii - 0x20) * 34 + BaseAdd;
  return wAddress;
}/* end U32 GT23_GetAsciiAddress(U8 bAscii) */
```

（7）leddemo.h

```c
#ifndef _LEDDEMO_H_
#define _LEDDEMO_H_
#include "cust.h"
/* 定义一些显示屏属性值 */
#define DISPLAY_WORD_X_SIZE        8
#define DISPLAY_WORD_Y_SIZE        16
#define DISPLAY_MAX_CHARS          40
#define DISPLAY_WIDTH              8
#define DISPLAY_HEIGHT             16
/*LED 08 接口引脚定义 */
#define LED_A        0
#define LED_B        1
#define LED_C        2
#define LED_D        3
#define LED_CLK      4
#define LED_EN       5
#define LED_STB      6
#define LED_R1       7

/*LED 扩展板的内存地址 */
#define LED_BOARD_ADDRESS 0x20000000
/* 显示模式定义 */
enum {
  INVALID_MODE = 0,
  RIGHT2LEFT,
  BOTTOM2UP,
  UP2BOTTOM
};
/* 显存数据结构 */
typedef struct displayData{
  char displayBuf[DISPLAY_WORD_Y_SIZE][DISPLAY_MAX_CHARS*DISPLAY_WORD_X_SIZE/8];
  U8 displayDataSize;      /* 显示数据实际大小 */
  U8 displayMaxSize;       /* 缓冲区上限 */
  U8 displaySpeed;         /* 显示速度 */
```

```
}DISPLAY_DATA;
/* 显示屏设置的数据结构 */
typedef struct dispalySettings{
  U32 displaySpeed;          /*初始显示速度 */
  U8 displayStatus;          /*初始显示状态 */
  U8 displayMode;            /*初始显示模式 */
} DISPLAY_SETTINGS;

DISPLAY_DATA g_displayData;
DISPLAY_SETTINGS g_displaySettings;
/* 函数声明 */
void DisplayTask();
void LED_GBCode2Array(char * pbMessage);
void DisplayR2L();
void DisplayStop();
void DisplayStart();
void DisplaySpeed(U8 speed);
void DisplayChangeMode(U8 mode);
#endif
```

（8）leddemo.c

```
#include "assic.h"
#include "leddemo.h"
#include "tasklib.h"

U8 mData = 0;
U8 bMovedBits, bCurWidth, g_bCurrentIndex, bCurHeight;
/* 设置或清除GPIO设置 */
#define CLEAR_GPIO(x)     do { mData = ~(~mData|(1<<x));*((U8*) LED_BOARD_
ADDRESS) = mData; }while(0)
#define SET_GPIO(x)       do { mData = mData|(1<<x); *((U8*) LED_BOARD_ADDRESS) =
                          mData; }while(0)
/* 定义休眠时间 */
#define sleep(timeO) taskDelay(timeO * (sysClkRateGet()))    /* macro */

void Delay(int time) {
  int i;
  int delayLoopCount=1000;
  for( ; time>0; time--)
    for(i=0; i<delayLoopCount; i++);
}/* end void Delay(int time) */

/*LED 显示屏初始化 */
void LED_Init() {
  U8 i, j;
  g_displaySettings.displaySpeed = 3*1000;                  /* 默认速度 */
  g_displaySettings.displayStatus = 0;
  for(i = 0; i < DISPLAY_WORD_Y_SIZE; i++) {
    for(j = 0; j < DISPLAY_MAX_CHARS*DISPLAY_WORD_X_SIZE/8; j++){
      g_displayData.displayBuf[i][j] = 0;                   /* 显存清零 */
    }/* end for(j = 0; j < DISPLAY_MAX_CHARS … */
  }/* end for(i = 0; i < DISPLAY_WORD_Y_SIZE; i++) */
  g_displayData.displayMaxSize = DISPLAY_MAX_CHARS*DISPLAY_WORD_X_SIZE/8;
```

```
  g_displayData.displayDataSize = DISPLAY_MAX_CHARS*DISPLAY_WORD_X_SIZE/8;
  g_displaySettings.displayMode = INVALID_MODE;
}/* end void LED_Init() */


/*LED 显示参数初始化 */
void LED_ControlDataInit() {
  bMovedBits = 0;                      /* 移动位数清零 */
  bCurWidth = 0;                       /* 移动字节宽度清零 */
  g_bCurrentIndex = 0;                 /* 显示字符指针清零 */
  bCurHeight = 0;                      /* 当前显示高度清零 */
}/* end void LED_ControlDataInit() */


/*This fuction is only to test ASCII.*/
void LED_GBCode2Array(char * pbMessage)
{
  U8 i, j = 0;
  #ifdef DEBUG_LED
    printf("pbMessage = %s \n", pbMessage);
    printf("size of initial size = %d \n", g_displayData.displayDataSize);
  #endif
  while(*pbMessage != 0 && j < DISPLAY_MAX_CHARS)
  {
    for(i = 0; i < DISPLAY_WORD_Y_SIZE; i++)
    { /* 读取 ASCII 点阵数据 */
      g_displayData.displayBuf[i][j]= (U8) assic[*pbMessage - 0x21][i];
      #ifdef DEBUG_LED
        printf("displayBuF[%d][%d] = %x \n", i, j,g_displayData.displayBuf[i][j]);
      #endif
    }/* end for(i = 0; i < DISPLAY_WORD_Y_SIZE; i++) */
    *pbMessage++;
    j++;
  }/* end while(*pbMessage != 0 && j < DISPLAY_MAX_CHARS) */
  g_displayData.displayDataSize = j;
}/* end void LED_GBCode2Array(char * pbMessage) */

/* 发送字节数据 */
void SendByte(U8 data)
{
  U8 i;
  for(i=0; i<8; i++)
  {
    CLEAR_GPIO(LED_CLK);            /* 时钟信号置 0*/
    if((data & 0x80) != 0)
    {
      CLEAR_GPIO(LED_R1);          /* 向 Led 发送 1 位数据，值为 0*/
    }/* end if((data & 0x80) != 0) */
    else
    {
      SET_GPIO(LED_R1);            /* 向 Led 发送 1 位数据，值为 1*/
    }/* end if((data & 0x80) != 0) … else … */
    SET_GPIO(LED_CLK);             /* 时钟信号置 1，产生一个上升沿 */
    data = data << 1;              /* 数据左移一位 */
  }/* end for(i=0; i<8; i++) */
```

```
}/* end void SendByte(U8 data) */

/* 发送一个字节指定位数 */
void SendBits(U8 bData, U8 bNumber)
{
  U8 i;
  for(i=0; i<bNumber; i++)
  {
    CLEAR_GPIO(LED_CLK);              /* 时钟信号置 0*/
    if((bData & 0x80) != 0)
    {
      CLEAR_GPIO(LED_R1);            /* 向 Led 发送 1 位数据, 值为 0*/
    }/* end if((bData & 0x80) != 0) */
    else
    {
      SET_GPIO(LED_R1);              /* 向 Led 发送 1 位数据, 值为 1*/
    }/* end if((bData & 0x80) != 0) … else … */
    SET_GPIO(LED_CLK);               /* 时钟信号置 1, 产生一个上升沿 */
    bData = bData << 1;
  }/* end for(i=0; i<bNumber; i++) */
}/* end void SendBits(U8 bData, U8 bNumber) */

void ScanRow(U8 row)                 /* 行扫描函数 */
{
  mData = (mData & 0xF0) | row;
  *((U8*) LED_BOARD_ADDRESS) = mData;
}/* end void ScanRow(U8 row) */

void DisplayTask( ) {                /*LED 显示任务 */
  LED_Init( );                       /*LED 初始化 */
  while(1)
  {
    #ifdef DEBUG_LED
      printf("DisplayTask, displayMode = %d \n", g_displaySettings.displayMode);
      printf("DisplayTask, displayStatus = %d\n", g_displaySettings.displayStatus);
    #endif
    switch(g_displaySettings.displayMode)
    { /* 根据设置调用显示模式函数 */
      case RIGHT2LEFT:
        DisplayR2L();                /* 从右向左移动 */
        break;
      case BOTTOM2UP:                /* 从下向上移动 */
        DisplayB2U();
        break;
      case UP2BOTTOM:                /* 从上向下移动 */
        DisplayU2B();
        break;
      default:
        break;
    }/* end switch(g_displaySettings.displayMode) */
    sleep(2);
  }/* end while(1)*/
}/* end void DisplayTask( ) */
```

```
void DisplayR2L( )                    /* 从右向左显示 */
{
  U8 bDisplayRow, i, j, framecount = 0;
  U32 bFrameCount = 0;
  printf("Display Mode: Right To Left. \n");
  while(1)
  {
    if(!g_displaySettings.displayStatus)
    { /* 如果关闭显示屏, 则清零 */
      SendBits(0, DISPLAY_WIDTH * DISPLAY_WORD_X_SIZE);
      break;
    }/* end if(!g_displaySettings.displayStatus) */
    if(bFrameCount >= g_displaySettings.displaySpeed)
    { /* 显示速度控制 */
      bFrameCount = 0;
      LED_ShiftStep();                /* 移动一位 */
    }/* end if(bFrameCount >= g_displaySettings.displaySpeed) */
    for(bDisplayRow = 0; bDisplayRow < 16; bDisplayRow++)
    { /* 发送一行数据 */
      SET_GPIO(LED_EN);               /* 使能 LED*/
      if(bCurWidth < DISPLAY_WIDTH)
      {
        /* 如果当前显示宽度小于 LED 显示屏宽度 */
        for( i = 0; i< 8 ; i++) { /* 发送 8 位数据 */
          SendBits(0, (DISPLAY_WIDTH - bCurWidth));
        }/* end for( i = 0; i< 8 ; i++) */
      }/* end if(bCurWidth < DISPLAY_WIDTH) */
      if(bCurWidth == 0) {            /* 当前显示宽度不超过一个字节, 则按位移动 */
          SendBits(g_displayData.displayBuf[bDisplayRow][g_bCurrentIndex],
          bMovedBits);
      }/* end if(bCurWidth == 0) */
      else
      {
        for(i = 0;  i < bCurWidth; i++) {
          /* 当前显示宽度超过一个字节, 则先按整字节移动, 再按位移动 */
          SendBits(g_displayData.displayBuf[bDisplayRow] \
                  [(g_bCurrentIndex+i)%g_displayData.displayDataSize], 8);
        }/* end for(i = 0;  i < bCurWidth; i++) */
        /* 按位移动 */
        SendBits(g_displayData.displayBuf[bDisplayRow] \
                    [(g_bCurrentIndex+i)%g_displayData.displayDataSize],
                  bMovedBits);
      }/* end if(bCurWidth == 0) … else … */
      CLEAR_GPIO(LED_EN);             /* 清除 LED 使能位 */
      CLEAR_GPIO(LED_STB);            /* 清除 LED 锁存位 */
      SET_GPIO(LED_STB);              /* 设置 LED 锁存位 */
      ScanRow(bDisplayRow);           /* 行扫描 */
      bFrameCount++;
    }/*end for(bDisplayRow = 0; bDisplayRow < 16; bDisplayRow++)*/
  }/*end while(1)*/
}/*end void DisplayR2L( )*/
```

```
void DisplayB2U( ) {                            /* 从下往上移动显示 */
  U8 bDisplayRow, i, j, framecount = 0;
  U32 bFrameCount = 0;
  printf("Display Mode: Bottom To Top. \n");
  while(1)
  {
    if(!g_displaySettings.displayStatus)
    { /* 如果关闭显示屏，则清零 */
      SendBits(0, DISPLAY_WIDTH * DISPLAY_WORD_X_SIZE);
      break;
    }/*end if(!g_displaySettings.displayStatus)*/
    if(bFrameCount >= g_displaySettings.displaySpeed)
    { /* 显示速度控制 */
      bFrameCount = 0;
      LED_ShiftStep();
    }/*end if(bFrameCount >= g_displaySettings.displaySpeed)*/
    for(bDisplayRow = 0; bDisplayRow < 16; bDisplayRow++)
    {
      SET_GPIO(LED_EN);                         /* 使能 LED*/
      if(bCurHeight < DISPLAY_HEIGHT)
      { /* 如果显示高度小于显示屏高度 */
        if(bDisplayRow  < DISPLAY_HEIGHT -bCurHeight)
        {
          SendBits(0, DISPLAY_WIDTH*8); /* 清零 */
        }/*end if(bDisplayRow  < DISPLAY_HEIGHT -bCurHeight)*/
        else
        {
          for(i = 0; i < DISPLAY_WIDTH; i ++)
          { /* 发送第一屏 */
            SendBits(g_displayData.displayBuf[bDisplayRow - \
                     (DISPLAY_HEIGHT - bCurHeight)][(g_bCurrentIndex * DISPLAY_
                     WIDTH + i) \
                     % g_displayData.displayDataSize], 8);
          }/*end for(i = 0; i < DISPLAY_WIDTH; i ++)*/
        }/* end if(bDisplayRow  < DISPLAY_HEIGHT -bCurHeight) ··· else ··· */
      }/*end if(bCurHeight < DISPLAY_HEIGHT)*/
      else
      {/* 显示高度已经超过屏幕的高度 */
        if(bDisplayRow  + bCurHeight < 2 * DISPLAY_HEIGHT)
        {
          for(i = 0; i < DISPLAY_WIDTH; i ++)
          {
            SendBits(g_displayData.displayBuf[(bCurHeight - \
                     DISPLAY_HEIGHT) + bDisplayRow][(g_bCurrentIndex * DISPLAY_
                     WIDTH + i) \
                     % g_displayData.displayDataSize], 8);
          }/*end for(i = 0; i < DISPLAY_WIDTH; i ++)*/
        }/*end if(bDisplayRow  + bCurHeight < 2 * DISPLAY_HEIGHT)*/
        else
        { /* 继续向上移动，则下面需要添加 0*/
          SendBits(0, DISPLAY_WIDTH*8);
        }/* end if(bDisplayRow  + bCurHeight < 2 * DISPLAY_HEIGHT) ··· else ··· */
      }/* end if(bCurHeight < DISPLAY_HEIGHT) ··· else ··· */
```

```
      CLEAR_GPIO(LED_EN);                    /* 清除 LED 使能位 */
      CLEAR_GPIO(LED_STB);                   /* 清除 LED 锁存位 */
      SET_GPIO(LED_STB);                     /* 设置 LED 锁存位 */
      ScanRow(bDisplayRow);                  /* 行扫描 */
      bFrameCount++;
    }/*end for(bDisplayRow = 0; bDisplayRow < 16; bDisplayRow++)*/
  }/*end while(1)*/
}/*end void DisplayB2U( )*/

void DisplayU2B( )                         /* 从上向下移动显示 */
{
  U8 bDisplayRow, i, j, framecount = 0;
  U32 bFrameCount = 0;
  printf("Display Mode: Top To Bottom. \n");
  while(1)
  {
    if(!g_displaySettings.displayStatus) {/* 如果关闭显示屏, 则清零 */
      SendBits(0, DISPLAY_WIDTH * DISPLAY_WORD_X_SIZE);
      break;
    }/*end if(!g_displaySettings.displayStatus)*/
    if(bFrameCount >= g_displaySettings.displaySpeed) {   /* 显示速度控制 */
      bFrameCount = 0;
      LED_ShiftStep();
    }/*end if(bFrameCount >= g_displaySettings.displaySpeed)*/
    for(bDisplayRow = 0; bDisplayRow < 16; bDisplayRow++)
    {
      SET_GPIO(LED_EN);
      if(bCurHeight < DISPLAY_HEIGHT)
      {
        if(bDisplayRow < bCurHeight)
        { /* 如果显示高度小于显示屏高度 */
          for(i = 0; i < DISPLAY_WIDTH; i ++) {
            SendBits(g_displayData.displayBuf[DISPLAY_HEIGHT - \
                    (bCurHeight - bDisplayRow)][(g_bCurrentIndex * DISPLAY_WIDTH + i) \
                     % g_displayData.displayDataSize], 8);
          }/*end for(i = 0; i < DISPLAY_WIDTH; i ++)*/
        }/*end if(bDisplayRow < bCurHeight)*/
        else
        {
          SendBits(0, DISPLAY_WIDTH*8);
        }/* end if(bDisplayRow < bCurHeight) … else … */
      } /*end if(bCurHeight < DISPLAY_HEIGHT)*/
      else
      { /* 显示高度已经超过屏幕的高度 */
        if(bDisplayRow < (bCurHeight - DISPLAY_HEIGHT))
        {
          SendBits(0, DISPLAY_WIDTH*8);
        }/*end if(bDisplayRow < (bCurHeight - DISPLAY_HEIGHT))*/
        else
        {
          for(i = 0; i < DISPLAY_WIDTH; i ++)
          {
```

```
          SendBits(g_displayData.displayBuf[bDisplayRow - (bCurHeight - \
                  DISPLAY_HEIGHT)][(g_bCurrentIndex * DISPLAY_WIDTH  + i) \
                  % g_displayData.displayDataSize], 8);
          }/*end for(i = 0; i < DISPLAY_WIDTH; i ++)*/
        }/* end if(bDisplayRow < (bCurHeight - DISPLAY_HEIGHT)) … else … */
      }/* end if(bCurHeight < DISPLAY_HEIGHT) … else … */
      CLEAR_GPIO(LED_EN);                      /* 清除 LED 使能位 */
      CLEAR_GPIO(LED_STB);                     /* 清除 LED 锁存位 */
      SET_GPIO(LED_STB);                       /* 设置 LED 锁存位 */
      ScanRow(bDisplayRow);                    /* 行扫描 */
      bFrameCount++;
    }/*end for(bDisplayRow = 0; bDisplayRow < 16; bDisplayRow++)*/
  }/*end while(1)*/
}/*end void DisplayU2B( )*/

void LED_ShiftStep( )                      /* 显示移动控制 */
{
  switch(g_displaySettings.displayMode)
  {
    case RIGHT2LEFT:                          /* 右向左移动，控制宽度移动的速度 */
      if (bMovedBits == 7)
      {
        bMovedBits = 0;
        if(bCurWidth < DISPLAY_WIDTH) {
          bCurWidth++;
        }/*end if(bCurWidth < DISPLAY_WIDTH)*/
        else {
          g_bCurrentIndex++;
        }/* end if if(bCurWidth < DISPLAY_WIDTH) … else … */
      }/*end if (bMovedBits == 7)*/
      else {
        bMovedBits++;
      }/* end if (bMovedBits == 7) … else … */
      break;
    case BOTTOM2UP:                           /* 上下移动，控制高度移动的速度 */
    case UP2BOTTOM:
      if(bCurHeight == 2* DISPLAY_HEIGHT)
      {
        bCurHeight = 0;
        g_bCurrentIndex ++;
      }/*end if(bCurHeight == 2* DISPLAY_HEIGHT)*/
      else {
        bCurHeight++;
      }/* end if(bCurHeight == 2* DISPLAY_HEIGHT) … else … */
      break;
    default:
      break;
  }/*end switch(g_displaySettings.displayMode)*/
}/*end void LED_ShiftStep( )*/

void DisplayStop( ) {                       /* 停止 LED 显示 */
  g_displaySettings.displayStatus =  0;
  printf("Display stopped.\n");
```

```
}/*end void DisplayStop( )*/

void DisplayStart( ) {                                          /* 开始 LED 显示 */
  printf("Display started.\n");
  LED_ControlDataInit( );
  g_displaySettings.displayStatus = 1;
  if (g_displaySettings.displayMode == INVALID_MODE) {  /* 默认设置 */
    g_displaySettings.displayMode = RIGHT2LEFT;
  }/*end if (g_displaySettings.displayMode == INVALID_MODE)*/
}/*end void DisplayStart( )*/

void DisplaySpeed(U8 speed) {                                  /*LED 显示速度设置 */
  DisplayStop( );                                              /* 停止 LED 显示 */
  sleep(1);
  printf("Display Speed: %d --> %d\n", g_displaySettings.displaySpeed / 1000, speed);
  g_displaySettings.displaySpeed = speed*1000;                 /* 设置速度 */
  DisplayStart( );                                            /* 开始 LED 显示 */
}/*end void DisplaySpeed(U8 speed)*/

void DisplayChangeMode(U8 mode) {                              /* 显示模式设置 */
  DisplayStop();                                              /* 停止 LED 显示 */
  sleep(1);
  LED_ControlDataInit( );           /*LED 数据结构初始化,防止残留移动动作和数据 */
  g_displaySettings.displayMode = mode;                       /* 显示模式改变 */
  DisplayStart( );                                           /* 重新开始显示 */
}/*end void DisplayChangeMode(U8 mode)*/
```

3.1.11 驱动程序测试步骤和测试结果

步骤 1：测试之前需要将 CPLD 扩展板正确地插入 ARM 9 实验箱的 JP6 排针插座。将直流电源的输出端 +5V 和地线与 LED 点阵屏的直流电源输入端 +5V 和地线正确连接。之后用 16 芯电缆连接 LED 显示屏和 CPLD 扩展板。确认 +5V 直流电源接线和 16 芯信号电缆连接无误，才能够给直流电源加载 220V 交流电。

步骤 2：正确连接 PC 和 ARM 9 实验箱，将映像文件下载到 ARM 9 实验箱。在 Target Shell 窗口先执行驱动程序启动命令 test。这个过程大约需要 1 ~ 5 分钟。ebd 驱动程序正常运行的标志是 LED 显示屏会有灯光闪烁。

步骤 3：当 test 命令执行完毕后在 Target Shell 按照如下顺序发出测试命令。

```
->testEnable 1          开始显示
->testMode 1            设置字符显示滚动的方向, 向左滚行显示
->testSpeed 1           使得动态滚行显示字符的速度最快
->testWriteCh           显示程序中的常量中文汉字串
->testWriteEn           显示程序中的常量英文字符串
```

如果驱动程序编写正确，当 VxWorks 映像文件向扩展板发送命令时，会将 LED 点亮，并且使显示的内容滚动显示。

如果显示正常，则验证了显示屏、扩展板和 ARM 9 实验箱之间的 I/O 处理是正确的，也验证了扩展板与实验箱之间的硬件连接以及软件环境的配置是正确的。

图 3-16 给出了本实验项目的 LED 点阵屏输出汉字的测试现场照片。本扩展电路实现的

汉字显示工程通过测试之后，今后可以用于各种在 CVT2410 实验箱上实现的 VxWorks 应用程序实验。这就要求将全套代码文件添加到应用程序的工程之中，然后让需要输出汉字的程序调用 ebd 的显示函数即可。

图 3-16　LED 点阵屏输出汉字的快照

确认 LED 点阵屏的显示实验能够正常完成之后，还可以输入以下命令改变汉字滚行显示的速度和方向，以及停止显示。

```
->testSpeed n        n 是滚行显示速度参数。n=1 是最快速度，n=9 最慢速度，默认 =3
->testMode n         n 是滚行显示方向参数。n=1 从右往左滚行，n=2 从下往上滚行，n=3 从上往
                     下滚行。
->testEnable 2       停止显示
```

3.2　其他实现方案

在本课程设计实验范例中，采用的是总线扩展方式的 CPLD 扩展板来实现对硬件字库的读取和 LED 屏幕的控制。因为该方案涉及字库芯片、SPI 总线、LED 屏幕控制及总线扩展等多种嵌入式显示系统中的常用技术，对学习者拓宽知识面帮助较大。实验者如果掌握了这个范例实验的开发方法，就能够将它广泛应用于多种 LED 点阵显示场合。

从更广阔的视角看，是否存在其他方案？答案是肯定的。事实上如果采用的 ARM 实验板提供了足够的空闲 I/O 口，那么 CPLD 扩展板是可以省略的。可以直接模拟 SPI 总线读取硬件字库中的字库数据，也可以直接通过总线驱动芯片 74HC245 驱动 LED 显示相应内容。

本例中的硬件字库芯片 GT23L32S4W 可以用软件字库取代。在很多嵌入式应用系统中，可以采用保存为数组形式的点阵字库方案。这些字库可以通过字模软件获得，只要指定大小和字体，就能方便地获得常用汉字与字符的点阵信息。有了现成的"软"字库，使用时就不再需要通过硬件字库芯片。

由上述分析，一个最简单的 LED 显示控制系统由控制芯片通过 I/O 口、驱动芯片、LED 显示屏即可实现。有兴的读者可以动手尝试搭建一下。

3.3 思考题

1. 简述 VxWorks 操作系统驱动程序进行 I/O 操作的流程是什么？

2. 利用互联网检索 LED 接口的另一种标准 I2 接口的协议是什么？并思考如何将 08 接口转成 I2 接口？

3.4 替换练习

替换练习 1

实现 LED 字符显示的其他动画效果，如从左向右移动、字符旋转等。

替换练习 2

编写驱动程序查询字库芯片中其他字体的汉字字符，并将其显示在 LED 显示屏上。

替换练习 3

本替换练习是一个硬件字库和软件字库并存的课程设计实验，要求读者选择一片内存区域存放软字模库，并在驱动程序中增加一个控制接口，应用程序通过该接口可以分别选择从硬字库或软字库中读取字模数据，并将数据输出到 LED 点阵显示。

3.5 小结

本章以嵌入式电路板以及 CPLD 模块协同控制一个 LED 点阵显示汉字为出发点，先从原理上介绍了 CPLD 芯片功能，随后介绍了硬件描述语言 Verilog HDL，以及 Quartus II 硬件逻辑芯片开发工具的使用和硬件调试方法。

使用汉字字库芯片而不使用软字库来输出汉字是本课程设计案例的一个特色，本章对使用字库芯片显示汉字的原理做了详尽解释。

本章随后介绍了软件功能、CVT2410 实验箱扩展板的电路设计、VxWorks 驱动程序设计、测试方案设计。介绍完毕，给出了 LED 点阵显示汉字驱动程序测试步骤和测试结果。

读者通过阅读本章可以理解嵌入式系统的汉字显示原理和具体开发方法，为日后的嵌入式开发积累经验。

第 4 章
模拟器类课程设计

模拟器（Emulator）是采用计算机仿真技术和模拟对象技术研究现实世界的重要工具。采用这种研究方法，研究者将对一个实际存在的或者设计构思中的控制系统建立模型，在模型的基础上构造一个纯软件工具或者计算机控制的机电仪一体机装置。然后让模拟器在设定的环境条件下进行动态试验运行（也称为仿真运行或者模拟运行），预演或者复验真实计算机控制系统的运作。试验运行过程中间或者结束时得到的各种以电子数据表示的物理量参数、统计数据，以及受训人员操作水平的提高是模拟器的产出结果。研究这些产出结果有利于研发或者改进产品设计，以及改进对受训人员的训练。典型的模拟器有飞行模拟器、航海模拟器、汽车驾驶模拟器、城市交通系统模拟器等。

在计算机控制技术和软件技术基础上建立的模拟器对于真实产品的开发具有重要意义，表现在以下几个方面：

1）成本低，比为了获得试验数据建造原型产品而产生的费用要低得多。

2）节省产品开发的时间和人工，为了达到相同试验结果，模拟器需要的人力和时间较少，因此工作效率更高。

3）能够对常规系统（或者原型产品）做超出外界条件范围之外的试验。以城市道路交通系统的缓解车辆阻塞调度为例，对一个从实际交通流阻塞情景抽象出来的数据模型，可以仿真试验多个调度方案，以获得每一种阻塞消除方案的效率指标。而现实当中则很难在实际道路上试验几种道路排除阻塞的调度方案，因为一个实际的交通流阻塞情景不可能重现。此外，在真实环境下做实验代价非常大。

4）降低真实工作环境下人员训练或者原型产品试验运行的灾难性故障发生率。例如，采用飞机模拟器来训练飞行员就能够大幅度地减少因新手经验不足而造成的飞行事故。

应用模拟器可促进系统（产品）设计优化，已成为研究、设计、试验的有力手段。嵌入式系统的模拟器类课程设计是在实验开发板上仿真一个嵌入式产品的主要功能和操作流程，适合开展这一类课程设计的仿真器（模拟器）可以是：自动售货机、自动影院售票机、轨道列车自动售票机、民航飞机登机牌自助值机柜台、药品自动售货机、自动邮票销售机等。

本章主要讲解铁路列车自动售票机模拟器课程设计。

4.1　列车自动售票机模拟器

列车自动售票机是常见的自动化设备，可以用 PC 机实现，也可以用嵌入式设备实现；可以是 C/S 结构的，也可以是 B/S 结构的。本课程设计是一个高速动车组的自动售票机模拟器，它以武汉—广州高速铁路线路为原型展开设计和实践。这个课程设计实验也可以推广运用到其他高速铁路动车组线路、普通铁路动车组线路、城市地铁线路及城市轻轨线路上。

实验者可以在 ARM 9 的实验平台上，使用液晶屏、触摸屏、LED 数码管和小键盘等外部设备，在无人值守情况下实现乘客自助购买车票功能的仿真。自动售票机模拟器分为两种类型，一种是单机自动售票机模拟器，另一种是联网自动售票机模拟器。

4.1.1 概述

单机版列车自动售票机模拟器（以下简称自动售票机模拟器或者售票机模拟器），其对应的英文是 Train Ticket Vending Machine emulator，本书使用缩略语 TTVM 表示。

本章阐述的 TTVM 不具有联网功能。以武汉—广州高速铁路动车组售票模拟器为例，具体表现在车票数量和车票所代表的车次信息是预先存入实验平台（实验箱）的，无法根据乘客需要增减。然而，联网型自动售票机售出的车票是从服务器的车票数据库中心调出，对具体售票机而言没有单台售票机销售车票告罄现象。假如联网型自动售票机无票可售，则说明该趟列车的车票已经通过网络从各个售票点全部售完了。

4.1.2 自动售票机软硬件环境需求

TTVM 开发的硬件和软件需求描述如下：

（1）自动售票机模拟器的硬件

ARM 9 处理器（S3C2410 或者 S3C2440）。64MB SDRAM 存储器，用作内存，由两片 16 位数据宽度的 SDRAM 存储器组成。32MB NOR FLASH 存储器，内部存放启动代码 Bootloader、VxWorks 内核映象，其数据宽度为 32 位。8MB NAND FLASH，用作固态盘，充当 TFFS 文件系统的存储介质。串行通信口：主板包含 3 个 UART 接口，UART0 和 UART1 用作 RS232 串行接口，UART2 用作 RS485 接口。UART0 在 Bootloader、演示程序、Linux 和多个实验中用于人机交互（通过超级终端）以及文件传输。6 个共阳极七段数码管。CPU 复位按键。5 个脉宽调制定时器、1 个 RTC 定时器和 1 个看门狗定时器。20 针标准 JTAG 接口，该接口用于高速仿真调试。5.7 英寸显示器 / 触摸屏。256 色 LCD，TFT 型，显示分辨率为 640×480。

（2）自动售票机模拟器的软件

VxWorks 实时操作系统 5.5 版，WindML 3.0 版。在 PC 的 Windows XP 操作系统上采用 Tornado 2.2 版进行编程开发。

4.1.3 自动售票机用户需求

以下从用户角度出发，以武汉—广州线高速铁路动车组为例，分析动车组自动售票机的用户需求，也就是分析它应该具备哪些基本功能。

1）按下 ARM 9 实验平台的启动按钮，640×480 的 TFT 型 LCD 上出现一个自动售票机的初始欢迎界面，也就是所谓的 LOGO 画面。大约 5 ~ 6 秒钟之后转入确定起始站点的操作步骤 2 和 3。

2）在 ARM 实验平台模拟器的 LCD 上给出武汉—广州高速铁路动车组的简明行车线路

地图。参见图 4-1。

在 LCD 画面上从上到下显示从北到南的车站，依次为武汉、咸宁、岳阳、长沙、衡阳、郴州、韶关和广州。在这八个车站中有一个是起始站，也就是售票机所在的车站。做具体课程设计实验时可以在上述线路中选择一部分站点。

3）提示管理员输入起始车站。由于自动售票模拟器可能位于不同的车站，因此让管理员在 TTVM 启动后选定起始车站是合理的。图 4-1 中给出的起始站是武汉。

TTVM 运行的持续时间与高速动车组提供服务的时间相一致，大约每天为 16 小时以上。初始运行阶段设置了起始车站后，在线路站点地图上将一直会显示起始站的显著标记，这便于让购票者在购买车票之前核实或者增强本次乘车的起始站意识。

4）进入实时时钟校对界面，提示管理员输入当前的北京时间。

5）继续显示线路停靠站点图标，外加从起始站点到其他各个站点的标准票价。用户在查询了线路停靠站地图和车票价格之后，输入目的车站。

图 4-1 武汉—广州高铁车站位置分布图

6）获得目的车站信息之后，自动售票机模拟器接着显示从本站到目的车站的所有列车车次的编号、到达时间、离开时间和车票价格。这些数据与车站售票大厅或者 Internet 网上公布的列车时刻数据相一致。LCD 界面提示用户输入需要购买的动车组的车次号码。操作者使用触摸方式或者小键盘，输入所选择的车次。

7）TTVM 查询车票数据库，计算是否能够出售购票者所需要的车票，即有没有购票者所需要的车票。如果车票已经售罄，则提示购票者不能够出售该趟车票；否则回送显示操作者要购买车票的车次 ID 号，并提示购票者该趟列车最大可购买数量（当余票较少时），然后提示购票者输入购买这趟车次的车票张数。操作者（用户）使用触摸方式或者小键盘，输入购买该车次的车票数量。

8）TTVM 进行总票价计算之后刷新 LCD 画面，提示操作者本次购买的车票总价格。同时给出 2 元、5 元、10 元、20 元、50 元、100 元纸币的图案以及编号，以方便操作者进行模拟的钱币输入操作。

9）操作者使用触摸方式或者小键盘输入方式，模拟钱币输入。一旦输入的钱币总值大于或等于应该付出的钱币值，则模拟器转入操作步骤 10。

10）TTVM 进行钱币计算操作，将输入的钱币添加到钱币数据库，然后按照约定算法，进行钱币的找零计算（如果需要找零的话）。

11）TTVM 输出本次售票服务的结果。先模拟输出找零的钱币，再模拟输出若干张购票者所购买的车票。

12）购票者执行取款或者取票模拟动作，表示已经取走找零钱币和车票。之后模拟器显示一个欢迎再次乘坐武汉—广州高速铁路动车组的画面，转而执行步骤 5。

理解了自动售票机的用户需求之后，我们可以用模拟方法对自动售票机模拟器 TTVM 的功能进行分析和设计。

4.1.4 功能分析和设计

通过上述分析，我们可以设定 TTVM 必须具备以下功能。

1）液晶屏显示功能，显示内容包括：列车运营线路地图（标注所有的停靠车站）、目的车站选择提示画面、起始车站到终点车站的车次时刻表（包含票价）、模拟付款界面、付款提示画面、模拟出票界面和模拟收款找零界面等。

这个功能需要嵌入式图形用户界面的支持才能够实现。具体地讲，在这个课程设计中需要使用风河公司的 WindML 3.0 或者更高版本的 GUI 工具。

2）LED 数码管显示功能，ARM 9 实验平台一般都有一组 LED 数码管。使用 LED 数码管显示车票价格和购买的车票数量。

3）人机对话输入功能，包括触摸屏输入和小键盘输入。输入的信息包括：目的车站、列车车次号、购票数量、模拟付款等。

4）数据库管理功能，单机模拟器内部建立若干个数据库文件，包括：车票数据库、列车时刻库、列车票价库和收款找零钱币库等。处理功能包括：初始化、更新数据、输出符合查询条件的数据记录等。

5）计算功能，键盘按键输入的 ASCII 码转换数值计算、触摸屏输入按键转换成数值计算、购票总价格计算、付款累计计算、钱币找零计算等。

6）时钟显示，这是实时时钟显示功能，利用 ARM 9 处理器的 RTC 部件实现。输出信息反映当前的北京标准时间，包括年 / 月 / 日、星期和时 / 分 / 秒。时钟显示的基本目的是让客户在购买车票时了解当前时刻，以便购买有充裕上车准备时间的车票。

实时时钟的对时功能由系统管理员在自动售票机模拟器启动时设定。具体的时钟显示方式可以是 LED 数码管或者 LCD，由程序员在编写程序时确定。

图 4-2 给出了列车自动售票机模拟器的 UML 用例图。从图中可见，

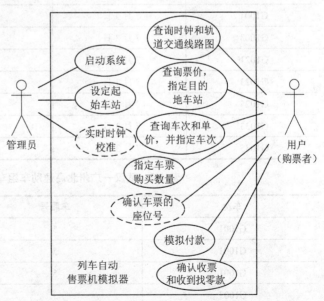

图 4-2 列车自动售票机模拟器的 UML 用例图

列车自动售票机模拟器中有两种类型参与者：管理员和用户（购票者）。管理员有 3 个用例，购票者有 7 个用例。其中用虚线椭圆形标记的用例没有编程实现。

4.2 数据分析

在武汉—广州高速动车组 TTVM 中涉及的信息主要有以下几个，在实现模拟器时可以根据需要使用其中的部分数据。

1）高速动车组时刻信息。主要包括：车次（主键），发站—到站，发时，到时，运行时间，硬座票价和软座票价。以起始站为武汉、终点站为广州北为例，我们给出了动车组的运行时刻和票价信息表。参见表 4-1。

2）高速动车组车票信息。主要包括：车次（主键），硬座余票，软座余票。参见表 4-2。

3）高速动车组车票的座位信息。主要包括：车次（主键），车厢号和座位号。参见表 4-3。

表 4-1　武汉—广州北高速动车组时刻信息

车次	发站—到站	发时	到时	运行时间	硬座票价	软座票价
G1001	武汉—广州北	09:00	11:57	2 小时 57 分	469	749
G1003	武汉—广州北	16:00	18:57	2 小时 57 分	469	749
G1021	武汉—广州北	07:15	11:00	3 小时 45 分	469	749
G1023	武汉—广州北	07:45	11:29	3 小时 44 分	469	749
G1025	武汉—广州北	08:30	12:29	3 小时 59 分	469	749
G1033	武汉—广州北	10:40	14:29	3 小时 49 分	469	749
G1035	武汉—广州北	11:15	15:00	3 小时 45 分	469	749

表 4-2　武汉—广州北高速动车组车票信息

车次	日期	硬座余票	软座余票
G1001	7 月 3 日	10	10
G1003	7 月 3 日	10	10
G1021	7 月 3 日	10	10
G1023	7 月 3 日	10	10
G1025	7 月 3 日	10	10
G1033	7 月 3 日	10	10
G1035	7 月 3 日	10	10

表 4-3　武汉—广州北高速动车组车票的座位信息

车次	车厢号	座位号
G1001	5	7
G1001	5	8
G1001	5	9
G1003	3	24
G1003	3	25

（续）

车次	车厢号	座位号
G1003	3	26
G1003	3	27

4）通常自动售票机内部都有一个钱币接收器和钱币数据库。作为模拟器，只需要建立钱币数据库即可。钱币数据库的作用是：存储用户支付的钱币数量，用于支付找零。钱币数据库的字段包括：100 元数量，50 元数量，20 元数量，10 元数量，5 元数量，2 元数量，1 元数量。

4.2.1　主要结构体数据变量定义

自动售票机模拟器的主要数据结构有以下几个。

1. 数组 priceWG[ ]

数组 priceWG（名称" priceWG"中的 W 表示武汉的汉语拼音首字母，G 则表示广州）只有 6 个元素。分别存放从武汉站到岳阳、长沙、衡阳、韶关和广州站的站点之间的高速列车票价。具体数值如下列出。

```
priceWG[0]=0;                    /* 武汉到武汉 */
priceWG[1]=100;                  /* 武汉到岳阳东 */
priceWG[2]=165;                  /* 武汉到长沙南 */
priceWG[3]=245;                  /* 武汉到衡阳东 */
priceWG[4]=370;                  /* 武汉到韶关 */
priceWG[5]=465;                  /* 武汉到广州南 */
```

2. 记录钱币库数据的结构体

```
typedef struct my_msg{
    int price;                   /* 车票的单价 */
    int onenum;                  /*1 元钱币的数量 */
    int fivenum;                 /*5 元纸币的数量 */
    int tennum;                  /*10 元纸币的数量 */
    int twennum;                 /*20 元纸币的数量 */
    int fiftynum;                /*50 元纸币的数量 */
    int onehundrednum;           /*100 元纸币的数量 */
    int ticketnum;               /* 车票购买数量 */
    int trainNo;                 /* 列车车次号 */
    int exceptionInfo;           /* 购票时发生的异常信息 */
}MY_MSG;
```

3. 记录车票库数据的结构体

```
typedef struct train_info{
    char start[10];              /* 起点车站标记 */
    char end[10];                /* 终点车站标记 */
    int  count;                  /* 车次编号 */
    char detail[5][70];          /* 列车描述 */
    char checi[5][10];           /* 车次 */
    char starttime[5][10];       /* 发车时间 */
    int selected;                /* 用户选择的目的车站，用数字表示 */
    int price;                   /* 车票的单价信息 */
}TRAIN_INFO;
```

4. 绘制运营路线图用的各个站点中心坐标结构体

```c
typedef struct posi{
    int x;              /*X 像素坐标值 */
    int y;              /*Y 像素坐标值 */
}Center_Circle;
```

4.2.2 数据流分析

对用户需求、UML 用例图和模拟器数据库文件做详细分析之后，我们可以绘制出 TTVM 的数据流图。参见图 4-3。

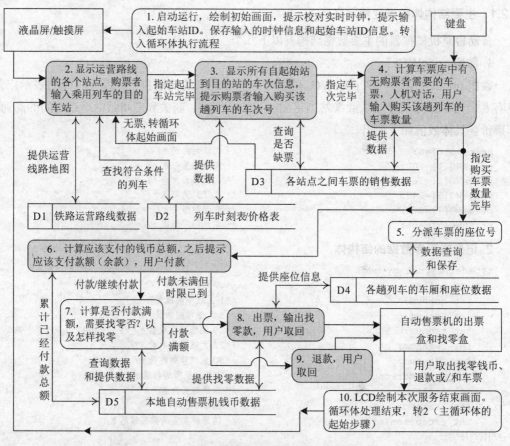

图 4-3　自动售票机模拟器的数据流图

该图中的箭头线有两种类型。一种是数据存储相关型，含有双向箭头。另一种是人机对话型，只有单向箭头。另外，该图中带阴影背景色的圆角矩形框表示含有人机对话要求的处理。含 D1~D5 标记的矩形框表示数据源，其他矩形框表示外部实体。

从图 4-3 中我们可以看出，除了步骤 1 是初始化操作，属于非循环处理之外，武广线自动售票机模拟器是循环执行的，每一个循环涉及 9 个处理步骤（步骤 2 ~ 10）。其中步骤 2、3、4、6、8 和 9 含人机对话。步骤 5、7 和 10 由程序自行处理。在用户一方涉及的主要数据处理是查询线路停靠车站，指定起始车站和目的车站，查询票价和动车组（列车）的车次，决定购买哪一趟车次的车票，指定购买车票的数量，模拟付款。

TTVM 可以 24 小时不间断地运行，运行模式具有一定的逼真度，让用户在操作时感觉到同实际的自动售票机运作基本相同。

本 TTVM 实验项目的数据和数据流特点是：所需要处理的数据量不大，但是人机交互频繁。

在售票机模拟器方面涉及的主要数据处理是输出动车组运行线路上所有停靠车站信息，输出起始车站到目的车站的车次信息，接收购票者发出的车票车次信息和数量信息，计算购买车票的总金额，接收购票者的模拟钱币输入信息，如果购票者停止输入钱币则执行退款异常处理，计算模拟钱币输入与购买车票总价格之间的差额，当付款总金额达到车票总金额之后按照某种算法计算找零，模拟输出车票，模拟输出找零钱币，接收购票者的取票信息和购票者的取回找零钱币信息，给出本次服务结束的画面。

4.3 任务划分和定义

根据图 4-3 所示数据流图，模拟器顺序循环执行的 6 个处理（步骤 2、3、4、6、8、9）基本上离不开人机交互，于是 ARM 9 实验平台上的人机交互外部设备都要用上。用到的输入设备有：小键盘、触摸屏、中断按钮，用到的输出设备有：LCD、LED 七段数码管、蜂鸣器。

按照实时系统任务划分原则（H.Gomma 原则），与 I/O 设备依赖性强的变换处理应该独立划分为单独任务，于是小键盘、触摸屏、LCD 和 LED 数码管的操作处理列为单独的任务。

其次，按照功能内聚划分任务的原则，输入处理、输出处理和计算处理也应该分别单独划分为任务。

TTVM 里使用了 1 个闪存数据文件和 1 个 jpg 格式的点阵图片，它们都存放在闪存里。对闪存文件的读写分别由使用它们的输入任务和输出任务执行，因而没有将闪存文件的操作单独列为一个任务。

由上所述，在本实验程序中一共设计了 7 个任务。这 7 个任务的任务函数原型声明在代码清单 4-1 中给出。

代码清单 4-1　任务函数原型声明语句

```
static void tasklcd(void);                  /* LCD 任务的任务函数 */
static void taskled(void);                  /* LED 数码管任务的任务函数 */
static void taskkeyboard(void);             /* 键盘任务的任务函数 */
static void tasktouch(void);                /* 触摸屏任务的任务函数 */
static void taskinput(void);                /* 输入任务的任务函数 */
static void taskoutput(void);               /* 输出任务的任务函数 */
static void taskcalcu(void);                /* 计算任务的任务函数 */
```

代码清单 4-1 中的 static 保留字规定了声明的函数作用域限制在本 C 语言文件里，即只能在这个 C 语言代码文件里调用这些函数。此外读者还应该注意到在上面的代码清单里这 7 个任务函数的原型声明有一个共同之处：返回值全部为空，输入参数全部为空。

此外，创建实验程序的这 7 个任务时分别指定了不同的任务优先级。参见表 4-4。

表 4-4　模拟器的七个任务的优先级指派表

任务性质描述	任务 ID 变量名	任务名称	任务函数名称	优先级	说明
液晶屏任务	tidLcd	taskLCD	tasklcd	220	
触摸屏任务	tidTouch	taskTouch	tasktouch	222	
键盘任务	tidKeyboard	taskKeyboard	taskkeyboard	226	次低优先级
计算任务	tidCalcu	taskCalcu	taskcalcu	224	
输入任务	tidInput	taskIn	taskinput	210	最高优先级
输出任务	tidOutput	taskOut	taskoutput	212	次高优先级
LED 数码管任务	tidLed	taskLed	taskled	228	最低优先级

　　由此可见，本 VxWorks 课程设计实践的主要特点是：不使用任务函数的参数来实现任务之间的参数传递。为此，可使用进程间通信（IPC）方式的信号量和消息队列来控制任务的执行顺序以及任务之间的参数传递，进而实现模拟器的功能设计目标。

4.4　人机交互设计

　　以下给出自动售票机模拟器的人机交互界面设计方案。图 4-4 给出了人机接口处理流程图。从该图中可见，一旦用户（管理员身份）确定了起始车站，此后模拟器就进入自动售票的永真循环流程 while(1)。

　　在一次自动售票过程中，用户需要按照先后顺序输入 3 个信息：目的车站，从起始车站到目的车站的车次号和购买车票数量。然后，按照自动售票机模拟器计算出的总车票剩余应付款进行模拟付款。

　　在流程图 4-4 中，矩形方框表示 LCD 的输出画面，其中带灰色背景的矩形操作方框是提示接下来需要人工输入操作的 LCD 画面显示，如果方框中的文字尾部带有一个半角星号"*"，则表示接下来的人工输入操作是一个有时限的操作。一旦超过时限，模拟器就认为用户放弃了购票操作。如果方框中的文字尾部带有一个半角"#"号，则表示接下来的人工输入操作是一个有固定延时的操作，超时之后自动转到下一个执行步骤。

　　在流程图 4-4 中，箭头线右边的带下划线粗体文字是人工输入操作描述，while(1) 是表示自动售票循环流程的起始位置。

　　读者可以看到在输入车次号、购买车票数量，以及每一次模拟钱币输入过程中都有操作等待时间限制。这个流程符合实际的自动售票机人机交互处理逻辑。在 VxWorks 应用程序中，一般采用看门狗定时器的中断 ISR 来实现基于硬件的操作时间限制处理。

　　在流程图 4-4 中的右下角部分，给出了超时处理流程。如果用户输入操作超过了时限，模拟器会重新启动所有任务，回到自动售票主循环流程的起始界面。

　　特别指出，如果用户是在已经模拟输入了部分车票款情况下超时的，则自动售票机会认为用户放弃了本次购票操作，于是先执行退款操作，再重新启动所有任务，回到自动售票主循环流程的起始界面。

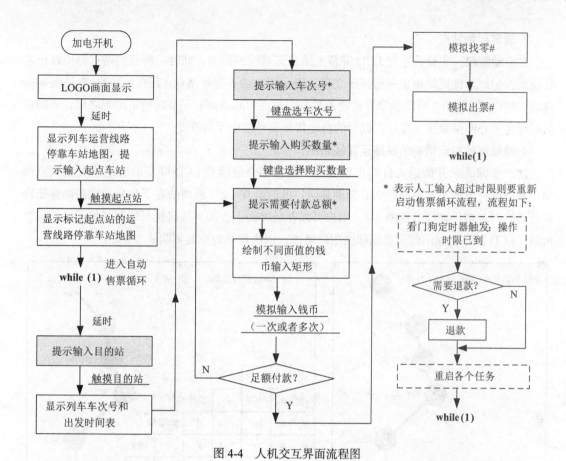

图 4-4　人机交互界面流程图

1. 模拟器运行初始画面

由主函数（人口函数）调用初始画面绘制函数完成初始画面显示。参见图 4-5。它从闪存中读取初始画面的 jpg 格式图片文件，显示在 LCD 上。该图的左下方有一个按键或者触动屏幕的提示语句，用户按动小键盘或者触摸 LCD 的任意区域就进入下一个 LCD 画面（站点显示画面）。

2. 运营站点画面

由液晶屏任务（LCD 任务）

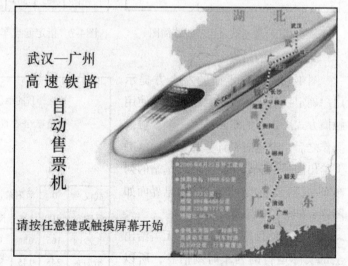

图 4-5　武汉—广州高速动车组自动售票机模拟器的初始运行画面

绘制本课程设计实验的武汉—广州高速铁路运营线路画面。参见图 4-6。在本实验工程的实验代码和测试用例中一共选用了 6 个武广线高铁车站，全部用汉字标记。它们是武汉、岳阳东、长沙南、衡阳东、韶关和广州南。这表明本课程设计的自动售票机模拟器可以完成全运营区段的自动售票。

3. 确定起始站点

在启动阶段，实验程序在 LCD 屏幕上给出运营线路简图。此时，所有的站点都用红色实心圆圈标记。与此同时给出一行提示文字，提示用户输入起始站点（起点车站）。参见图 4-6。这时，用户（管理员）可用触摸方式输入某一个站点为起点站。一旦起始站选定之后，该站点就以绿色实心圆圈表示，并且在以后的自动售票循环之中不再改变。

4. 绘制起始站点明确的铁路运营线路图

这一步骤表示开始进入自动售票循环。模拟器会继续在 LCD 屏幕示出运营线路站点画面，其中保持起始车站用绿色实心圆圈显示。此时会在 LCD 画面的左下角显示武广高速铁路运营线的列车票价表。参见图 4-7。用户可以在此界面上查阅到从起始车站到其他车站的车票价格。LCD 屏幕上显示的信息能够供用户考虑，以决定是否在此刻购买车票。

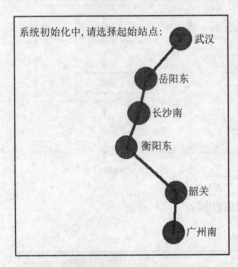

图4-6　武广高速铁路运营线路简图

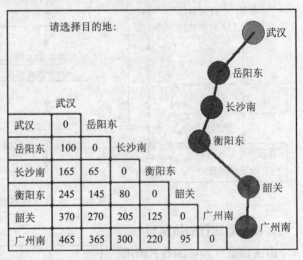

图4-7　指定起点车站的武广高速铁路运营线画面

5. 确定目的站点

图 4-7 的 LCD 界面的左上方提示用户确定目的车站。这时用户可以使用触摸方式决定目的车站是哪一个。触摸操作之后，经过短暂计算和延时，LCD 上给出满足从起始车站到目的车站的列车车次信息，这个列车车次信息界面如图 4-8 和图 4-9 所示。

因为本项目是实验项目，无需给出全部实际运行的列车时刻信息，所以图 4-9 中示出的车次信息是节选的。

6. 查询列车时刻信息并选定购买的车票车次

在这个 LCD 屏幕给出的车次信

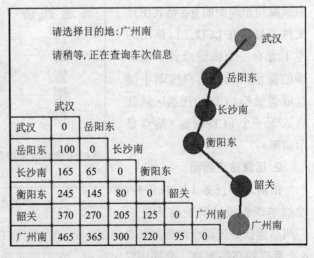

图 4-8　武汉—广州高速铁路线目的车站选定画面

息人机对话画面中，用户可以在阅读图 4-9 中示出的列车时刻信息之后，用小键盘选择要购买车次的序号，以代表该用户需要购买的车票是哪一趟列车。此时实验程序不响应触摸屏的输入。

7. 决定购买的车票数量

接下来，ARM 9 实验板给出要求用户输入购买车票数量的画面，如图 4-10 所示。在第一行提示购票者输入要购买的车票数量字符串，在底行给出了起始站和目的站提示信息。此时用户可以用键盘输入欲购买的该趟列车的车票数。

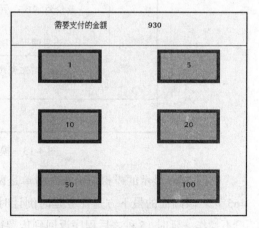

从武汉到广州南，请从键盘按序号选择车次：

序号	车次	发车时间	到达时间
1	G1021	07:00	10:58
2	G1033	08:40	12:49
3	G1001	09:00	12:33
4	G1045	10:25	14:32
5	G1061	12:40	16:48

图4-9   显示当天从起点车站到目的车站的
所有列车时刻信息

图 4-10   要求输入购买车票数量的 LCD
人机对话界面

8. 提示模拟付款

实验程序的计算任务根据从消息队列（msgQTouId）收到的车票价格和购买车票数量，计算出客户应该支付的票款总额，在模拟器的 LCD 上给出如图 4-11 所示的画面。第一行显示的是客户应该支付的人民币总额。随后显示出 6 张不同面值的人民币图案。此时，客户既可以通过小键盘也可以通过触摸屏分几次模拟输入选定面值的人民币。如果模拟输入的人民币累计总值未达到应该付款的总额，则这个画面将持续显示直到模拟输入的累计值达到或者大于应该付款的总额。在这个过程中，剩下应付的钱币总额在不断地刷新显示。

图 4-11   模拟付款的人机对话界面

9. 模拟找零

一旦模拟付款达到应该支付的车票总额之后，由 LCD 任务绘制一个找零界面，模拟用户输入的钱币大于应付票价总额时的支付找零钱币操作。参见图 4-12。注意：在该图中显示的找零钱币清单是 20 元纸币一张，50 元纸币一张，共计 70 元。画面横杠下方中央的数字是剩余的延时倒计秒数。有两种方式结束本画面显示：一种是用户不操作，延时 15 秒之后，程序自行跳转到下一界面，另一种是用户触摸"下一步"按钮。

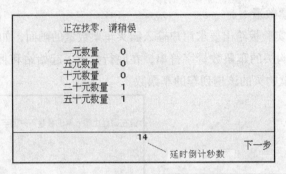

图 4-12　模拟找零处理的画面

10. 模拟出票

模拟找零处理完毕，LCD 任务执行模拟输出车票的操作。这也是 LCD 用可视化方式完成的。模拟出票画面参见图 4-13。

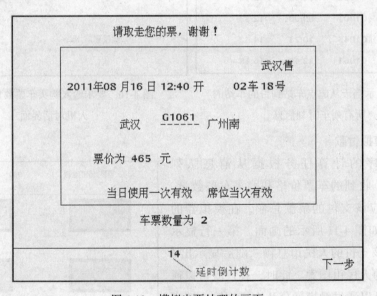

图 4-13　模拟出票处理的画面

在图 4-13 显示的模拟输出车票清单是两张从武汉到广州南站的高速动车组车票，单价为465 元。该画面的最下方是任务延时倒计时。有两种方式结束本次车票自动销售：一种是用户不操作，延时 15 秒之后程序返回到售票循环起始界面，即人机交互的第 4 个步骤界面。另一种是客户触摸"下一步"按钮，也同样返回到人机交互的第 4 个步骤。

自动售票机模拟器的人机交互操作使用了 640×480 分辨率的液晶屏、触摸屏、LED 数码管和小键盘这 4 个外设。除了第一个 LCD 画面是主函数调用 drawWelcome 函数完成之外，其余的 LCD 画面显示均受到 LCD 任务的控制。输入操作有三种类型：①只能够用触摸屏输入；②只能够用小键盘输入；③任意选择触摸屏或者小键盘输入。

4.4.1 主函数 progStart 设计

VxWorks 应用程序的主函数也就是入口函数，或者叫初始化模块。在单机版自动售票机模拟器中，入口函数的原型是：void progStart(void)。该函数被 VxWorks 可启动工程的 usrAppInit 函数调用。主函数伪码清单（或者框架代码）参见下面的代码清单 4-2。

代码清单 4-2 主函数 progStart 的伪码清单

```
void progStart(viod)     /* 用户启动入口函数 参看 4.4.2 节的 usrAppInit 函数，参看入口说明 1*/
{
  Initialugl( );         /* 初始化 WindML 图形库 */
  initdata( );           /* 初始化数据，包括票价、车次等信息 */
  创建 8 个二进制信号量    /* 创建二进制信号量语句，举出其中 1 个语句例子，如下 */
  semLcdId = semBCreate(SEM_Q_FIFO, SEM_EMPTY);      /* 参看入口说明 2*/
  ...
  创建 5 个消息队列   /* 创建消息队列语句，举其中一个例子，如下列出 */
  msgQTouId = msgQCreate(MIN_MSG, sizeof(int), MSG_Q_FIFO);      /* 参看入口说明 3*/
  ...
  appqueue = uglMsgQCreate(20);   /* 创建 ugl 消息队列 */
  if(appqueue==UGL_NULL)
    printf("create queue error!\n");
  ...
  drawWelcome(rStart, a);        /* 绘制初始欢迎画面 */
  wdId = wdCreate();             /* 创建唯一的看门狗定时器，参看入口说明 4*/
  sigInit();                     /* 该函数属于 sigLib，初始化软件信号 */
  initialugl();                  /* 调用程序员编写的 UGL 初始化函数 */
  init_ticketnumber();           /* 调用初始化车票数据库函数 */
  创建 7 个任务  /* 创建任务队列语句语句组，参看 4.3 节的表 4-4，举出其中一个语句例子，如下 */
  tidLcd = taskSpawn("taskLCD", PRI, VX_SUPERVISOR_MODE, \
    STACK_SIZE,(FUNCPTR) tasklcd, 0,0,0,0,0,0,0,0,0,0); /* 关于创建任务语句，参看入口说明 5*/
  ...
  while (1){    /* 永真循环 */
    semTake (semRestartId, WAIT_FOREVER);    /* 如得不到 semRestartId，则主循环体被阻塞 */
    taskRestart(tidLcd);            /* 参看入口说明 6，重新启动液晶屏任务 */
    taskRestart(tidCalcu);          /* 重新启动计算任务 */
    taskRestart(tidTouch);          /* 重新启动触摸屏任务 */
    taskRestart(tidKeyboard);       /* 重新启动 4 × 4 键盘任务 */
    taskRestart(tidLed);            /* 重新启动 LED 数码管任务 */
    taskRestart(tidInput);          /* 重新启动输入任务 */
    taskRestart(tidOutput);         /* 重新启动输出任务 */
  }/*end while(1)*/
}/*end void progStart(viod)*/
```

程序清单的单项入口说明列在代码清单 4-2 的后面，编号为入口说明 1 到入口说明 6。编号是连续的。

入口说明 1，参看 4.3 节。在本模拟器实验项目中定义了 8 个任务，包括 progStart 函数、LCD 任务、触摸屏任务、输入任务、输出任务、计算任务、键盘任务和 LED 数码管任务。需要指出的是，progStart 函数自身也算一个任务，只是没有显式地用创建语句创建，以及显式地给出任务的 ID。为了控制任务之间的协同执行以及正确的处理流程，使用了一个看门狗定时器、一个信号（软件中断）、若干个二进制信号量、若干个消息队列，但是没有使用管道。

入口说明 2，该 semBCreate 语句创建 taskLcd 任务同步执行的二进制信号量。其中的两个输入参数分别是：SEM_Q_FIFO，阻塞在这个信号量上的任务按照先进先出（FIFO）排队；SEM_EMPTY，该信号量初创时的初值为空（0）。就本语句创建的 semLcdId 信号量而言，如果有多个任务阻塞在 semLcdId 信号量上，则它们按照先进先出（FIFO）方式排队，与各个任务的优先级无关。

该组 semBCreate 语句创建了 8 个二进制信号量，它们能够协调 7 个任务同步执行。此外，还创建了一个名为 semRestartId 的全局信号量。当某一个任务由于用户操作无效不能够让模拟器继续运行时，该信号量被释放，成为满（Full）状态。随即导致主函数 progStart 中最后的 while(1) 内的 semTake 函数解除阻塞状态，紧接着执行下面 7 个 taskRestart 函数，重新启动原来的 7 个任务。之后整个模拟器进入自动售票循环处理的起始界面，重新开始一轮新的自动售票处理循环。

入口说明 3，该组消息队列创建语句 msgQCreate 共创建了 5 个消息队列，它们是：msgQTouId（触摸屏任务向计算任务传递票价和购票数目）、msgQCalId（计算任务向 LCD、输入、输出三个任务发送用户当前还应该模拟输入的钱币余额款）、msgQInpId（输入任务向计算任务发送用户的最新一次付款额信息）、msgQOutId（计算任务向输出任务传送找零款信息）和 msgQLedId（触摸屏任务向 LED 任务传送票价和购票数量）。

入口说明 4，对于所有需要用户输入的操作，模拟器规定必须在 15 秒钟内完成。如果超时，则 7 个任务全部重新启动。例如等待购票者输入车票数量，在 15 秒时间期限之内，如果用户没有用小键盘或者触摸屏输入车票数量，则看门狗定时器计时满，引发所有任务重新启动，也就是回到循环操作的第 1 个操作步骤（参见图 4-3 中的圆角方框步骤 2）。

入口说明 5，本模拟器中每一个任务的优先级分配是不同的，参见表 4-4。

入口说明 6，一旦 While(1) 循环下面的第一行 semTake 语句获得了 semRestartId 信号量，就顺次执行下面 7 个 taskRestart 函数，重新启动 7 个任务。

4.4.2 usrAppInit 函数

VxWorks 提供了一个用户接口模板函数 usrAppInit( )，位于 usrAppInit.c 代码文件。在编译的过程中这个函数将被编译进内核映像，此后在系统的启动阶段将会自动执行这个函数。

因此，程序员只要将用户启动函数填写到注释行的下方，就能让内核映像程序自动执行自动售票机模拟器的主函数。参见下面的代码清单 4-3。

代码清单 4-3 usrAppInit 函数清单

```
void usrAppInit (void)
{
  #ifdef   USER_APPL_INIT
    USER_APPL_INIT;                /* 用于向后兼容 */
  #endif
  /* 把指定的应用程序函数写在本注释语句的下方 */
  initialugl( );                   /* 程序员自编的 UGL 图形库初始化函数 */
  usrTffsConfig(0,0,"/tffs0");     /* 配置闪存文件系统，创建文件夹 /tffs0/ */
  progStart( );                    /* 调用售票机模拟器的用户入口函数 */
}/*void usrAppInit(viod)*/
```

4.4.3 模拟钱币输入时间限制处理

看门狗定时器是嵌入式系统常用的一种定时器，VxWorks 操作系统的 BSP 包含了对看门狗定时器的驱动，并且在上层的 API 函数库里提供了一组看门狗定时器的例程，供应用程序工程师使用。

本实验程序在入口函数 progStart 函数里使用 wdCreate ( ) 语句创建了一个看门狗定时器，参见代码清单 4-2。可以使用 wdStart( ) 函数来启动该看门狗定时器。wdStart 是 VxWorks 的 API，其函数原型如下：

```
STATUS wdStart
(
    WDOG_ID wdId, /* 看门狗 ID*/
    int     delay, /* 延时定时的长短，以节拍表示 */
    FUNCPTR pRoutine, /* 延时时限超过之后调用的例程 */
    int     parameter /* 调用例程的参数 */
)
```

在主函数 progStart 中，紧跟在创建 7 个任务的语句之后有一个永真循环体。这个永真循环体内的语句完成对用户模拟钱币输入过程的操作时限控制。设定每一次钱币输入的时间限制是 15 秒，超过这个时间，模拟器就重新启动所有任务，这相当于回到一次售票循环处理的起始步骤处执行。

模拟钱币输入的时间限制处理要用到看门狗定时器和信号处理函数。可参见 4.6.4 节的输入任务 taskInput 的处理流程图。

输入钱币超时引发重新启动的伪码清单在下面的代码清单 4-4 中给出。

代码清单 4-4　输入钱币超时引发重新启动的伪码

```
/* 主代码文件 TTVM.c*/
...
wdId=wdCreate( )   /* 创建一个看门狗定时器，返回看门狗的 ID 号 */
...
tidInput( )         /* 输入任务 taskIn 的任务函数 */
{
    ...
    if (pay>0)   /* 只要 pay 大于 0 就表示付款没有结束，需要通过键盘或者触摸屏模拟钱币输入 */
    {   /* 为一次钱币模拟输入激活一次看门狗，限时 15 秒。如果模拟超时则执行 restartinput 函数 */
      wdStart (wdId, sysClkRateGet( ) * SECONDS, (FUNCPTR) restartinput,0) ;   /* 看门狗
      关联函数 */
        ...
      接收键盘或者触摸屏的一次钱币输入语句序列    /* 完成一次钱币输入的 C 语句可能有多条 */
      wdCancel(wdId);   /* 处理一次钱币输入结束，删除看门狗 */
    }/*end if (pay>0)*/
}/*end tidInput( )*/
...
restartinput( )    /* 当看门狗定时器出现超时场合，执行此函数 */
{ /* 让主函数的永真循环中阻塞在 semRestartId 信号量的语句执行 */
  printf("Time out, restart\n");
  semGive (semRestartId); /* 释放信号量，导致 progStart 函数 while(1) 循环中重新启动任务的
                          代码得到执行 */
}/*end restartinput( )*/
```

4.5 进一步理解 TTVM 程序

为了方便读者理解自动售票机模拟器的 VxWorks 程序处理流程，本节给出进一步的引导。

4.5.1 完整源代码清单阅读指南

参看华章网站（www.hzbook.com）上的免费下载文件：武汉—广州动车组自动售票机模拟器教学参考级别源代码 .rar。

4.5.2 任务处理流程的着色说明

完整的 LCD 任务的处理流程参见 4.6.1 节[⊖]。在该 LCD 任务流程图中，执行方框背景色的颜色含义是：浅红色，等待信号量的 C 语句执行方框背景色。浅绿色，释放信号量的 C 语句执行方框背景色。浅黄色，发送一条消息到消息队列的 C 语句执行方框背景色。浅蓝色，接收消息队列上一个消息的 C 语句执行方框背景色。

在本章此后给出的其他任务函数处理流程图里，都将按照这样的背景色绘制任务之间的 IPC 语句方框。

下面简单地分析在 TTVM 中使用的一些进程间通信（任务间通信）技术。

4.5.3 二进制信号量使用分析

首先给出模拟器代码的各个任务之间的信号量等待获取和释放关系简单图解，参见图 4-14。在图 4-14 中，我们使用粗实线方框表示 VxWorks 的任务，虚线方框表示 VxWorks 任务调用的函数。实箭线标记二进制信号量的获得和释放。实箭线旁边的标识符是信号量名称。例如：semLcdId、semCalcuId 等。被实线箭头指向的任务表示它是等待获得该信号量的任务。由实心圆点标注的实箭线尾部所在的任务是释放该信号量的任务。

观察图 4-14 还可以看出使用二进制信号量对 VxWorks 任务进行流程控制的特点。

1）在每一个购票循环过程的开始部分，LCD 任务和触摸屏任务与其他任务不联络，相互之间各自释放三次同步信号量。参见图 4-14 中部的 A 标记和 B 标记处的信号量释放。

LCD 任务先释放 semTouchId（用 A 标记），然后触摸屏任务释放 semLcdId（用 B 标记），两个任务协同操作 3 次完成购票初始化操作。

2）在客户为购票付款的过程中，LCD 任务和计算任务是释放信号量最多的任务。它们各释放三次信号量。

3）输入任务只与计算任务进行信号量释放和获得的操作。

4）在每一个购票循环过程中，触摸屏任务率先释放一个信号量 semCalcuId 给计算任务（图中的 1，表示第 1 步），然后键盘任务再释放相同信号量 semCalcuId 给计算任务（图中的 2，表示第 2 步）。前者让计算任务从消息队列取得一个列车的单程票价，后者让计算任务再从消息队列取得购买的车票数量，这样计算任务就能够计算出客户应该支付的总票价。

5）LED 数码管任务接收两个任务调用的函数释放的信号量。

⊖ 由于黑白打印无法体现着色，本章相关任务流程图将收录在华章网站（www.hzbook.com）中以便读者阅读。

6）LCD 任务向输出任务释放信号量，但是无需等待获得输出任务释放的信号量。

7）计算任务同输入任务、输出任务之间是双向信号量接收和发送，但是它与触摸屏任务之间只接收不发送。

8）从图 4-14 中可以看到，输入任务在执行每一次模拟输入钱币时，将启动看门狗定时器函数 wdStart，之后一旦看门狗定时器计时到达预定时限，就调用 restartinput 函数。该函数会释放 semRestartId 信号量。等待 semRestartId 信号量的任务是入口函数 progStart。

入口函数 progStart 是 VxWorks 启动时直接调用执行的任务，它主要完成初始化操作。在初始化操作执行的最后阶段是 while(1) 永真循环。进入 while(1) 永真循环后，等待二进制信号量 semRestartId。如果获得该信号量，则 7 个任务全部被重新启动。

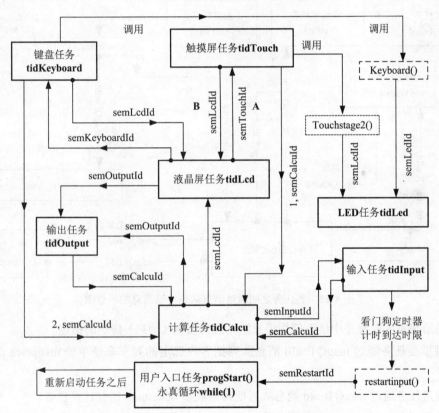

图 4-14　各个任务之间的二进制信号量释放和获得关系图解

9）输出任务和计算任务之间的信号量交互比较频繁，读者在阅读源代码时应当整理清楚 semCalcuId 和 semOutputId 两个信号量释放和获得之间的配对关系。

4.5.4　消息队列使用分析

模拟器共使用了五个消息队列，用于在任务之间传递数据。以下列出它们的名称和大致用途：

1）msgQTouId，触摸屏消息队列。

2）msgQCalId，数据计算消息队列。

3）msgQInpId，数据输入消息队列。

4）msgQOutId，数据输出消息队列。

5）msgQLedId，LED 数码管消息队列。

在本模拟器的 C 代码中，往往成对使用信号量语句和消息队列语句。msgQReceive 语句常常在 semTake 语句后面出现。msgQSend 语句常常在 semGive 语句前面出现。

模拟器程序中各任务之间消息队列的收发关系在图 4-15 中给出。在图 4-15 中的消息传递标记方法是：圆圈里面的数字代表对消息的操作序号，与下面的消息传递描述顺序相一致。圆圈旁边的箭头代表消息的传递方向。箭头指向的任务表示是接收消息的任务。

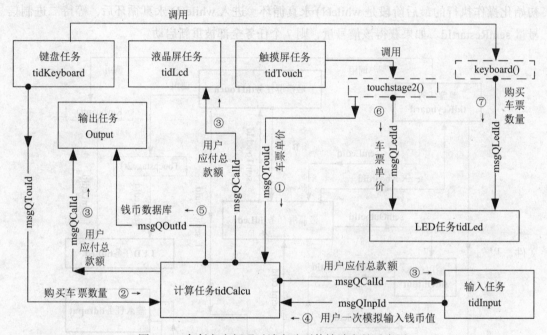

图 4-15　各任务之间通过消息队列传输消息的示意图

下面给出本实验程序中所有使用消息队列进行数据（消息）传送的描述。

①触摸屏任务通过 msgQTouId 消息队列把客户选定的列车车票单价 msgprice 送往计算任务。

②键盘任务通过 msgQTouId 消息队列把购票数量 ticketnum 送往计算任务。

③计算任务通过 msgQCalId 消息队列把客户应付的总车票款项发送给液晶屏任务、输入任务和输出任务。

④输入任务将采集到的一次键盘或者触摸屏模拟输入的钱币值 money 发送到 msgQInpId 消息队列，供计算任务使用。

⑤计算任务把输入用的或者输出用的钱币数据库发送到 msgQOutId 输出消息队列，供输出任务使用。

⑥触摸屏任务把车票单价数据发送到消息队列 msgQLedId，让 LED 数码管任务输出。

⑦键盘任务把购买车票数量值 ticketnum 发送到 msgQLedId 消息队列，让 LED 数码管任务输出。

正确使用消息队列进行数据传输有两个关键点：配对正确；收发前后次序正确。即做到一个消息的发送任务和接受任务不但在使用上是匹配的，而且在发送和接收的时间上要准确衔接。在本实验程序中，触摸屏任务和键盘任务都通过 msgQTouId 消息队列向计算任务发送消息。前者是车票的单价，而后者是车票的购买数量。对于接收的计算任务而言，接收这两个任务发过来的消息的前后次序十分重要。所以计算任务还需要用信号量来控制先接收哪一个任务发送的消息，再接收另外一个任务发送的消息。

4.5.5 其他 IPC 语句使用

1）整个源代码里没有使用管道语句。

2）在输出任务函数中采用了 sigaction（VxWorks 的信号）语句来处理三种异常出现引发的异常处理。这三种异常是：①找零时指定面值的钱币为空；②收款时指定面值的钱币箱已满，无法再接收新的该面值钱币输入；③客户需要购买的车票在车票库中为空，无法出售。

VxWorks 支持软件信号（简称信号，signals）功能。信号可以异步改变任务控制流。任何任务和 ISR 都可以向指定的任务发送信号。有兴趣的读者请参看计算任务和输出任务的处理流程解释，参看 1.5.6 节和代码清单 4-9 中的说明 36。

4.6 任务执行流程分析

下面对自动售票机模拟器中 7 个 VxWorks 任务进行逐个处理流程分析。读者可以在阅读时，参考在华章网站（www.hzbook.com）上免费下载的自动售票机模拟器全部源代码的 .doc 文件，以便加深理解，提高阅读速度。

4.6.1 LCD 任务的处理流程

在本课程设计实验程序的 7 个任务中间，taskLCD 任务是重要任务之一。代码清单 4-5 给出了 taskLCD 任务函数的伪码，并对疑难语句给出了适度注释。

对于被注释的伪码语句部分，如果注释内容不够用或者不到位，还标记了附加说明的序号，如标记"参看说明 n"。说明 n 的具体注释内容放在第 4 章中的适合位置，建议读者在上下文中自行查找。

1.LCD 任务函数的代码清单

代码清单 4-5　LCD 液晶屏任务的源代码清单

```
/***************  taskLCD 任务函数的伪码  ****************/
static void tasklcd(void)
{
  声明若干个局部变量和数组，并且赋值。
  ledoff();          /* 全部 LED 数码管清除显示内容 */
  if(init == 1)    /*init 是全局变量, init==1 表示初始化的铁路运营线路画面还没有绘制 */
  {
   drawmap(0);/* 绘制武汉 - 广州铁路线路和车票价格表, 提示输入起始车站。参看位于本节的说明 1*/
   semGive (semTouchId);/* 释放信号量 semTouchId, 让触摸屏任务 taskTouch 执行, 参看位于本节的说明 2*/
   semTake (semLcdId, WAIT_FOREVER);/* 等待触摸屏任务释放信号量 semLcdId, 参看位于本节的说明 3*/
   init = 0;   /* 参看位于本节的说明 4 */
  }/*end if(init == 1)*/
  while(1)        /* 参看位于本节的说明 5 */
  {
```

```
        drawmap(1);/*详见位于本节的说明 6,绘制武汉—广州铁路运营线路和车票价格表,提示输入终点
车站 */
        semGive (semTouchId);    /*让用户通过触摸屏选择目的车站,参看位于本节的说明 7*/
        semTake (semLcdId, WAIT_FOREVER);    /*参看位于本节的说明 8*/
        drawdesti( ); /*更新提示信息为 "请稍等,正在查询车次信息 ",将目的车站绘制成绿色 */
        延时 2 秒
        drawtraininfo(info);/*调用此函数按序号列出合适用户乘用的车次时刻表,参看位于本节的说明 9*/
        semGive(semTouchId);/*释放信号量,解除阻塞在 semTouchId 上的触摸屏任务,参看位于本节的说
明 10*/
        semTake(semLcdId, WAIT_FOREVER);    /*参看位于本节的说明 11*/
        drawstage2( );   /*在 LCD 上绘制要求用户输入购买该车次车票的总数,参看位于本节的说明 12*/
        semGive (semKeyboardId);    /*让键盘任务脱离阻塞,以便用户通过键盘输入购票数量,这个操作
                            引起第 4 次液晶屏任务的信号量握手通信,参看位于本节的说明 13*/
        semTake (semLcdId, WAIT_FOREVER);/*等待键盘任务释放信号量 semLcdId,这个操作终结第 4 次
                            液晶屏任务的信号量握手通信,参看位于本节的说明 14*/
        drawonce = 0;   /*参看位于本节的说明 15*/

        do
        {
            semTake (semLcdId, WAIT_FOREVER);/*等待计算任务释放信号量 semLcdId,参看位于本节的
说明 16*/
            msgQReceive (msgQCalId, (char *) &pay, sizeof(int), WAIT_FOREVER);   /*参看位
于本节的说明 17*/
            /*接收计算任务发送的 pay 变量值,pay= 总票价减去已输入的总付款额 */
            drawpay(pay);/*绘制 100/50/20/10/5/1 元面值钱币触摸区,给出还需要输入的钱币总额信息 */
        }while(pay>0);/* do 循环条件判断:加上本次输入的钱币,累计输入总钱币值仍小于总票款价格 */

        if(pay<0)   /* 旅客支付了超额钱币,自动付款机将要找零钱 */
        {
            drawchangemoney();            /* 程序绘制 LCD 找零界面 */
            semGive (semOutputId);        /* 释放信号量 semOutputId 给输出任务 taskOut*/
            用户应在时限为 15 秒的期间内取走零钱,LCD 下方显示剩余时间
            在剩余时间内按 enter 键或从触摸屏上按 "下一步 "按钮进入下一个人机交互界面
        }/*end if(pay<0)*/
        /* 无论是否找零,都执行下面语句序列 */
        drawgetticket();    /* 给出提示信息, "请取走您的票,谢谢! "*/
        semGive (semOutputId); /* 释放信号量 semOutputId 给输出任务,使其绘制具体的票面信息 */
        用户应在时限为 15 秒的期间内取走车票,LCD 下方显示剩余时间
        在剩余时间内按 Enter 键或从触摸屏上按 "下一步 "按钮进入下一个人机交互界面
    }   /* end while(1) */
}   /*  end static void tasklcd(void) */
```

2.LCD 任务伪码语句的追加注释

以下是在 LCD 任务语句注释的基础上,对被注释伪码做出附加的注释。

说明 1,drawmap 函数的功能是在 LCD 上绘制武汉 - 广州高速铁路运营线路图和沿线的车站站点,并给出起始站点和终止站点的输入提示文句。drawmap 函数的处理流程参见图 4-16。drawmap 函数带一个整型参数,该参数等于 0 表示要求客户选择起始站点,该参数等于 1 则表示要求客户选择终止站点。

说明 2,让阻塞在这个信号量上的触摸屏任务 taskTouch 进入就绪态,投入运行。接收用户从触摸屏输入的起始车站站点。

说明 3,信号量 semLcdId 是在触摸屏任务调用 touchstage0 函数(供管理员在高速铁路运

营画面上使用触摸方式选择始发站）之后释放的。获得之后阻塞在这个信号量上的液晶屏任务 taskLCD 得到 CPU 使用权继续运行。这表明液晶屏（LCD）任务和触摸屏任务两者之间在第 1 次握手通信控制下协同完成了自动售票机始发站的指定选择。

说明 4，将全局变量 init 赋值为 0，表示初始化界面绘制操作已经完成。自动售票机模拟器运行之后，选择起始车站的操作仅仅执行一次。init 的初值在 TiVending.h 中赋值为 1（int init=1;）。在 LCD 任务完成起始站点指定之后，该 init 值被赋予 0。表示起始站点已经确定，不会改变。以后，重新启动 7 个工作任务均不会再次要求指定起始站点。

说明 5，while(1) 是 TTVM 的每一次实际售票主控循环语句，初始化完成后，TTVM 周而复始地执行 while(1) 永真型循环体。

说明 6，调用 drawmap 函数，参数为 1，在 LCD 画面右侧绘制线路车站地图，在 LCD 画面的左下角绘制满足条件的车票价格信息。提示输入终点车站，以便用户能够根据停靠站点和票价使用触摸屏，选择合适的目的车站。

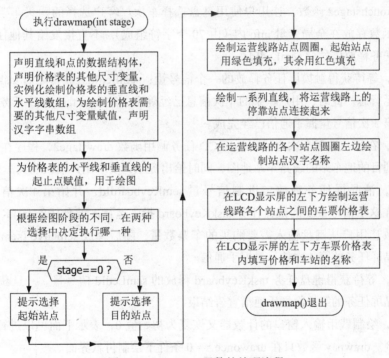

图 4-16　drawmap 函数的处理流程

说明 7，释放一个信号量：semTouchId，这是液晶屏任务与触摸屏任务之间开始的第 2 次握手通信。让阻塞在这个信号量上的触摸屏任务 taskTouch 进入就绪态，投入运行。之后，触摸屏任务调用 touchstage1 函数，让用户触摸输入目的车站。目的车站存放在表示车站序号标识的全局变量 dest_station。此外，在 touchstage1 函数内，使用一系列 Switch/Case 语句把满足起始站和目的站条件的车次时刻信息存放在全局 train_info 结构体变量 info 内。目前这个 info 变量固定存放 5 趟列车的信息。

实际上 touchstage1 函数获得了客户输入的目的车站和车票的单价，它们都存放在全局的 info 结构体变量的字段内。此外，在 touchstage1 函数尾部，它还把车票单价信息 msgprice 发送给计算任务和 LED 任务，以便计算出客户需要支付的总款额，并且在 7 段数码管阵列上显示单价。

说明 8，等待获得一个信号量：semLcdId。这个信号量是触摸屏获得目的车站的站点信息后释放的。获得之后，阻塞在这个信号量上的 taskLCD 任务继续运行。这表明 taskLCD 任务和 taskTouch 任务之间的第 2 次握手通信已经完成。第 2 次信号量握手通信使得自动售票机模拟器获得了客户需要乘车到哪个目的车站以及车票的单价信息。

说明 9，用户选择好目的站后，起始站和目的站均已明确，于是 taskLCD 任务调用函数 drawtraininfo。drawtraininfo 函数在 LCD 上输出各个车次在本站的到发时刻表和终点到达时刻，方便用户选购。这个时刻表的数据来源于全局变量 info（由 touchstage1 函数筛选出的车次信息结构体变量数组）。

说明 10，这是液晶屏任务与触摸屏任务之间开始的第 3 次信号量握手通信。它让阻塞在这个信号量上的 taskTouch 任务进入就绪态并且向下继续执行。taskTouch 任务得到运行权之后调用 touchstage2 函数，让用户使用键盘选择车次。客户选择的购买车票车次信息被 touchstage2 函数存放在全局变量 info 内（由 70 个字符组成），不直接发给其他任务。完成之后，触摸屏任务释放信号量 semLcdId。

说明 11，等待获得触摸屏任务释放的一个信号量：semLcdId。获得之后 taskLCD 任务由阻塞态变为运行态。此时，用户车票的车次信息已经确定。这表示 taskLCD 任务和 taskTouch 任务之间的第 3 次信号量握手通信已经完成。

说明 12，在用户选择车次之后，taskLCD 任务调用函数 drawstage2，程序在 LCD 上绘制从起始车站到目的地车站的线路车站地图，同时给出提示，要求用户输入购买车票的数量。

说明 13，液晶屏任务释放二进制信号量 semKeyboardId，开始第 4 次信号量握手通信。让阻塞在这个信号量上的键盘任务 taskKeyboard 投入运行。键盘任务 taskKeyboard 调用 keyboard 函数让用户从键盘输入需要购买的车票数量，随后释放 semGive (semLcdId) 语句，意在结束液晶屏任务的第 4 次信号量握手通信。

说明 14，等待获得键盘任务 taskKeyboard 释放的 semLcdId 信号量。一旦获得 semLcdId 信号量，液晶屏任务的第 4 次握手通信宣告结束。

说明 15，绘制钱币输入窗口的计数器又恢复为初始值 0，表示下面可以进行一次钱币输入窗口的绘制。drawpay 函数只在 drawonce == 0 条件下绘制付款界面。

说明 16，等待获得一个信号量：semLcdId。这个信号量是计算任务释放的。

说明 17，从 msgQCalId 消息队列接收由计算任务发送的用户应支付的车票总金额，也就是变量 pay 的数值。最初的 pay 值是用户应该支付的总款项。之后，随着用户一次又一次地输入钱币，pay 的取值逐渐减少。pay= 总票价—已输入的总付款额。

在用户进行一次模拟购票的过程中，只有最初的 pay 变量值保存了应该付款的总额。这个应付款总额没有被其他变量保存。

3.LCD 任务的处理流程图解

图 4-17 给出了 LCD 任务函数的流程图。该图中的 while(1) 表示永真循环语句的起始和终结位置。

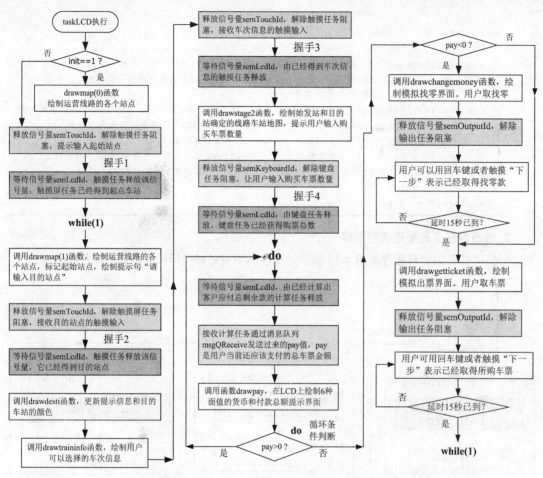

图 4-17　液晶屏（LCD）任务的关键流程图

4.6.2　触摸屏任务的处理流程

在模拟器的 7 个任务中触摸屏任务是稍微次要一点的任务。在代码清单 4-6 中我们给出触摸屏任务函数清单，触摸屏任务函数还需要调用 3 个子函数完成不同阶段的输入操作。触摸屏任务的 if 条件语句内的语句组完成初始化阶段的触摸操作，永真循环语句 while(1) 内的循环体语句组属于售票机模拟器的主循环体触摸处理语句。

1.触摸屏任务函数的源代码清单

代码清单 4-6　触摸屏任务的源代码清单

```
/********* taskTouch 任务函数代码清单 *********/
static void tasktouch(void)
{
  if( init == 1 )
  {
    semTake(semTouchId, WAIT_FOREVER);/* 第 1 次等待 LCD 任务的信号量,参看 4.6.1 节的说明 2*/
    touchstage0( );/* 调用 touchstage0 函数,让用户通过触摸屏选择始发车站,参看 4.6.1 节的说明 2*/
    semGive (semLcdId);/* 释放信号量 semLcdId,让 LCD 任务继续执行,参看 4.6.1 节的说明 3*/
  }/*end if(init == 1)*/
```

```
while (1)
{
    semTake (semTouchId, WAIT_FOREVER);/* 第 2 次与 LCD 任务同步，参看 4.6.1 节的说明 7*/
    touchstage1( );        /* 调用 touchstage1 函数，让用户通过触摸屏选择目的地车站，参看
                             4.6.1 节的说明 7*/
    semGive (semLcdId);/* 释放信号量 semLcdId，让 LCD 任务继续执行，参看 4.6.1 节的说明 8*/
    semTake(semTouchId, WAIT_FOREVER); /* 第 3 次等待 LCD 任务释放的信号量，参看
                                        4.6.1 节的说明 10*/
    touchstage2( );         /* 参看后面给出的 touchstage2 函数说明。参看 4.6.1 节的说明 10 */
    semGive (semLcdId);/* 释放信号量 semLcdId，让 LCD 任务继续执行，参看 4.6.1 节的说明 11*/
}/*end while (1)*/
}/*end static void tasktouch(void)*/
```

2. 触摸屏任务的处理流程图解

触摸屏任务的处理流程如图 4-18 所示。从该图中可见触摸屏任务的处理流程特点是：

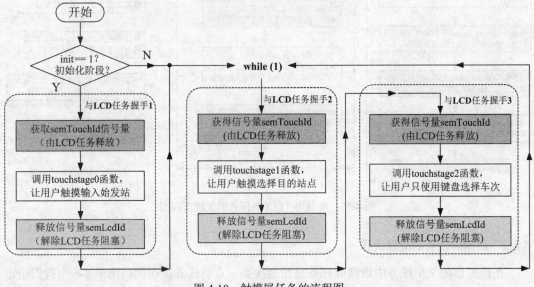

图 4-18   触摸屏任务的流程图

1）与 LCD 任务协调执行，LCD 任务给出自动售票机的人机对话界面，触摸屏任务完成让用户在显示界面上输入购票选择。

2）触摸屏任务每一次通过 LCD 任务等到信号量 semTouchId 到达之后，都会调用一个函数完成具体的操作，然后释放一个让 LCD 任务继续执行的信号量 semLcdId。

3）每次冷加电启动就会进入自动售票机模拟器工作循环，一旦触摸屏任务第 1 次获得信号量之后，它将判断是否执行过起始站点的指定。如果指定过了，以后不再重复执行这个操作。

4）第 2 次触摸屏任务获得信号量之后，调用 touchstage1 函数。该函数的主要功能是获得用户指定的目的站点。

5）第 3 次触摸屏任务获得信号量之后，调用 touchstage2 函数。该函数让客户用键盘指定购买哪一趟车次的车票，然后计算出起点车站到目的车站的票价 msgprice（单价）。touchstage2 函数把客户选择本次购票的车次信息存入全局结构体变量 info 中。

3.touchstage0 函数说明

这个函数属于触摸屏任务，开始执行时先在 LCD 显示屏上绘制 6 个车站以及车站之间的连线。参见图 4-19。其绘图方法是对于营运线地图上的每一个车站，先用坐标映射方法确定车站地理位置映射到 LCD 屏幕上的一个点坐标。例如，岳阳东车站的经纬坐标是 M_1=（J_1，W_1），映射系数为 F，映射到液晶屏坐标就是 P_1=F(M_1)=(X_1，Y_1)。然后绘制直线，通过连接 P_i 和 P_j 在 LCD 显示屏上把两个相邻车站连接起来。再以 P_i 圆心，以半径 R 画一个圆圈，标记这是一个车站。用此法顺序绘制 6 个车站和运营线路。由于在此之前已经提示过让客户输入起始车站，所以在初始化之后的每一次售票时，用户可以用触摸笔按照触摸屏输入方式在车站的圆圈上点击一下，touchstage0 函数将根据触点坐标计算出起始车站是哪一个。

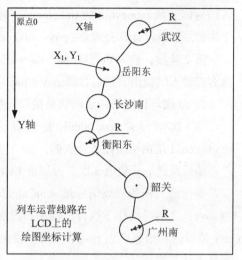

图 4-19　指定武广线 6 个高铁车站之一的绘图坐标算法

4.touchstage1 函数说明

在 touchstage1 函数执行之前已经给出了提示，让客户选择旅行目的车站。函数执行时把起始车站圆圈的背景色染成绿色，而其他车站圆圈的背景色保持红色不变。客户用触摸笔按照光笔输入法点击目的车站，这样目的车站就指明了。函数根据起始车站到目的车站的距离，计算车票的价格，写入全局结构体变量类型 TRAIN_INFO 的 info 变量，并且把车票单价 msgprice 传送给计算任务。

5.touchstage2 函数说明

这个函数的功能是选择从起始车站到目的车站的乘用列车的车次。这个函数从车票库存储的列车数据中，按照本车站和目的车站的运行车次条件，筛选出在本车站停靠的列车，并且在 LCD 上列出清单。只允许让客户按照清单的顺序用小键盘选择车次。得到的车次没有使用 IPC 机制与其他任务交换信息，而是用车次直接修改了列车车次信息结构体变量 info 的对应字段。换言之，车次选择的人机对话结束之后，这个函数把车次信息记录在 info 结构体变量的 info.selected 字段中。

4.6.3　计算任务的处理流程

本节首先给出计算任务处理流程的概略描述，然后给出计算任务的伪码清单和伪码语句的特别说明。

1.概述

计算任务函数在声明几个局部变量之后，进入 while(1) 永真循环体运行。执行的处理如下描述。

第 0 阶段，进入永真循环 while(1)。

第 1 阶段，从消息队列 msgQTouId 接收触摸屏任务发送的驶往目的车站的列车车票价格

msgprice，等待键盘任务调用的唯一 keyboard 函数释放的二进制信号量 semCalcuId，得到之后从消息队列 msgQTouId 接收客户购买的总车票数量 ticketnum。然后，把 ticketnum 数据存入结构体变量 moneyout 的 ticketnum 字段。之后第一次计算出用户应该支付的票款总额，这个票款总额 pay 计算公式是：pay = msgprice × ticketnum，计算结果存入局部变量 pay。

第 2 阶段，进入 do 循环体。do-while 循环的满足条件是 pay>0。每一次 do 循环都接收一次客户输入的钱币，然后计算 pay = pay – give 数值，直到 pay<0 为止。

在 do 循环体内第一条语句是接收同步信号量 semCalcuId，从而获得 CPU 使用权。

第 1 次信号量 semCalcuId 是键盘任务释放的，第 2 次信号量直到最后 1 次信号量 semCalcuId 是由输出任务释放的。

随后发送 pay 数值 3 次，分别给 LCD 任务、输入任务和输出任务。

等待输入任务释放信号量 semCalcuId。等到之后再接收从消息队列发送过来的一次付款额 give，之后继续往下执行。在用户没有结束付款之前（pay=pay − give>0），把计算得到的 pay 值发送到消息队列 msgQCalId，传送给 LCD、输入和输出任务，同时发送信号量给这三个任务让其执行。

一旦 taskIn 任务、taskLCD 任务和 taskOut 任务收到 pay 值和信号量，解除阻塞往下执行，使得用户能够从小键盘或者触摸屏模拟输入钱币，以支付购票款。每一次用户的模拟输入只是一张（枚）一种面值的钱币。将每一次模拟输入的钱币面值存入 give 变量。

计算任务等待由输入任务 taskIn 释放回送信号量 semCalcuId。获得之后，再从消息队列 msgQInpId 接收一次输入的钱币数额。

第 3 阶段，计算任务根据这一次输入的钱币面值进行分支处理。判断钱币库是否能够容纳新收进来的钱币。如果库容满了不能够接纳新输入的钱币，则执行钱币库满的异常处理。

第 4 阶段，执行语句 pay=pay − give，得到最新的 pay 值。最初的 pay 值（总应付款额）不保存。

第 5 阶段，如果 pay>0，则继续执行第 2 阶段的 do 循环起始语句。否则执行第 6 阶段。

第 6 阶段，判断 pay==0 是否成立。

如果 pay 等于 0，则表明用户的模拟付款的累积总额恰好就是应该付款的总款额。于是，把新的 pay 值发送给 taskIn 任务、taskLCD 任务和 taskOut 任务，并释放这三个任务所需要的信号量。

随后计算车票库中这一趟列车的车票是否能够满足用户购票需求。如果不能够满足则执行"车票库里该种车票售罄"的异常处理函数。否则等待输出任务释放的信号量，等到输出任务释放的信号量 semCalcuId 到达之后，将输入钱币的结构体变量发送到消息队列 msgQOutId，供输出任务使用。转 while(1) 循环的最初阶段执行。

如果 pay 不等于 0 就必然小于 0，这表明用户的模拟付款累积总额超过了应该付款的总款额。于是，把新的 pay 值发送给 taskIn 任务、taskLCD 任务和 taskOut 任务，并释放这三个任务所需要的信号量。

然后执行变换 pay 值的正负号处理，即 pay = − pay。

因为需要给用户找零，所以按照贪心算法执行找零计算。找零计算会逐步从大面值钱币往小面值钱币执行。参看代码清单 4-7。

在对每一种面值的钱币进行找零处理时，将检查钱币库中这种面值的钱币是否满足找零要求。如果数量不够找零，则执行"钱币库钱币空"的异常处理函数。

最后，计算车票库中这一趟列车的车票是否能够满足用户购票需求。如果不能够满足则执行"车票库中车票空"的异常处理函数。否则等待输出任务释放的信号量，等到输出任务释放的信号量 semCalcuId 到达之后，将输入钱币的结构体变量发送到消息队列 msgQOutId，供输出任务使用。转 while(1) 循环的最初阶段执行。

2. 计算任务函数的伪码清单

在自动售票机模拟器中，计算任务 taskCalcu 是其中一个重要任务。它完成用户模拟输入钱币的处理。参看代码清单 4-7。

代码清单 4-7   计算任务的伪码清单

```
/*********  taskCalcu 任务的执行函数伪码  ***********/
static void taskcalcu(void)
{
  声明若干局部变量
  while(1)
  {
    MY_MSG moneyin = {0,0,0,0,0,0,0,0}; MY_MSG moneyout = {0,0,0,0,0,0,0,0}; /* 参
    看位于本节的说明 18*/
    msgQReceive (msgQTouId, (char *) &msgprice, sizeof(int), WAIT_FOREVER);
     /*接收触摸屏任务通过 msgQTouId 消息队列发来的 msgprice 数据，即单张车票价格 */
     semTake (semCalcuId, WAIT_FOREVER); /*等待键盘任务 taskKeyboard 的 keyboard( ) 释
     放信号量 */
    msgQReceive (msgQTouId, (char *) &ticketnum, sizeof(int), WAIT_FOREVER); /*参
    看位于本节的说明 19*/
    moneyout.ticketnum = ticketnum;        /*参看位于本节的说明 20*/
    pay = msgprice * ticketnum;/*pay 变量值就是用户应付票款总额，随着钱币输入 pay 值逐步减少 */

    do{
    semTake (semCalcuId, WAIT_FOREVER);         /*第 1 次接收到的信号量由键盘任务释放，
            以后直至足额付款，接收到的信号量都是由输出任务发送的，请阅读源代码文件 */
    发送 pay 数值 3 次到 msgQCalId 消息队列，供 LCD、输入、输出任务接收处理
    semGive (semLcdId);            /* 释放 taskLCD 任务需要的信号量，让其就绪运行 */
    semGive (semInputId);          /* 参看位于本节的说明 21*/
    semGive (semOutputId);         /* 释放 taskOut 任务需要的信号量，让其就绪运行 */
    semTake (semCalcuId, WAIT_FOREVER);      /* 等待输入任务 taskIn 释放信号量 */
    msgQReceive (msgQInpId, (char *) &give, sizeof(int), WAIT_FOREVER);
    /*接收输入任务 taskIn 经由 msgQInpId 消息队列发送的一次钱币输入消息，存入 give 变量 */
    switch (give){        /* 根据这一次输入的钱币面值进行分支处理 */
      case 1:          /* 如果用户输入 1 元钱币 */
        onenow++;        /* onenow 代表面值 1 元的钱币数，全局 int 型变量，有初值 */
        moneyin.onenum++;   /* 参看位于本节的说明 22*/
        if (onenow > MAXONE - 1){       /* 如果面值 1 元钱币的数量溢出 */
          moneyin.price = -1;            /* 表示面值 1 元的钱币数超过钱币库容 */
          msgQSend (msgQOutId, (char *) &moneyin, \
            sizeof(MY_MSG), WAIT_FOREVER, MSG_PRI_NORMAL);/*参看位于本节的说明 23*/
          exception(EXP_FULL);          /* 参看位于本节的说明 24*/
        }/*end if (onenow > MAXONE - 1)*/
```

```
        msgQSend (msgQOutId, (char *) &moneyin, \
            sizeof(MY_MSG), WAIT_FOREVER, MSG_PRI_NORMAL);  /* 消息发送，参看本节说明 25*/
        break;
    case 5:     /* 如果用户模拟输入面值 5 元钱币 */
        按照模拟输入面值 5 元的处理流程进行处理
    /* 对于面值为 10 元，20 元，50 元和 100 元的钱币处理，读者可以自行类推 */
    default:
        msgQSend (msgQOutId, (char *) &moneyin, \  /* 参看位于本节的说明 25，重复 1 次 */
            sizeof(MY_MSG), WAIT_FOREVER, MSG_PRI_NORMAL);
        break;
    }/* end of switch */
    pay = pay - give;
}while(pay>0); /* do 循环判断语句，如果 pay>0 需要用户继续付款，参看位于本节的说明 26 */

LedOn = 0;   /* 供 LED 数码管循环显示语句的条件判断之用 */
if ( pay == 0 ){                      /* 参看位于本节的说明 27*/
    semGive(semLcdId);               /* 释放 semLcdId 信号量，让 LCD 任务执行 */
    semGive(semInputId);             /* 释放 semInputId 信号量，让输入任务执行 */
    semGive(semOutputId);            /* 释放 semOutputId 信号量，让输出任务执行 */
    moneyout.price = msgprice;
    ticket_number[here-1][dest_station-1] = ticket_number[here-1] \
       [dest_station-1] - ticketnum;   /* 计算车票库中的这种车票剩余数量 */
    if (ticket_number[here-1][dest_station-1] < 0){   /* 车票库中这种车票不够销售 */
        moneyin.price = -2;      /* 将车票库中车票不够销售的情况标记在 price 字段 */
        msgQSend(msgQOutId, (char *) &moneyin, \    /* 参看位于本节的说明 25，重复两次 */
            sizeof(MY_MSG), WAIT_FOREVER, MSG_PRI_NORMAL);
        exception(EXP_TEMPTY);       /* 参看位于本节的说明 28*/
    }/*end if (ticket_number[here-1][dest_station-1] < 0)*/
    semTake(semCalcuId, WAIT_FOREVER);      /* 等待输出任务的 semCalcuId 信号量 */
    msgQSend(msgQOutId, (char *) &moneyout, \
        sizeof(MY_MSG), WAIT_FOREVER, MSG_PRI_NORMAL);   /* 参看位于本节的说明 29*/
}/*end if ( pay == 0 )*/
else /* pay!=0 用户本次模拟输入的人民币面值大于当前应付车票款，需要找零 */
{
    发送 pay<0 的数值 3 次到 msgQCalId 消息队列，供 LCD、输入和输出任务使用
    semGive (semLcdId);
    semGive (semInputId);
    semGive (semOutputId);
    pay = -pay;   /* 因为需要找零，所以将刚开始的 pay 值置为负数 */
    do{        /* 以下是找零处理 */
        if (pay >= 50){    /* 如果剩余需要找零的钱款大于 50 元 */
            moneyout.fiftynum = floor(pay/50);    /* 参看位于本节的说明 30*/
            pay = pay - 50*moneyout.fiftynum;   /*moneyout 是局部结构体变量 */
            fiftynow = fiftynow - moneyout.fiftynum;   /* 更新当前钱币库中 50 元钱币的数量 */
            if(fiftynow<0){   /* 如果钱币库中面值 50 元的钱币已经用完 */
                moneyin.price = -1;
                moneyout = moneyin;
                semTake (semCalcuId, WAIT_FOREVER);
                msgQSend (msgQOutId, (char *) &moneyout, \
                    sizeof(MY_MSG), WAIT_FOREVER, MSG_PRI_NORMAL);
                exception(EXP_MEMPTY);     /* 调用异常函数，参看位于本节的说明 31*/
            }/*end if(fiftynow<0)*/
        } /*end of if (pay >= 50)*/
```

```
        else if (pay >= 20){  /* 如果需要找的钱大于 20 元，小于 50 元 */
          类似 pay >= 50 的条件处理
          exception(EXP_MEMPTY);       /* 参看位于本节的说明 31，重复 1 次 */
        }/*end of if (pay >= 20)*/
        /* 对于 pay>=10, 5, 1 的情况，读者可以自行类推 */
      }while(pay>0);  /* 找零处理 do 循环是否结束的判断语句 */
      moneyout.price = msgprice;
      ticket_number[here-1][dest_station-1] =  \   /* 正常销售出 ticketnum 张车票 */
        ticket_number[here-1][dest_station-1] - ticketnum; /* 将该种车票量减 ticketnum*/
      if (ticket_number[here-1][dest_station-1] < 0){  /* 如果车票不够销售 */
        moneyin.price = -2;
        msgQSend (msgQOutId, (char *) &moneyin, \
          sizeof(MY_MSG), WAIT_FOREVER, MSG_PRI_NORMAL);
        exception(EXP_TEMPTY);    /* 参看位于本节的说明 28，重复 1 次 */
      }/*end if (ticket_number[here-1][dest_station-1] < 0)*/
      semTake (semCalcuId, WAIT_FOREVER);        /* 等待输出任务释放信号量 semCalcuId*/
      msgQSend (msgQOutId, (char *) &moneyout, \     /* 发送最新结构体数据 moneyout*/
        sizeof(MY_MSG), WAIT_FOREVER, MSG_PRI_NORMAL);
    } /* end 对 pay==0 or pay!=0 的条件判断，else 条件分支语句结束 */
  } /* end of while(1) */
} /* end of taskcalcu( )  */
```

3. 计算任务伪码清单语句的追加注释

说明 18，MY_MSG 是 TiVending.h 文件中声明的全局钱币库数据类型，共有 8 个字段。moneyin 和 moneyout 结构体变量都是 MY_MSG 类型结构体变量。前者用于记录输入数据，后者用于记录输出数据，它们都由 8 个 int 型整数字段构成。它们是模拟器消息队列中占存储空间最大的一条结构体类型消息。其中 price 是车票单价字段，onenum 是面值 1 元币数目的字段，fivenum 是面值 5 元币数目的字段，tennum 是面值 10 元币数目的字段，其余类推，最后一个字段 ticketnum 是购买车票数量字段。

说明 19，此时接收的购车票数量是键盘函数 keyboard 经过名为 msgQTouId 的消息队列传送的，而不是 msgQkeyboardId 消息队列。因为本应用程序中没有定义 msgQkeyboardId 消息队列。换言之，此语句接收了键盘任务的 keyboard 函数通过 msgQTouId 消息队列发来的 ticketnum 数据，即购买车票数量。

TTVM 的键盘任务自身不拥有消息队列，键盘任务函数调用 keyboard 函数获得购票数量。keyboard 函数在代码尾部通过名称为 msgQTouId 的消息队列发送数据给计算任务。读者可能会误解，从名称理解 msgQTouId 消息队列似乎是用于传送触摸数据的。其实不尽其然，在 VxWorks 操作系统中消息队列的名称与传送的内容无关。

发送购票数量的 keyboard 函数使用的 IPC 语句是先 msgQSend 后 semGive，然而接收购票数量的 taskCalcu 任务使用的 IPC 语句是先 semTake 后 msgQReceive。

说明 20，moneyout 是局部 MY_MSG 类型的结构体变量，共有 8 个字段。ticketnum 是购买车票数量字段。

说明 21，释放信号量 semInputId，让输入任务逐次接收钱币输入（这是第 1 次），形成在付款完毕之前计算任务与输入任务协同处理的机制。

说明 22，在钱币库中增量记录该种面值（如 1 元）的钱币数，一旦发生异常（主要是钱币库容量不够大，产生溢出）就可以退还用户。

4. 计算任务的处理流程图

图 4-20 给出了自动售票机模拟器的计算任务处理流程简图。

说明 23，在钱币库某个钱币箱溢出情况下，发送局部 MY_MSG 结构体数据 moneyin 到 msgQOutId 消息队列。

说明 24，exception 是本模拟器应用程序员自编的处理 signal（异常）函数。本语句是处理钱币库溢出的异常情况。处理方式：显示警示字符串。

说明 25，在钱币库里的各种面值钱币都没有溢出情况下执行，如果车票库中指定的车票不够销售也将执行。把局部 MY_MSG 结构体数据 moneyin（涉及调整过的面值 1 元币数量）发送到 msgQOutId 消息队列。

说明 26，pay 变量是计算任务的局部变量。pay = pay — give。计算应付款与本次付款之间的差额，pay 值大于零是 do 循环的成立条件。算式如下：

pay = 上次当前用户应该支付的票价总金额—这一次输入的钱币面值

说明 27，把 pay==0 数据通过消息队列 msgQCalId 发送 3 次，供 LCD、输入和输出任务使用。当执行这条语句时用户输入的钱币累积值已经正好与用户需要支付的票款总额相等。

说明 28，exception 是程序员编写的处理异常函数，这条语句处理的异常是车票库中无法满足用户需要购买的车票数量（EXP_TEMPTY）。参见图 4-20。

说明 29，模拟付款满足付款要求（达标），有车票可供出售，把局部 MY_MSG 结构体数据 moneyout 发送到 msgQOutId 消息队列。

说明 30，floor 函数是下取整函数（舍去小数），确定需要找几张 50 元的钱币。

说明 31，exception 是程序员编写的处理异常函数，这条语句处理的异常是钱币库空，具体地讲就是钱币库中缺少面值 50 元（或者其他面值）的钱币（EXP_MEMPTY）。

4.6.4 输入任务的处理流程

输入任务 taskIn 主要功能是接收用户从小键盘或者触摸屏模拟输入的人民币，其主要代码结构是一个 while(1) 永真循环。在循环体内，输入任务一旦获得计算任务释放的信号量 semInputId 之后，就进入就绪态执行，然后从消息队列 msgQCalId 接收消息获得 pay 值。如果 pay 值大于 0，意味着要让用户模拟输入钱币。此时建立一个时间期限为 15 秒（可调节时间长短）的看门狗定时器。

在 15 秒的期限内如果接收到模拟钱币输入，则把钱币面值 money 发送到 msgQInpId 消息队列，供计算任务读取；同时，释放一个信号量 semCalcuId，让计算任务接续处理。在 15 秒的期限内如果未接收到模拟钱币输入，则看门狗触发 restartinput 函数执行。restartinput 函数释放信号量 semRestartId，导致整个售票机模拟器的 7 个任务重新启动。参见代码清单 4-8。

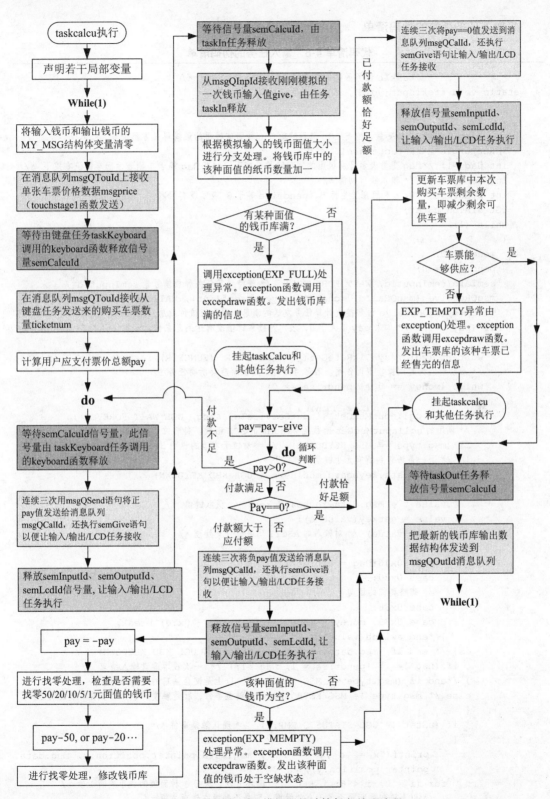

图 4-20　自动售票机模拟器的计算任务处理流程

1. 输入任务函数的伪码清单

代码清单 4-8　输入任务的伪码清单

```
/**************   taskIn 任务函数的伪码清单   *************/
static void taskinput(void)
{
  声明局部变量
  定义 Rectangle 结构体变量, 它是 LCD 显示的输入 6 种面值钱币的触摸屏长方形位置
  对 Rectangle 型数据 rectangle[6] 赋初值
  int flag =1; /*flag 变量表示开发板上的回车键是否按下, 如果 flag 等于 1 则表示回车键没有按下 */
  int money = 0; /* 输入钱币初值 */
  int pendrise = 0; /* 阻塞发生标志, pendrise 等于 0 表示没有阻塞发生 */
  UGL_STATUS uStat;
  while (1)
  {
    money = 0;
    pendrise = 0;
    semTake(semInputId, WAIT_FOREVER);  /* 等待计算任务释放信号量 semInputId*/
    msgQReceive (msgQCalId, (char *)&pay, sizeof(int), WAIT_FOREVER);
    /* 上一条 msgQReceive 语句接收计算任务发送的消息, 得到应该付款总额信息 */
    if (pay > 0)  /* 如果 pay 值大于 0, 表示付款累计值没有达到总票价, 参看位于本节的说明 32*/
    {
      wdStart (wdId, sysClkRateGet( ) * SECONDS, (FUNCPTR) restartinput,0) ;
      /* 启动看门狗起到操作限时作用。若等待超时, 则重新启动所有任务 */
      while (money == 0 || pendrise == 0)
      {
        uStat = uglInputMsgGet (inputServiceId, &msg, UGL_WAIT_FOREVER);
        /* 调用的 uglInputMsgGet 函数是 windML 的 API 函数。参看位于本节的说明 33*/
        if (msg.type == MSG_KEYBOARD)  /* 参看位于本节的说明 34, 判断是否是键盘消息 */
        {  /* 下一条语句判断有无小键盘的键按下 */
          if (msg.data.keyboard.modifiers & UGL_KBD_KEYDOWN)
          {
            value_t = msg.data.keyboard.key; /* 获取键值 */
            value = getkey(value_t);
            switch(value)  /* 对输入的 ASCII 码进行分支处理 */
            {
              case 0x46:flag = 0;break;
              case 0x30:
              /* 省略类似的语句 */
              case 0x38:
              case 0x39: money = money *10 + value - 0x30; break;
            }/*end switch(value)*/
          } /* end if (msg.data.keyboard.modifiers & UGL_KBD_KEYDOWN) */
          if (flag != 1) {pendrise = 1; flag =1;} /* 一次钱币键盘输入结束 */
        } /*end if (msg.type == MSG_KEYBOARD) 以上是键盘消息的处理语句 */
        else /* msg.type != MSG_KEYBOARD 不是键盘事件, 就是触摸屏事件。参看本节说明 35*/
        {
          if (uStat != UGL_STATUS_Q_EMPTY)  /* 确认触摸事件 */
          {
            printf("x = %d ,y = %d\n", msg.data.pointer.position.x, msg.data.
            pointer.position.y);
          for (i = 0; i < 6; i ++)  /* 循环 6 次, 为每 1 种面值的钱币判断 1 次 */
          { /* 以下语句判断是否属于有效触摸, 即是否触摸在钱币方框 */
            if ( (msg.data.pointer.position.x >= rectangle[i].xlefttop ) && (msg.
            data.pointer.position.x \
```

```
                         <= rectangle[i].xrightbottom ) && (msg.data.pointer.position.y
                         >= rectangle[i].ylefttop ) \
                      && (msg.data.pointer.position.y <= rectangle[i].yrightbottom ) )
              { /* 如果是有效触摸就进行下面的人民币面值分类处理 */
                switch ( i ) /* 分类出不同面值的钱币 */
                {
                  case 0:
                    money = 1 ;  break;
                    /* 省略类似的语句 */
                  case 5:
                    money = 100;  break;
                } /* switch 分支处理结束 */
              } /* if ( (msg.data.pointer.position.x >= ……*/
            } /* 循环 6 次 */
          } /* end if(uStat != UGL_STATUS_Q_EMPTY…… 确认触摸事件结束 */
          if (msg.data.pointer.position.x == 0 && msg.data.pointer.position.y ==
          0 && money != 0)
            pendrise = 1;    /* 一次钱币触摸输入结束 */
        } /*end if(msg.type == MSG_KEYBOARD)…… else 条件判断处理结束 */
      } /* end while(money == 0 || pendrise == 0)结束 */
      wdCancel(wdId);  /* 取消看门狗定时器 */
      msgQSend (msgQInpId, (char *) &money, sizeof(int), WAIT_FOREVER, MSG_PRI_
      NORMAL);
      /* 将 money 值的消息发送到 msgQInpId 消息队列，供计算任务使用 */
      semGive (semCalcuId);
      /* 释放信号量 semCalcuId，让计算任务继续执行 */
    } /* end if (pay > 0) 条件处理结束 */
  } /* end while (1) 循环体结束 */
} /* taskIn 任务函数语句结束 */
```

说明 32，只要 pay 值大于 0，说明付款累计值没有达到总票价。于是就要求用户一次一次地从键盘或者触摸屏模拟输入法定面值的人民币。本模拟器能够接收的钱币面值是 1 元、5 元、10 元、20 元、50 元、100 元的人民币。

说明 33，该函数返回操作成功与失败信息到 UGL_STATUS 型变量。具体地讲在本任务中 uglInputMsgGet 函数等待从输入设备 inputServiceId 获得一个输入信息。执行到此语句时如果输入设备发生动作，该函数捕获设备动作信息并保存于一个 UGL_MSG 结构中的变量中。如果输入设备没有动作，则无限时等待。

说明 34，在 uglMsgTyps.h 文件里给出了 MSG_KEYBOARD 的宏定义值。以下是宏定义语句。

```
#define MSG_INPUT_FIRST    100
#define MSG_KEYBOARD MSG_INPUT_FIRST + 0
```

说明 35，确认输入消息队列 inputServiceId 为非空。由于实验平台只有键盘输入和触摸屏输入，若不是键盘输入，则可断定是触摸屏输入。

2. 输入任务函数的处理流程图

输入任务函数 taskIn 的处理流程图参看图 4-21。

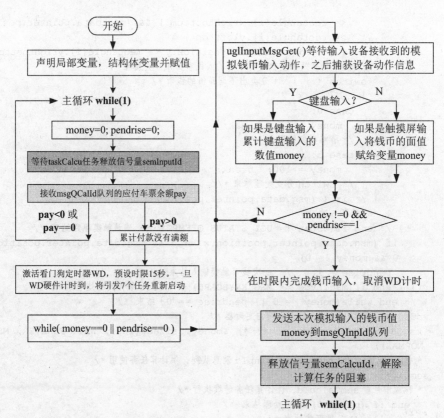

图 4-21 输入任务 taskIn 的处理流程图

4.6.5 输出任务的处理流程

在模拟器运行期间，输出任务 taskOut 创建之后，首先声明若干局部变量，而后就一直工作在 while(1) 永真循环之中。

如果输出任务 taskOut 获得计算任务释放的信号量 semOutputId，就进入就绪队列排队等候执行。输出任务主要功能是模拟出票和模拟找零。参见代码清单 4-9。

液晶屏任务会在用户模拟付款总额大于或者等于应付款总额的条件下，通过释放信号量 semOutputId 让输出任务执行。

而计算任务有 3 种场合发送 pay 数值到 msgQCalId 消息队列，并且释放信号量 semOutputId 让输出任务执行。

具体操作有以下 3 种情况：

1）输出任务接收液晶屏任务和计算任务传递的模拟付款信息，判断模拟付款是否满额（pay<0 || pay=0）。如果用户模拟付款不够（pay>0），则接收计算任务发送来的全套最新输入数据 moneyin。

如果模拟器在接收模拟付款时发生该面值的钱币数超出库存上限的异常，则让输出任务调用找零函数 outdraw，模拟退还用户之前的所有模拟付款。然后释放信号量 semCalcuId，让计算任务就绪执行。

这里的异常发生时没有调用 exception 函数，所以整个模拟器的任务没有被挂起。

2）如果用户支付的费用等于应该支付的购票费用，则输出任务向计算任务释放信号量 semCalcuId，接收计算任务回送的 moneyout 结构体变量。获取计算任务发送的信号量 semOutputId，然后在 LCD 上显示出票数量（模拟输出车票）。

3）如果需要支付的费用小于零（即需要模拟找零），则输出任务向计算任务释放信号量，获取购票信息，然后先进行找零处理，再进行出票处理。

如果在找零阶段出现异常（即适合找零的钱币余额不足），则退还用户之前模拟支付的全部钱币。再调用异常处理函数 exception 进行模拟器的全部任务挂起操作。

输出任务会在 LCD 任务的找零显示阶段，等待 LCD 任务释放一个 semOutputId 信号量，之后执行模拟找零操作，即在 LCD 上输出找零的各个面值纸币数量信息。然后，输出任务还要等待 LCD 任务的信号量 semOutputId，得到后再执行模拟出票操作，即在 LCD 中显示出票等级和数量。参见代码清单 4-9。

计算任务在计算出 pay 值之后，将把 pay 值送给 LCD 任务、输入任务和输出任务。这就是输出任务需要等待 LCD 释放的信号量的原因，参见图 4-22。

1. 输出任务函数的伪码清单

代码清单 4-9　输出任务函数的伪码清单

```
/************* taskOut 任务函数的伪码清单 *************/
static void taskoutput (void)
{
  int pay;
  struct sigaction sa;    /* 参看位于本节的说明 36 */
  sa.sa_handler = sigHandler;  /* 确定信号 sa 发生时的处理函数指针 */
  if (sigaction(SIGUSR1, &sa, NULL) == ERROR) printf("sigact err\n");  /* 参看位于
本节的说明 37 */
  while(1)   /* 永真循环 */
  {
    MY_MSG moneyin = {0,0,0,0,0,0,0,0,0};      MY_MSG moneyout = {0,0,0,0,0,0,0,0,0};
    /* 下面两条语句作用: 等待计算任务 taskCalcu 释放信号量和第 n 次发送 pay 值 */
    semTake(semOutputId, WAIT_FOREVER); /* 等待计算任务 taskCalcu 释放信号量 */
    msgQReceive(msgQCalId, (char *) &pay, sizeof(int), WAIT_FOREVER);
    /* 从计算任务 taskCalcu 得到当前应付车票款项 pay 的数值，参看位于本节的说明 38 */
    while (pay > 0)
    {  /* 需要用户继续模拟付款，除非异常发生。参看位于本节的说明 39 */
      msgQReceive (msgQOutId, (char *) &moneyin, \  /* 参看代码清单 4-7 计算任务的
      switch (give) 分支语句 */
      sizeof(MY_MSG), WAIT_FOREVER); /* 最新的 give 付款信息存入 moneyin*/
      /* 接收由计算任务 taskCalcu 发来的最新钱币输入数据 moneyin，参看位于本节的说明 40*/
      if (moneyin.price < 0){  /* 发生异常需要退款，有三种可能，参看位于本节的说明 41*/
        outdraw(moneyin);/* 模拟退款，在 LCD 显示的各种面值钱币的数量，参看位于本节的说明 42*/
        打印退款信息到串口 (含接收到用户输入的各种面值钱币的数量)
        semGive (semCalcuId);  /* 释放 semCalcuId，让计算任务执行。*/
      } /* end if (moneyin.price < 0) …… */
      semGive (semCalcuId);  /* 释放 semCalcuId，让计算任务继续执行。*/
      semTake (semOutputId, WAIT_FOREVER);
      msgQReceive (msgQCalId, (char *) &pay, sizeof(int), WAIT_FOREVER);
    } /*end of while(pay>0)*/
```

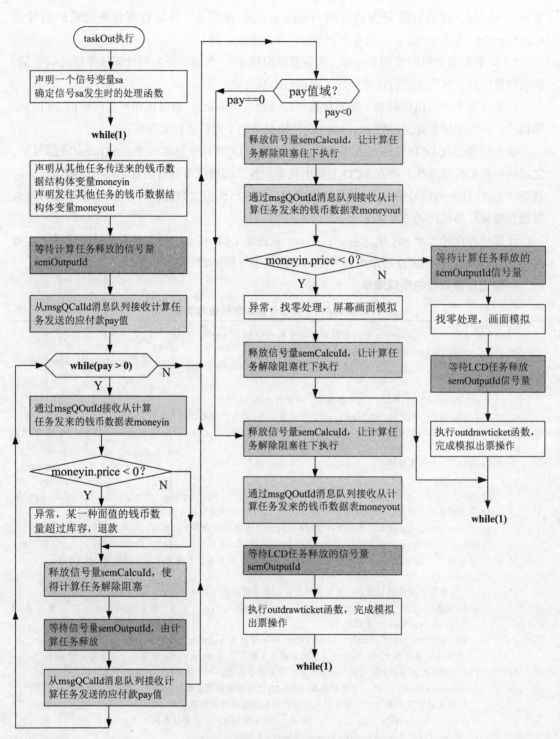

图 4-22 输出任务的详细流程图

```
    if (pay == 0) {       /* 实际付款与用户应该付款总额相等 */
      semGive (semCalcuId); /* 释放 semCalcuId, 让计算任务就绪执行 */
      msgQReceive (msgQOutId, (char *) &moneyout, sizeof(MY_MSG), WAIT_FOREVER);
      /* 参看本节说明 43*/
      semTake (semOutputId, WAIT_FOREVER); /* 由计算任务释放。*/
      outdrawticket(moneyout); /* 参看位于本节的说明 44*/
      printf("take your ticket price is %d\n", moneyout.price);
    }/*end if (pay == 0)*/
    else if(pay < 0)
    { /* 付款已经超额，需要执行找零处理 */
      semGive (semCalcuId); /* 释放计算任务需要的信号量 semCalcuId*/
      msgQReceive (msgQOutId, (char *) &moneyout, sizeof(MY_MSG), WAIT_FOREVER);
      /* 参看本节说明 43*/
      if (moneyout.price < 0){ /* 参看位于本节的说明 41, 已经发生异常需要退款 */
        打印退款信息到串口（含接收到用户输入的各种面值钱币的数量
        outdraw(moneyout);       /* 参看位于本节的说明 45*/
        semGive (semCalcuId);     /* 释放信号量, 让计算任务执行 */
      }
      else /* 钱币库没有异常 */
      {
        semTake(semOutputId, WAIT_FOREVER);        /* 等待液晶屏任务释放此信号量 */
        outdraw(moneyout); /* outdraw 函数此时执行找零操作 */
        打印退款信息到串口（含接收到用户输入的各种面值钱币的数量）
        semTake(semOutputId, WAIT_FOREVER);        /* 等待液晶屏任务释放此信号量 */
        outdrawticket(moneyout);  /* 调用 outdrawticket 函数, 模拟输出票数 */
        printf("your ticket price is %d\n", moneyout.price); /* 串口打印 */
      } /* end if (moneyout.price < 0)…… else …… */
    } /* end if(pay == 0) …… else if(pay < 0)…… */
  } /* end while(1)*/
} /* end static void taskoutput (void)*/
```

说明 36，输出任务的第 2 行语句声明一个信号（signal）变量。信号是 VxWorks 的重要 IPC 之一，其特点是"异步性"。信号用于通知任务已经发生的某个条件。其通知方式与中断类似，不同之处在于该"中断"源于另外一个任务。SIGUSR1 的取值是 30。

在 Tornado 2.2 目录的 target 子目录里面的 signal.h 头文件定义了结构体变量 sigaction。

说明 37，sigaction 还是一个 POSIX 的 API 函数。功能是检查或者指定一个与信号相关的行动。

2. 输出任务函数的处理流程图

说明 38，在自动售票机模拟器程序中 pay 值是不断变化的。第 1 次计算出的 pay 值是用户应该模拟支付的总票价。之后由于 pay 值在计算任务中不断减去 give 值（即用户一次输入的钱币面值），将不保持原来的总票价。再者，在模拟出票时会显示车票单价和车票数量，也不给出总票款数值。

说明 39，接收从 taskIn 任务发送到 msgQOutId 消息队列的消息，得到结构体变量 moneyin。

说明 40，计算任务 taskCalcu 接收 taskIn 任务发送的结构体变量 moneyin（在一次模拟钱币输入之后等到输入的钱币值 give，而后存入结构体变量），之后发送这个更新过的钱币数据 moneyin 到 msgQOutId。

说明 41，taskCalcu 任务函数的相关代码给出了当 price 取值为负数时的含义：

1）moneyin.price = –1; /* 表示面值为 n 元的钱币数超过库容，n=1/5/10/20/50/100*/

2）moneyin.price = –2; /* 表示车票库该种车票的剩余数不够用户需要的购买数 */

3）moneyin.price = –3; /* 表示钱币库中已经没有面值为 n 元的钱币，n=1/5/10/20/50/100*/

说明 42，函数 outdraw 是模拟找零界面绘制函数，其参数是结构体变量 moneyin。它包含用户到目前为止已经输入的钱币，包括各种面值钱币的数量。参见流程图 4-22 和函数 outdraw 绘制的模拟找零截屏图 4-12。

说明 43，当用户实际完成的付款总额等于应付票款总额时，接收计算任务发过来的模拟钱币输出值 moneyout。发送方或者接收方都使用 moneyout 数据，moneyout 包含了单价、钱币数量和购票数量 8 个 int 型数据。

说明 44，使用液晶屏为输出设备，函数 outdrawticket 模拟出票功能。参数 moneyout 是结构体变量，包含了计算任务填入的购票数量信息。

说明 45，使用液晶屏为输出设备，函数 outdraw 模拟全额退款找零功能。参数 moneyout 是结构体变量，包含了计算任务填入的购票数量信息。

4.6.6　键盘任务的处理流程

键盘任务 taskKeyboard 让用户只从键盘输入车票数量。这个任务无接收触摸屏输入的功能。参见代码清单 4-10 和图 4-23。从该代码清单读者可以看到，键盘任务主要通过调用函数 keyboard 来完成键盘输入处理。

代码清单 4-10　键盘任务函数的代码清单

```
/********    taskKeyboard 任务函数清单    ********/
static void taskkeyboard(void){
  while(1){
    semTake(semKeyboardId,WAIT_FOREVER);
    /* 获取信号量，系统开始调度键盘任务 */
    keyboard();   /* 调用该函数，让用户输入购买的车票数量 */
    semGive (semLcdId);  /* 将系统重新交还给液晶屏任务 */
  }/* end while(1)*/
}/* end static void taskkeyboard(void)*/
```

在每一次购票循环中，图 4-23 给出的 keyboard 函数只调用一次，调用的目的是获得客户购票数量。

4.6.7　LED 数码管任务的处理流程

VxWorks 的 LED 数码管任务在 LedOn ==1 情况下，进入永真循环，调用 led 函数将需要输出的数字送往 ARM 9 实验箱的六个 LED 七段数码管显示。led 函数有两个参数，分别控制：①在哪一个 LED 数码管显示；②显示的十六进制数码。

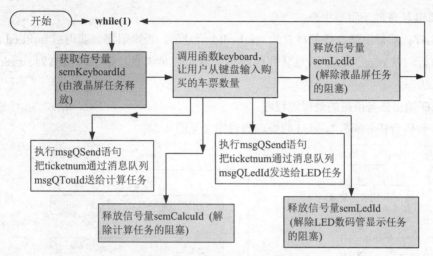

图 4-23 键盘任务的详细流程图

数码管显示函数的定义如下给出：

```
void led(unsigned int locate, unsigned int num){
    *((unsigned char *)0x10000006) = ~(1<<locate);
    *((unsigned char *)0x10000004) = seg7table[num];
}
```

1.LED 数码管任务函数的伪码清单

自动售票机模拟器的 LED 数码管任务 taskLed 的任务函数伪码清单如代码清单 4-11 所示。

代码清单 4-11   LED 数码管任务的伪码清单

```
/********    LED 数码管任务函数清单    *******/
static void taskled(void)
{
    int msgprice;    /* 车票单价信息 */
    int ticketnum;   /* 车票数量信息 */
    int i=0;
    int msgprice1,msgprice2,msgprice3;
    int ticketnum1,ticketnum2,ticketnum3;
    while(1)
    {
        semTake(semLedId, WAIT_FOREVER);  /* 触摸屏任务释放，参看位于本节的说明 46*/
        msgQReceive(msgQLedId, (char *) &msgprice, sizeof(int), WAIT_FOREVER);
        从接收到的价格信息分解出百位、十位和个位数字。
        semTake(semLedId, WAIT_FOREVER); /* 键盘任务释放，参看位于本节的说明 47*/
        msgQReceive(msgQLedId, (char *) &ticketnum, sizeof(int), WAIT_FOREVER);
        从接收到的购买车票数量信息中分解出百位、十位和个位数字。
        用 ARM9 实验平台上的 3 个 LED 数码管显示价格信息，
        再用另外 3 个 LED 数码管显示购买车票数量。
    }/* end while(1)*/
}/* end static void taskled(void)*/
```

2.LED 数码管任务函数伪码清单的说明

说明 46，等待由触摸屏任务释放的 semLedId 信号量，否则阻塞，等到后进入就绪执行。进入执行时从 msgQLedId 消息队列接收消息，这个消息是一个车票价格消息，如果未接收到，taskLed 任务处于阻塞状态。

说明 47，获得由键盘任务释放的 semLedId 信号量，否则阻塞。获得后 taskLed 任务继续执行。执行时从 msgQLedId 消息队列接收车票购买数量消息，如果未接收到，taskLed 任务处于阻塞状态。

3.LED 输出任务函数的处理流程图

LED 数码管任务函数 taskled 的处理流程图参见图 4-24。

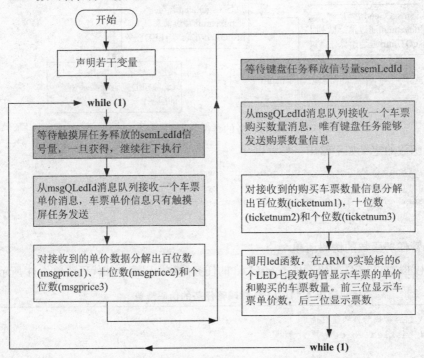

图 4-24 LED 数码管任务的简明处理流程图

4.6.8 自动售票机模拟器的主要函数

在本课程设计实验中，主要有两个 C 代码文件，它们分别是 TiVending.c 和 TiVending.h。此外，还有在 4.4.2 节中讲解的操作系统与应用程序的指定接口 usrAppInit.c 代码文件。下面我们在表 4-5 中给出自动售票机模拟器中的 C 语言代码主要函数。

表 4-5 自动售票机模拟器的主要函数

序号	函数名	函数说明
1	void progStart(void)	入口函数
2	int initialugl(void)	初始化图形用户界面的函数库
3	void initdata()	初始化各个站点标志圆心的位置，以及车次、发车时间等各种变量的数据值
4	int drawWelcome()	绘制自动售票机运行的初始画面
5	void drawmap(int stage)	绘制武汉—广州高铁运营线路地图，其中包含6个车站的站点位置和各站点之间的车票价格表

（续）

序号	函数名	函数说明
6	void drawdesti()	绘制武汉—广州高铁运营线路地图，提示用户选择乘车的目的站
7	void drawtraininfo(TRAIN_INFO info)	LCD屏幕显示满足用户乘车起始车站和终点车站的车次信息，含有序号，提示用户选择车次
8	void drawstage2(void)	提示用户输入购买车票数量的界面，让用户选择购买车票的数量
9	void drawpay(int pay)	在LCD屏幕绘制付款界面，让用户使用小键盘和触摸屏，模拟输入6种面值钱币中的一种
10	void drawgetticket(void)	在LCD屏幕上显示提示信息"请取走您的票，谢谢！"
11	void drawchangemoney(void)	在LCD屏幕上显示提示信息"正在找零，请稍候"
12	void tasklcd(void)	自动售票机模拟器的LCD任务函数
13	void showtime(int time)	在指定位置显示剩余时间
14	void tasktouch(void)	触摸屏任务的任务函数
15	void taskkeyboard(void)	键盘任务的任务函数
16	void taskled(void)	LED数码管任务的任务函数
17	void touchstage0(void)	触摸屏操作函数0，选择起始车站
18	void touchstage1(void)	触摸屏操作函数1，选择目的地车站，把车票单价信息发送给计算和LED任务
19	void touchstage2(void)	触摸屏操作函数2，让用户从键盘选择车次
20	char getkey(char value_t)	对键值进行一次转换，使键值与按键表面的字符对应起来。例如"1"键的键值是49=0x31
21	void keyboard(void)	处理键盘输入的按键键值的函数
22	void restartinput(void)	当看门狗定时器计时满，引发这个函数执行，重新启动所有任务
23	void sigHandler(int signo)	SIGUSR1信号处理函数，taskOut任务在收到SIGUSR1时，停止当前任务，调用该处理函数
24	void exception(int mode)	程序员定义的处理异常函数
25	void excepdraw(int mode)	当异常发生时，显示异常信息
26	void taskcalcu(void)	计算任务函数，该任务计算付款是否足额，检查钱币库是否装满，检查该趟车次可否购票等
27	void taskinput(void)	输入任务的任务函数
28	void taskoutput (void)	输出任务的任务函数
29	void outdraw(MY_MSG moneyout)	找零动作，在屏幕上显示相应金额来模拟
30	void outdrawticket(MY_MSG moneyout)	出票动作，在屏幕上显示相应车票来模拟
31	void print_info(void)	显示一行信息，表示将各车站的剩余车票存入车票库后，自动售票机工作仍然正常

（续）

序号	函数名	函数说明
32	void drawButton(char * s，int c，int * r)	绘制按钮，并非严格意义上的按钮，只是用指定颜色（c）在指定位置（r）显示文本（s）
33	int isInRect(int * r，int x，int y)	判断点是否在矩形中
34	void led(int locate，int num)	6个七段数码管的显示函数，在指定的数码管（locate）上显示指定的数字（num）
35	void ledoff()	关闭所有的6个LED数码管的显示
36	void Delay(int time)	本程序控制的延迟函数
37	void init_ticketnumber()	初始化车票数量
38	int writeTo(char * fname)	将运行在各车站之间的列车车票剩余数，以及钱币库中的各种面值的钱币张数存入闪存文件
39	int uglCallbackPrintScreen()	输入服务的一个回调函数，实现截屏功能

4.7 测试方案设计

本课程设计实验的主要特点是利用 VxWorks 的语句特色、IPC 机制和各种 Wind 内核特色对软件应用程序实施流程控制。为此测试方案需要围绕这几个方面进行。

测试方案设计如下：

1）起始车站的选择遍历已经编入程序的 6 个车站，即：武汉、岳阳东、长沙南、衡阳东、韶关和广州南。目的车站的选择也遍历已经编入程序的这 6 个车站。排除起始车站和目的车站为同一个车站的情况。在每一个起始站和目的站配对条件下考察模拟器给出的画面站点标注和价格表（如图 4-7 和图 4-8 所示）。用户只能够用触摸方式选择起始站和目的站。

2）每一对起始站和目的站之间运行的高速动车组不少于 3 个。考察模拟器给出的液晶屏画面上列车时刻显示与内部数据是否一致（如图 4-9 所示）。

3）在模拟器给出的输入车次提示下（如图 4-9 所示），只能用键盘模拟输入购买车票的车次。检查正确车次和错误车次两种输入情况下模拟器的运行是否符合预期设计。

4）在模拟器给出的输入购票数量提示下（如图 4-10 所示），只能用键盘模拟输入购买车票数量。

5）检查模拟器的模拟付款提示是否正确（如图 4-11 所示）。即核对总付款金额是否等于车票单价乘以购买车票的数量。

6）在模拟器的正确模拟付款提示下，使用触摸屏模拟输入钱币。

7）检查处理流程是否满足以下预期：

- 每一次模拟付款之后自动售票机模拟器检查累计的付款总额是否满足总要求付款金额要求。
- 如果不满足，则再次提示付款。用户应该继续模拟付款。
- 如果累计的模拟付款总额与总要求付款金额相等，则模拟器给出一个仿真出票画面。用户可以使用键盘上的回车键，或者触摸 LCD 上的"下一步"按钮作为回应，退出仿真出票画面。

- 如果累计的模拟付款总额大于总要求付款金额，则模拟器先输出一个仿真的找零画面（如图 4-12 所示），用户使用键盘上的回车键，或者触摸 LCD 上的"下一步"按钮进行应答。然后再给出一个仿真出票画面（如图 4-13 所示）。用户可以使用键盘上的回车键，或者触摸 LCD 上的"下一步"按钮作为回应退出。

8）每一个人机交互界面的操作时间必须在 15 秒内完成，否则，模拟器返回起始车站询问画面。要求在测试时，对每一个人机交互界面做这种超时试验，看看模拟器是否在超时发生时能够重新启动执行。

4.8 异常处理测试方案设计

本节描述如何对武汉—广州高速铁路运营线自动售票机模拟器进行异常处理的测试。被测试的异常处理一共有三种，分别是：

1）车票库的某种车票空（EXP_TEMPTY）异常。

2）钱币库的某种面值钱币空（EXP_MEMPTY）异常。

3）钱币库的某种面值钱币满（EXP_MFULL）异常。

为了做到对这 3 种异常情况进行测试，需要临时修改这 3 个库存数据的初始化值，修改的方法是让测试人员经过少量的钱币输入就能够让异常情况发生。在软件设计中安排了异常处理的例程，当异常发生时要检查异常处理例程的执行是否正常。下面将详细阐述。

1. 针对车票售完异常 EXP_TEMPTY 的测试

对 TiVending.c 代码文件的 void init_ticketnumber 函数定义语句做如下修改。参看代码清单 4-12。

在该函数的最后一行临时插入一条赋值语句，用于 EXP_TEMPTY 异常测试。该语句的语义是将武汉站到广州站的可供销售的默认列车车票数量临时设置为 1 张。测试完毕，该语句应该删除。

代码清单 4-12   测试车票售完异常的部分代码

```
void init_ticketnumber( )
{
  int i,j;
  for (i = 0 ; i <6 ;i++){
    for(j = 0 ;j < 6;j++)
    {
      if(i!=j)
        ticket_number[i][j] = 600;
      else
        ticket_number[i][j] = 0;
    }/*end for(j = 0 ;j < 6;j++)*/
  }/*end for (i = 0 ; i <6 ;i++)*/
  ticket_number[0][5]=1;    /* 测试 EXP_TEMPTY 异常，临时插入 */
}/*end void init_ticketnumber( )*/
```

针对 EXP_TEMPTY 异常的测试方案设计

运行模拟器软件，模拟用户购买武汉到广州的高铁列车票。造成该趟列车的车票不够销售的局面，观察模拟器的 LCD 和串口监视窗口的输出信息。

（1）测试用例 1

第 1 步，启动模拟器，购买武汉到广州的高铁列车票 1033 次车票 1 张，这次模拟购票应该能够正常执行结束，然后进入第 2 次自动售票循环。

第 2 步，购买武汉到广州的高铁列车票 1045 次车票 1 张，这次模拟购票将引起模拟器执行 EXP_TEMPTY 异常（车票库该种车票售罄）处理。

请测试者观察 ARM 9 实验箱的 LCD 输出以及连接 ARM 9 开发板串口到 PC 主机串口的信号线上的 printf 语句（由测试者自行在合适的语句序列位置临时插入）输出。记录实验结果，判明模拟器能否正常处理 EXP_TEMPTY 异常。

（2）测试用例

第 1 步，启动模拟器，购买武汉到广州的高铁列车票 1033 次车票两张（应付款 930 元），这次模拟购票将引起模拟器执行 EXP_TEMPTY 异常（车票库该种车票售罄）处理。因为，在第 1 次模拟购票循环中就超出了车票库中可供销售车票数。

请测试者观察 ARM 9 实验箱的 LCD 输出以及连接 ARM 9 开发板串口到 PC 主机串口的信号线上的 printf 语句（由测试者自行在合适的语句序列位置临时插入）输出。记录实验结果，判明模拟器能否正常处理 EXP_TEMPTY 异常。

2. 针对钱币库空异常 EXP_MEMPTY 的测试

（1）预备知识

在自动列车售票机模拟器的 TiVending.h 头文件中，对于 6 种面值钱币模拟接收器的可接纳上限做了设定，参见代码清单 4-13。代码清单 4-13 是摘录的各个面值模拟钱币接收器的可接纳钱币数量上限的宏定义语句（组）。

代码清单 4-13　对于 6 种面值钱币，TTVM 钱币接收器可接纳数量上限的宏定义语句

```
#define  MAXONE          2000                /*1 元可接纳数量上限 */
#define  MAXFIVE         400                 /*5 元可接纳数量上限 */
#define  MAXTEN          200                 /*10 元可接纳数量上限 */
#define  MAXTWEN         100                 /*20 元可接纳数量上限 */
#define  MAXFIFTY        100                 /*50 元可接纳数量上限 */
#define  MAXONEHUNDRED       100             /*100 元可接纳数量上限 */
```

再将 TiVending.h 代码文件中的 6 种钱币当前数量变量的默认赋值语句（组）列出，参见代码清单 4-14。

代码清单 4-14　当前钱币数量的默认赋值语句

```
int  onenow = 1000;                /* 当前 1 元钱币数量 */
int  fivenow = 200;                /* 当前 5 元钱币数量 */
int  tennow = 100;                 /* 当前 10 元钱币数量 */
int  twennow = 50;                 /* 当前 20 元钱币数量 */
int  fiftynow = 20;                /* 当前 50 元钱币数量 */
int  onehundrednow = 5;            /* 当前 100 元钱币数量 */
```

按照上面两组语句可以推算出当模拟器刚刚运行时，1 元钱币的可接纳容量为 1000，5 元钱币的可接纳容量为 200，其余可以自行推导。

由此可见，如果希望测试 EXP_MEMPTY（支付找零款时，某种钱币已经耗尽，无法给出找零款）异常，则需要制造一种运行场景。在这种场景下，用户模拟购买车票会很快地引发 EXP_MEMPTY 异常。

（2）针对 EXP_MEMPTY 异常的测试场景设置

对 TiVending.h 代码文件中的 6 种钱币当前数量变量的赋值语句组做出如下的修改。

代码清单 4-15　修改 6 种钱币当前数量的变量，使之方便测试

```
int onenow = 1000;              /* 当前 1 元钱币数量 */
int fivenow = 2;                /* 测试 EXP_MEMPTY 异常，可临时修改 */
int tennow = 2;                 /* 测试 EXP_MEMPTY 异常，可临时修改 */
int twennow = 2;                /* 测试 EXP_MEMPTY 异常，可临时修改 */
int fiftynow = 2;               /* 测试 EXP_MEMPTY 异常，可临时修改 */
int onehundrednow = 70;         /* 测试 EXP_MEMPTY 异常，可临时修改 */
```

考察代码清单 4-13 和代码清单 4-15，可知上述修改的逻辑意义是模拟器刚刚运行时的可供找零的 50 元 /20 元 /10 元 /5 元钱币（纸币）分别只剩留 2 张。此外，模拟器钱币接收器还可以接纳的 100 元纸币的容纳空间为 30 张。也就是说在模拟付款时一直使用 100 元纸币，则可以让模拟器进行找零处理，而可找零的纸币数量很少，从而造成 EXP_MEMPTY 异常很快出现。

当出现 EXP_MEMPTY 异常的时候，模拟器的计算任务运行在（pay<0）阶段，即付款已经结束并且是超额付款情况。

（3）钱币库空异常 EXP_MEMPTY 测试方案设计

运行模拟器软件，模拟用户购买岳阳东到衡阳东的高铁列车票一张（145 元）。模拟付款时支付两张 100 元纸币，会很快地造成当模拟器给用户支付找零款时，因为 50 元纸币数量少，不能给用户支付找零钱币，这时就会发生 EXP_MEMPTY 异常。此时，测试者可以通过观察 ARM 9 开发板 LCD 和串口监视窗口的输出信息来研判模拟器程序是否工作正常。

测试用例 1：

第 1 步，启动模拟器，模拟购买岳阳东到衡阳东的高铁列车票 1061 次车票 1 张，应付票款 145 元，实际模拟支付 100 元纸币两张，于是模拟器应该找零 55 元（50 元和 5 元各一张）。要求模拟付款结束时，测试者观察 LCD 和串口的输出信息是否正常。

第 1 步结束时，这时的 50 元和 5 元纸币在数值上应该分别还有 1 张。

测试者可以在模拟器程序的这个测试执行语句序列的合适位置临时插入 printf 语句，将剩余的 50 元和 5 元纸币数量输出到串口，以观察数值是否正确。具体的 printf 语句插入操作由测试者自行决定。

第 2 步，在模拟器模拟售票的第 2 次循环中，模拟购买岳阳东到衡阳东的高铁列车票 1061 次车票 1 张，应付票款 145 元，实际模拟支付 100 元纸币两张，于是模拟应该找零 55 元（50 元和 5 元各一张）。

第 2 步结束时，这时的 50 元和 5 元纸币在数值上应该归零（为 0 张）。

第 3 步，在模拟器模拟售票的第 3 次循环中，模拟购买岳阳东到衡阳东的高铁列车票 1061 次车票 1 张，应付票款 145 元，实际模拟支付 100 元纸币两张，于是模拟应该找零 55

元（50 元和 5 元各一张）。

由于在模拟器程序中提示找零语句的函数（drawchangemoney 函数）先于 EXP_MEMPTY 异常处理程序（exception 函数）执行，所以 LCD 上会首先给出一个找零语句的提示，然后进入 exception 函数执行流程。

exception 函数处理流程：先执行 excepdraw 函数，在 LCD 上输出汉字语句"零钱已用完系统即将关闭"，然后等待输出任务释放的信号量 semCalcuId，一旦获得该信号量，exception 函数挂起所有 7 个任务。

测试者应该在第 3 步的模拟付款结束后，观察 LCD 的画面显示以及串口的信息输出。

测试者可以在模拟器程序的这个测试执行语句序列的合适位置临时插入 printf 语句，以观察找零处理和 EXP_MEMPTY 异常处理是否正确。具体的 printf 语句插入操作由测试者自行决定。

测试用例 2：

与测试用例 1 类似，分三个步骤进行，所不同的是购买岳阳东到韶山的车票。

岳阳东到韶山的 1061 次车票 1 张，应付票款 270 元。每一次只买一张，需要找零 30 元（20 元 1 张，10 元 1 张）。到第 3 次模拟付款结束时，模拟器将进入 EXP_MEMPTY 异常处理。这时的异常产生是 20 元和 10 元纸币耗尽，无法作为找零款提供给用户。

为了调试方便，测试者可以在模拟器程序的这个测试执行语句序列的合适位置临时插入 printf 语句，以观察找零处理和 EXP_MEMPTY 异常处理是否正确。具体的 printf 语句插入操作由测试者自行决定，不再赘述。

3. 针对钱币库满异常 EXP_MFULL 的测试

EXP_MFULL 异常表示 6 种钱币面值的钱币容器发生装满、产生了溢出的错误。

（1）针对 EXP_MFULL 异常的测试场景设置

根据代码清单 4-13 和 4-14 可知，TiVending.h 文件中对各种面值钱币的数量上限和当前数量有预先定义。因此，可以只修改 TiVending.h 代码文件中 6 种钱币当前数量变量的赋值语句组其中的一条语句。在本测试场景中被修改的语句是最后一行。

```
int onenow  = 1000;
int fivenow = 200;
int tennow  = 100;
int twennow = 50;
int fiftynow = 20;
int onehundrednow = 96;    /* 测试 EXP_MFULL 异常用，可临时修改 */
```

上述修改的逻辑意义是模拟器投入运行之后，只能够接纳 4 张 100 元纸币（100 − 96=4），当钱币接收器（钱币库）中积累和接纳的 100 元纸币等于或者大于 100 张，就会在一次模拟购票付款还没有结束时就引发 EXP_MFULL 异常。

当模拟器运行过程中出现 EXP_MFULL 异常时，模拟器的计算任务一定运行在 pay>0 阶段，即付款没有结束（付款正在进行中），但是刚刚输入的钱币已经造成该面值接收器装满情况，TTVM 以后不能再接纳该面值钱币。

（2）钱币库满异常 EXP_MFULL 测试方案设计

运行模拟器软件，模拟用户购买武汉到长沙南的高铁列车票，在模拟付款时主要使用 100 元面值的纸币进行输入。这就是说，在付款的中间过程（pay>0）就易于造成 100 元纸币库满异常。此时请注意观察模拟器的 LCD 和串口监视窗口的输出信息。

测试用例 1：

第 1 步，启动模拟器，购买武汉到长沙南的高铁列车票 1033 次车票 1 张（165 元），付款 200 元（100 元纸币两张），这次模拟购票应该能够正常执行（包括找零处理），然后进入第 2 次自动售票循环。

第 2 步，购买武汉到长沙南的高铁列车票 1045 次车票 1 张（165 元），这次模拟购票将继续只用 100 元纸币支付。在模拟输入第 2 张 100 元纸币时（100 元纸币的库容达到 100 张上限）将引起模拟器执行 EXP_MFULL 异常（钱币库中该种面值的纸币恰好装满）处理。

请测试者观察此刻 ARM 9 实验箱的 LCD 输出以及连接 ARM 9 开发板串口到 PC 主机串口的信号线上的 printf 语句输出记录实验结果，判明模拟器能否正常处理 EXP_MFULL 异常。

测试者可以在模拟器程序的这个测试执行语句序列的合适位置临时插入 printf 语句，以观察付款处理时指定面值纸币的库容实际状态，以及 EXP_MFULL 异常处理是否正确。具体的 printf 语句插入操作由测试者自行决定。

测试用例 2：

第 1 步，启动模拟器，购买武汉到广州的高铁列车票 1033 次车票 1 张（465 元），付款全部使用 100 元纸币（100 元纸币五张）。这次模拟购票应该不能够正常执行到结束，在付款到第 4 张 100 元纸币时就发生了 EXP_MFULL 异常，实验程序进入 EXP_MFULL 异常处理，需要进行全额退款并随后挂起 7 个任务。

请测试者观察此刻 ARM 9 实验箱的 LCD 输出以及连接 ARM 9 开发板串口到 PC 主机串口的信号线上的 printf 语句（可以由测试者自行在语句序列的合适位置上临时写入）输出。对实验程序应对 EXP_MFULL 异常的这两方面处理结果做记录，判明模拟器能否正常处理 EXP_MFULL 异常。

4.9 测试结果和故障排除

从 2011 年 4 月到 2014 年 5 月我们对 TTVM 做了各种测试，并且排除了一些故障。在正常的购票人机对话中，TTVM 的功能表现基本稳定。但是，在对 TTVM 做异常处理能力测试时，偶尔会发现一些暂时无法排解的问题。

1. 用户购票测试

测试者：王海洋。测试日期：2011 年 10 月 10 日下午。测试次数共 30 次。表 4-6 给出了测试 6 次的测试记录。

用户购票测试的基本方法是在记录本上编写一张二维表格，列标题写明测试序号、起始站、终点站、车次、单价、数量、总价、输入钱币组合、LED 显示是否正确、模拟输入钱币是否正确（OK= 好，NG= 不好）、是否需要找零（Yes= 是，No= 否）等。对于 LED 显示是否正确，NA 表示暂时不知道或者不存在。参见表 4-6。

表 4-6   武汉—广州线动车组自动售票机模拟器用户测试表

序号	1	2	3	4	5	6
起点站	武汉	武汉	武汉	武汉	武汉	武汉
终点站	衡阳东	广州南	长沙南	韶关	韶关	韶关
车次	G1033	G1033	G1033	G1033	G1045	G1061
单价	245	465	165	370	370	370
数量	2	1	2	2	2	1
总价	490	465	330	740	740	370
输入钱币组合	100+100+100+100+100=500	100+100+100+100+100=500	50+50+50+100+100=350	100+100+100…+100=800	50×5+100×5=750	100×4=400
LED 显示是否正确	OK	NG	NG	OK	OK	OK
模拟输入钱币是否正确	OK	OK	OK	OK	OK	OK
是否需要找零	Yes	Yes	Yes	Yes	Yes	Yes
找零（1 元 +5 元 +10 元 +20 元 +50 元 ）	0+0+1+0+0	0+1+1+1+0	0+0+1+0+0	0+0+1+0+1	0+0+1+0+0	0+0+1+1+0
找零是否正确	OK	OK	OK	OK	OK	OK
找零时点击 TS （下一步）	Yes	Yes	NG	Yes	Yes	Yes
找零时点击 TS 是否正确	OK	NG	OK	OK	No	No
车票信息是否正确	OK	OK	OK	OK	OK	OK
取票时点击 TS	Yes	Yes	Yes	No	No	No
取票是否正确	OK	OK	OK	NA	NA	NA
处理流程	OK	NG	NA	OK	OK	OK
测试结果	OK	NG	NG	OK	OK	OK

说明：表中的 TS 表示触摸屏。

2. 用户购票异常测试

我们对 TTVM 的三种购票异常也做了大量的测试。测试总次数多达 50 次以上，分析和尽量排除了测试过程中发现的一些故障。但是有些故障无法排除。

例如，在 excepdraw 函数 switch-case 分支语句中的 case EXP_MFULL 分支里，LCD 文字输出语句有误。正确的文字输出应该是"钱币库已满，系统即将关闭!"，但是输出的文字却是"车票已售完，系统即将关闭!"。这是一个明显的错误，编程人员随后细查了源代码，但是找不出故障的原因。

4.10   思考题

1. 在本课程设计实验程序中，所有任务都具有不同的优先级（参见表 4-4），但恰好保证了

TTVM 程序能够正常执行自动售票流程。换一种任务优先级定义的思考方案，假定要求各个任务都设置成相同的优先级取值（例如：224），并且要求保证 TTVM 程序的执行流程正常化，请问应该如何修改各个任务的 taskSpawn 创建语句？以及如何考虑各个任务的协同处理流程？

2. 本实验程序的所有任务函数的输入参数均为空，如果采用参数传递的方式设计任务函数，应该对这个实验代码做哪些改造？

3. 如果使用 ARM 9 实验箱和 TTVM 源代码，为南京—天津高速铁路设计一个自动售票机模拟器，有哪些代码需要更改？

4.11 联网自动售票机模拟器

联网自动售票机模拟器（Networked Train Ticket Vending Machine，NTTVM）。使用一台 PC 作为服务器，ARM 9 实验平台作为客户机。实验环境：至少有两台 ARM 9 实验平台通过双绞线和交换机与 PC 联网。网络结构采用 **C/S** 模式和 **TCP/IP** 协议 Socket 编程接口。

服务器端功能：

建立三个公共数据库：①武汉—广州高速铁路动车组的列车时刻表；②武汉—广州高速铁路动车组的车票价格数据库；③武汉—广州高速铁路动车组的车票销售数据库。所有客户机能够以共享方式访问列车时刻表数据库和车票价格数据库，但是只能独占性地访问车票销售数据库。

客户机端功能：

与单机版的自动售票机的功能基本相同。

不同的是：

1）列车时刻表信息和车票价格表信息从服务器端实时获得。

2）客户机端执行的车票销售需要根据服务器端的车票销售数据库里的数据决定能否执行。也就是说：这个自动售票机系统是联网销售的。如果票库中的某一趟列车的车票已经全部售出，则此后任何一台客户机都无法再出售该趟列车的车票。

4.12 小结

本章是 VxWorks 模拟器类课程设计的一个实验案例，主要介绍在 ARM 9 实验箱上完成一个铁路区段自动售票机模拟器的设计和实现。本课程设计模仿单机版的自动售票机的售票过程，具有良好的人机交互功能和容错功能。这个模拟器既能够让使用者体验到自动售票机模拟器逼真的自动售票功能，还能够让学生充分地学习到一个人机交互机械模拟器的 VxWorks 主控程序设计和编程方法。

本章重点讲授了 7 个任务的伪码程序，包括功能处理和任务协同通信关系，给出了流程图、源码注释，以及重要任务函数之间的 IPC 注解。此外，还讲解了 TTVM 的功能测试方案和三种异常处理的测试方案。最后介绍了列车自动售票机模拟器的测试结果和故障解决问题。

本实验的主要特点：程序设计采用面向任务的设计，任务分解满足 I/O 分类规则，程序流程使用了较多的进程间通信函数，整个控制程序精简小巧。采用图形用户界面工具 WindML 编程，满足在 LCD 上显示友好人机对话界面的需要。

第 5 章
网络游戏类课程设计

本课程设计是在 ARM 9 实验平台（以下简称 ARM 9 实验箱）上实现的一个联网跳棋游戏软件。该游戏平台目前包括两个版本的程序，一个是自然人走棋版本，在此称为 A 版本；另一个是具有智能走棋功能的范例版本，称为 B 版本范例（简称 B 版本）。B 版本是在 A 版本的基础上增加智能走棋功能实现的。游戏场景包括纯 A 版本之间对战、A 版本和 B 版本混战，以及纯 B 版本之间对战。

本章首先介绍 A 版本的基本功能设计、棋盘设计、人机交互界面设计、棋位坐标设计、数据结构设计、可达棋位搜索算法设计、任务划分、网络通信设计等，并且给出函数一览表。然后介绍 B 版本的执行流程、可判优坐标系设计、智能走棋算法、编程指南等。其中编程指南供有兴趣自己编写算法设计智能走棋程序的机器跳棋竞赛编程者使用。

本章给出了 A 版本和 B 版本的跳棋游戏测试结果。此外，还提出了跳棋游戏的机器棋手博弈算法。最后给出了基于本课程设计的扩展功能练习和替换练习。

5.1 跳棋溯源

跳棋是一项老少皆宜、流传广泛的益智型棋类游戏，适于 2、3、4、6 人进行游戏。棋盘为六角星型，棋子分为六种颜色，每种颜色 10 或 15 枚棋子，每一位玩家占据棋盘一个角，拥有一种颜色的棋子。游戏基本规则是每位玩家将己方起始营地的 10 或 15 枚棋子以最少的走棋步骤移动或者跳跃到对角目标营地。不同于其他仅有两个玩家对战的棋类游戏，跳棋具有可 2 人或多人游戏、棋子数在整个棋局中不变、多人游戏时棋局变化复杂的特点。

国际上流行的跳棋英文名称是"Chinese Checkers"，译成中文就是"中国跳棋"。但是跳棋并非发源于中国。跳棋是一种源自西方的传统棋盘游戏（board game）。据维基百科和百度百科资料介绍，跳棋于 1892 年在德国发明，名称是 Stern-Halma，它是旧式美国棋盘游戏 Halma 的变种。而德语 Stern 表示棋盘呈星形。到了 1928 年，一家美国游戏玩具公司出于市场营销策略把跳棋称为 Chinese Checkers。这样，英文词汇 Chinese Checkers 便流行起来。

目前跳棋已经逐步从传统的纸面棋盘和玻璃棋子形式转变到远程联网的棋牌游戏形式，以适应越来越广泛的民众上网娱乐需求。此外，随着手机和移动通信的日益普及以及应用功能扩展，基于手机或智能设备平台的跳棋自然人玩家对战和人机对战成为现实和可能。这正是本课程设计的选题背景。

5.2 联网跳棋电子游戏简介

本课程设计是在 ARM 9 实验箱上实现一个联网跳棋电子游戏，以传统的 10 子跳棋为原型，可以实现 2 人、3 人、4 人或 6 人的联机游戏。"联网"意味着需要多台实验箱通过网络互连通信。另外，除了自然人走棋版本，还设计了智能走棋版本的跳棋程序，并最终形成了一个联网跳棋游戏平台，学生可以对该智能走棋版本进行编程，实现自己的智能走棋版本，并和其他玩家编写的智能走棋版本或者同自然人相互进行比赛，从而锻炼学生的嵌入式开发和智能算法编程能力。本课程设计兼有网络功能和电子游戏功能，并包括智能算法的编程，具有较好的教学意义和实用意义。

5.2.1 软硬件环境

1. 硬件环境

本课程设计的实验箱是创维特公司的 CVT2410-1 嵌入式教学实验箱，可以采用 2 台、3 台、4 台或 6 台实验箱，利用交换机进行组网，因此还需要网线若干条。该实验箱采用 S3C2410 处理，配备了 64MB SDRAM 和 32MB NOR Flash。本课程设计主要用到的实验箱上的外设有 NOR Flash 存储器、UART 接口、TFT 液晶显示屏、触摸屏、小键盘、网络接口等。

2. 软件环境

本课程设计目标机采用的操作系统是 VxWorks 实时操作系统 5.5 版，图形环境采用 WindML 3.0 版。开发主机采用的操作系统是 Windows XP SP3，集成开发环境是 Tornado 2.2，采用 C 语言作为程序设计语言。

5.2.2 主要功能

本跳棋游戏的主要功能和特点如下：

1）各 ARM 9 实验箱完全自主控制，不需要设立服务器，各实验箱处于对等位置。

2）在 640×480 TFT 液晶屏上准确地绘制出棋盘，能够模拟传统的跳棋游戏流程及规则，实现单步移动或者连续跳步走棋。

3）ARM 9 实验箱实现以太网联网，可以供 2、3、4、6 人游戏。程序根据参与人数和各个实验箱的 IP 地址自动分配各个玩家的棋子颜色和走棋顺序。

4）既可以事先将 IP 地址分别存入各实验箱的闪存中，也可以在游戏开始前手工输入 IP 地址。

5）实现计时功能，显示游戏经历的时间，并且每台实验箱的时间基本一致。

6）既可以用小键盘进行操作，也可以通过触摸屏进行操作。

7）实现坐标旋转，即每一个玩家所看到的棋盘都将该玩家起始营地所对应的一角旋转到屏幕的正下方，而目标营地旋转到屏幕正上方，使之更符合现实中的游戏情况。

8）在屏幕右方提示当前和下一步该谁走棋，并能显示上一步其他玩家的走棋路径。

9）当己方走棋时，每当选择己方的一枚棋子，程序便会自动算出该棋子可以到达的所有目标棋位并显示在屏幕上，用户直接在触摸屏上点击某一目标棋位，或者使用小键盘移动至该目标棋位并按下确定键便可完成走棋。

10）自动判断各方是否完成将棋子全部跳到对角。如果完成则该玩家不再走棋，其他没完成游戏的玩家继续走棋，直到最后一位玩家将棋子全部跳到对角从而完成棋局博弈。棋局结束后屏幕会显示该局游戏的排名情况，以及各个玩家走棋的步数。

11）提供智能走棋版本（即B版本）的一个基本设计范例，B版本与自然人走棋版本（A版本）在界面、走棋规则、通信规则等方面完全一致，同时该版本具有以上除了第9点之外的所有功能特点，因此A、B版本之间可以直接互相通信和游戏。

12）将B版本中智能走棋部分的函数和数据结构尽量独立出来，对它们进行改动不影响程序其他功能模块，使得机器跳棋竞赛编程者可以较为方便地实现自己的智能走棋版本，也就是说实现自己的B版本实例。

5.3 跳棋游戏运行指南

5.3.1 运行前的准备工作

1）本联网跳棋程序可以实现2、3、4、6人联网游戏或者与机器玩家进行游戏，所以先准备2~6台创维特公司的CVT2410-1嵌入式实验箱，及交换机一台、网线若干条。

2）对每台实验箱，分别将闪存格式化为TrueFFS文件系统，并利用Tornado 2.2集成开发环境中的target server将beidalou.jpg和NetCfg.txt拷贝至实验箱的闪存中。其中，beidalou.jpg是LOGO图片，NetCfg.txt是网络配置文件，内容是为该实验箱指派的IP地址。NetCfg.txt文件的格式如图5-1所示。

NetCfg.txt - 记事本
文件(F) 编辑(E) 格式(O) 查看(V) 帮助(H)
192.168.1.11

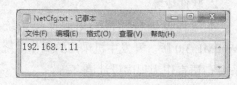

图5-1 NetCfg.txt文件的格式

其中，IP地址的第四段（末位字节）可以是11~16。各个实验箱可以自由指派，但是必须互不相同，且在11~16的范围之内，否则无法正确进行游戏。（注：如果不想对闪存进行格式化或者闪存损坏，可以跳过此步，等到游戏执行时再手工输入IP。）

3）本游戏包括两个版本的程序，分别是自然人走棋版本（A版本）和机器走棋版本（B版本），可以互相对战。游戏者可以根据需要将A版本和B版本分别下载到实验箱中并运行，以实现纯A版本对战、纯B版本对战或者A、B版本混合对战。此后，将各实验箱用网线连接至交换机，形成一个局域网。

4）程序在运行过程中将会通过串口输出一些信息，包括程序的执行流程、数据包的发送与接收、异常情况显示、触摸屏的点击坐标等，如果希望查看这些信息，则可以用串口线分别连接至开发主机，并打开主机的串口终端。

至此，准备工作完成。

5.3.2 游戏操作说明

1）已经将闪存配置好并且正确读取了NetCfg.txt的实验箱，会自动配置好IP并进入主界面。而没有正确读取NetCfg.txt的实验箱，则会进入手工输入IP的界面。LCD的提示文字行如图5-2所示。

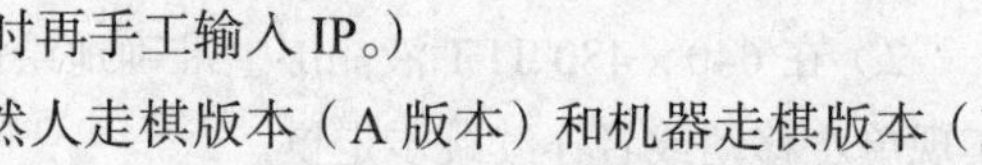

Can't read the IP config file!
Please input the IP(range from 11 to 16):

图5-2 LCD提示输入IP的界面

用实验箱上的小键盘输入 IP 地址的第四段，必须在 11~16 的范围之内并且做到每台实验箱互不相同。输入过程中可按 Del 键退格，完成后按 Enter 键确认，并进入主界面。主界面如图 5-3 所示，图 5-3 最右边是当闪存配置出错或者读取 beidalou.jpg 文件失败时的情况，主界面右侧的 LOGO 图片显示区被自定义文字替换。

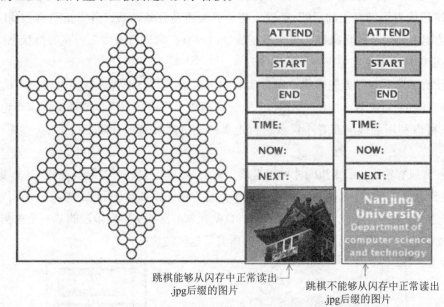

跳棋能够从闪存中正常读出
.jpg后缀的图片

跳棋不能够从闪存中正常读出
.jpg后缀的图片

图 5-3　实际运行的跳棋电子游戏主界面⊖

2）进入主界面后，每台实验箱都进入了侦听状态，对于将要进行游戏的各台实验箱，首先点击屏幕右上角的 ATTEND 按钮或者按小键盘上的"1"键，待该按钮变为禁用灰色则表示点击成功。此按钮的功能是广播一个 UDP 数据包，将本方的 IP 地址通知其他实验箱并说明该方将加入游戏，以供其他实验箱决定参与的人数和比较各方 IP 大小。

注意：联网的实验箱中可以任意选取几台进行游戏，而不一定每一台联网的实验箱都加入游戏。是否"参与"取决于是否按下了 ATTEND 按钮。跳棋游戏软件会自动根据参与人数和 IP 地址分配棋子颜色。

3）每台欲加入游戏的实验箱都点击过 ATTEND 按钮之后，再点击 START 按钮或者小键盘上的"2"键，此时，START 按钮会变灰，表示该实验箱进入就绪状态，同时将等待最后一台实验箱进入就绪状态。当最后一台实验箱点击 START 按钮之后，每台实验箱将根据之前计算出的总人数和自己的 IP 地址在所有玩家中的序号计算出各方棋子颜色和走棋顺序（计算方法将在 5.4.5 节描述）并绘制出棋盘，同时开始游戏。为了防止有的实验箱还没加入比赛就有实验箱开始走棋的情况出现，并且为了统一开始计时，点击 START 按钮之后也将广播一个 UDP 数据包，只有每台实验箱都收到了其他所有实验箱发来的数据包并且自己点击过了 START 按钮，才正式开始游戏并计时。因此，在每台欲加入游戏的实验箱都点击过 ATTEND 按钮之前，不得提前点击 START 按钮，否则不能正常进行游戏，需重新开始。

⊖　由于本章跳棋游戏界面颜色丰富，黑白打印无法体现，为了不影响读者阅读，本章所有图片可通过华章网站（www.hzbook.com）下载。——作者注

注意： 参与按钮 ATTEND 的作用将在任意一台已经参与的实验箱上的就绪按钮 START 按下之后被停止。换言之，只要有一个玩家按下就绪按钮，其他之前没有点击 ATTEND 按钮的玩家便无法加入跳棋游戏了。

另外，任意一台实验箱点击 START 按钮之后处于等待状态且正式开始游戏之前，可以点击 END 按钮或者小键盘上的"0"键进入初始界面重新开始游戏，各方重新进入侦听状态。（注：该功能主要用于各玩家操作步骤不正确导致没有正常进行游戏而停在等待状态的情况，如果还不能解决问题则需要重新下载程序。）

4）开始游戏后，红方先走棋。每台实验箱屏幕最下方分别代表该实验箱对应的棋子颜色，屏幕右端的"NOW："和"NEXT："分别指明了当前和下一步该谁走棋。当轮到某方走棋时，可以利用触摸屏或者小键盘进行走棋；而机器玩家则自动进行走棋，无需人对其操作。

5）各方只有轮到自己走棋时才可以走棋，即"NOW："显示的颜色与己方棋子颜色一致时。当轮到自己走棋时，若光标点所在的棋子是己方棋子，则会显示出该棋子所有可达棋位，用小黑点表示。图 5-4 给出了浅蓝色玩家（NOW 玩家）在某一走棋阶段的某一个被测试棋子（中间有较粗的十字符号，称为当前光标）的所有可达棋位快照。

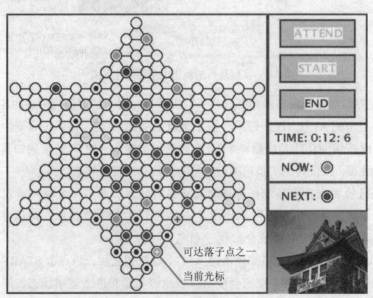

可达落子点之一
当前光标

图 5-4　浅蓝色玩家在某一走棋阶段的某一个棋子所有可达棋位快照

根据用小键盘或者触摸屏进行操作，可以分为两种情况：

- 小键盘：用方向键进行光标的移动，"1"键代表左上角，"3"键代表右上角，"4"键代表左，"6"键代表右，"7"键代表左下角，"9"键代表右下角，"5"键用于选中某棋子及落子。游戏中，闪烁点代表当前的光标，可以用方向键或者触摸屏任意改变光标。当光标移至某棋子后，若想移动该棋子，点击"5"键拾起该棋子，接着按方向键，可以向相邻方向移动或者连续跳步，到达欲落子的棋位之后按"5"键落子，则该步走棋完成；或者不想移动该棋子了，则移至该棋子的起点并按"5"键落子，则表示放弃移动该棋子，重新选择其他棋子走棋。

- 触摸屏：点击触摸屏选择想移动的棋子，此时会显示出该棋子可以到达的所有棋位，接着点击某个可达棋位则可以直接移动到该棋位，完成走棋。只要没有点击某个可达棋位，则点击触摸屏不表示走棋，只是改变光标的位置。

6）各方每一步走棋结束后，会将走棋的数据包广播到网络中，其他实验箱收到此数据包后需要对收到的走棋数据进行调整，即根据参与人数以及自己的 IP 计算出需要将收到的棋子的极坐标旋转多少度，之后显示在自己的棋盘中，并自动计算下一步该谁走棋。在其他实验箱上会显示该步走棋的路径，直到己方走棋后，才会清除该棋手该步走棋的路径。图 5-5 中用红线标注的棋子就是红色玩家上一步的走棋路径。

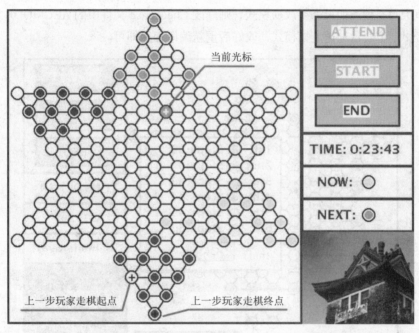

图 5-5　在己方棋盘上标记的红色玩家上一步走棋起点和终点

注意： 在图 5-5 中有三个带十字标记的棋位，它们分别是当前光标、上一步玩家的走棋起点、上一步玩家的走棋终点。读者在测试或者使用时应该熟悉这三种带十字标记棋位的含义。带十字标记棋位的前景色和背景色随着玩家棋子颜色的不同而不同。

7）在游戏的过程中，每位玩家都可以按小键盘上的"0"键重新发送己方上一步走棋的数据包，以供调试使用。

8）游戏过程中，任意玩家都可以点击屏幕右方的 END 按钮结束本棋局，此后每台实验箱都将进入初始界面重新开始游戏，重新进入侦听状态。

9）当某方走棋后，若取得胜利（即对角位置全被己方棋子占据），则会记录该信息并发送一个广播数据包通知其他实验箱，此后该玩家不再走棋，其他没有完成游戏的玩家继续走棋。直到最后一位玩家所有棋子走到对角，游戏结束，右方显示棋局结束信息并弹出优胜排名对话框。优胜排名对话框包括游戏的排名和各个玩家走棋的步数，如图 5-6 所示。

点击"OK"按钮之后，则进入初始界面重新开始游戏，重新进入侦听状态。

10）对于机器智能走棋 B 版本，由于在目前的算法下每一步思考很快，因此为了防止过快走棋，机器每一步走棋之前需要等待一段时间，以供玩家进行观看。这个等待时间在游戏过程中是可调的，可调范围从 0.25 秒到 10 秒。

如图 5-6 下方的黑底白字所示，表示该棋局每一步走棋等待时间是 0.25 秒。游戏过程中可以按 UP 和 DOWN 键随时更改该等待时间，程序会立即对其响应。建议将该时间调至 0.5 秒以上，以防程序来不及处理数据包而出错。另外，本版本有两种模式，即加速走棋模式和普通模式，加速走棋模式主要用于调试阶段，不显示对方玩家走棋闪烁提示，并且初始默认每步走棋等待时间是 0.5 秒；而普通模式时显示对方玩家走棋闪烁提示，并且初始默认每步走棋等待时间是 2.5 秒。如果需要改变模式，则修改 Checkers.c 文件中的 ACCMODE 宏定义，0 表示普通模式，1 表示加速走棋模式，改好后重新编译程序即可。

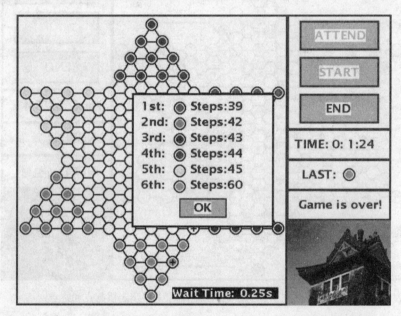

图 5-6　全部玩家棋子到达对角目的区之后给出优胜排名对话框

5.4　自然人走棋版本系统设计

5.4.1　主界面设计

1. 棋盘布局设计

跳棋棋盘有两种类型。一种是每方拥有 10 枚棋子的棋盘，另外一种是每方拥有 15 枚棋子的棋盘。两种棋盘形状都是六角星形。本课程设计使用的跳棋棋盘采用每方 10 枚棋子的棋盘，参看图 5-7。Player1 的棋子颜色取深蓝色，其起始营地位于左上角。其余玩家序号按照其起始营地与中心棋位节点之连线的顺时针方向进行标记，棋子的颜色序列为：深蓝色、浅蓝色、绿色、黄色、红色和紫色。

在本课程设计实验程序运行时，玩家的走棋次序为从 Player5 开始的逆时针方向，也就是按照 Player5、Player4、…、Player1、Player6 的次序走棋，参看图 5-7 中的箭头弧线指示。

从图 5-7 中可以看出，玩家编号是从深蓝色玩家开始按照顺时针方向依次编号为 Player1~Player6，而玩家的走棋顺序则是从 Player5 开始按照逆时针方向依次走棋。读者应当注意这一点，不要将两者混淆，误认为玩家按照 Player1~Player6 的顺序进行走棋。并且，如果玩家少于 6 人，仍然采用这里的玩家编号和走棋顺序，即每种颜色的棋子对应的玩家编号和走棋顺序是确定的，不会因为玩家数量减少而改变玩家的编号。在 5.4.5 节中将会对此进行更具体的说明。

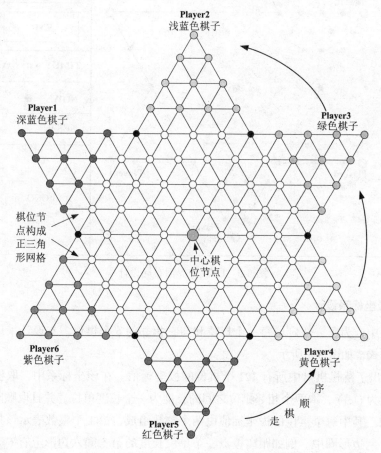

图 5-7　本课程设计使用的 10 子跳棋棋盘

2.LCD 的主界面设计

本课程设计采用的液晶屏分辨率为 640×480，主界面设计如图 5-8 所示。

显示界面布局主要包括：棋盘区、按钮区、信息显示区和 LOGO 区。分别描述如下：

1）棋盘区：处于屏幕的左边，占据较大位置，显示棋盘和各玩家的棋子。

2）按钮区：处于屏幕右上角，包括三个按钮，即 ATTEND（加入）、START（开始）、END（结束）。

3）信息显示区：处于屏幕右方中间位置，包括：TIME栏，显示游戏已经进行的时间（用 ×× 时 ×× 分 ×× 秒表示），其定义是从发出第 1 个玩家开始走棋指令到当前游戏经历的时间；NOW栏，显示当前走棋玩家，用该玩家的棋子颜色表示，在图 5-8 中是红色玩家；NEXT栏，显示下一步走棋玩家，用该玩家的棋子颜色表示，在图 5-8 中是黄色玩家。

4）LOGO 区：处于屏幕右下方，显示自定义的 LOGO 图片或者文字。当闪存配置正确并且成功读取 LOGO 图片文件时 LOGO 区显示读取的图片，否则显示自定义文字。

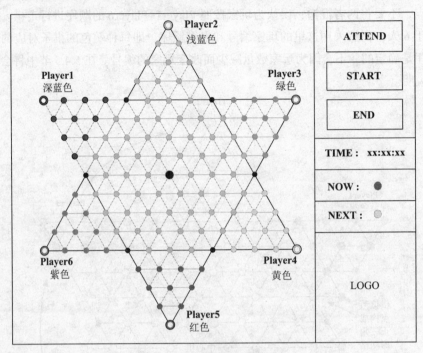

图 5-8　LCD 主界面布局设计

5.4.2　棋位极坐标系设计

跳棋程序中，为了方便定位每一个棋位和与它相邻的 6 个棋位，本设计采用了类似于极坐标的定位方式，如图 5-9 所示。

图 5-9 给出了跳棋棋盘中所有 121 个棋位的极坐标值。在该坐标系中，取棋盘中心点为极点，坐标定为 (1,1)，取两个相邻棋位之间的长度为一个长度单位，并且取顺时针方向为序号的增量方向。其中每个棋位的极坐标值由两个整数组成，第 1 个整数表示该棋位位于棋盘的第几个同心六边形圈中。例如距离极点一个单位长度的第二圈六边形上有 6 个棋位，距离极点两个单位长度的棋位有 12 个，以此类推。图 5-9 中标出了两个同心六边形圈。第 2 个整数表示该棋子是该六边形圈中的第几个棋位，该数值在各个六边形圈中以顺时针方向依次加一。棋盘中心位置为第一圈，往外依次为第二、第三至第九圈，每一圈的棋子数不同。

从第一圈到第九圈分别拥有 1 个、6 个、12 个、18 个、24 个、24 个、18 个、12 个、6 个棋位。由于程序中主要采用极坐标来定位各个棋位，因此，读者应当熟悉本程序中的极坐标设计。

另外，由于除了红方，其他玩家的棋盘都需要旋转一定角度以使得该玩家起始营地所对应的一角旋转到屏幕的正下方，所以各个玩家的棋盘上同一个棋子的极坐标值各不相同，需要一个旋转映射算法，这将在稍后给出具体描述。

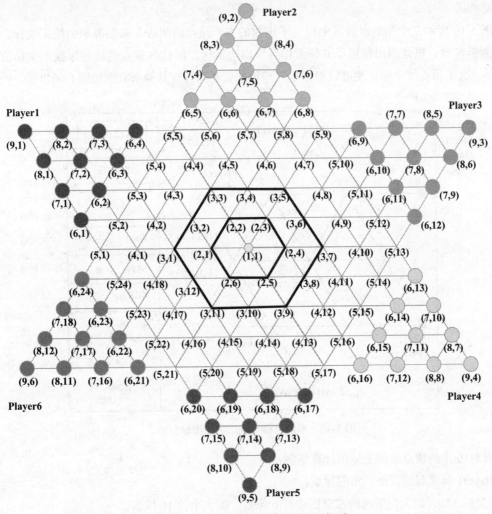

图 5-9　本跳棋棋盘采用的极坐标系

5.4.3　绘图坐标系设计

本实验箱液晶屏上的绘图坐标是一个直角坐标系，以 LCD 屏幕左上角为原点 $(0, 0)$，每个像素点的绘图坐标表示为 (x, y)，x 表示该像素的绘图横坐标，y 表示该像素的绘图纵坐标。绘图坐标系设计如图 5-10 所示。

1. 棋盘部分的绘图坐标

标准的跳棋棋盘中每个小三角形都是正三角形，底边与高的比例为 $2 : \sqrt{3}$，底边和高不能都为整数，这在本实验箱上的 640×480 像素 TFT 液晶屏上无法使用绘图坐标进行准确定位。为此，我们使用了一种近似的方法，即底边与高的比例取为 9:7，底边长度 w 取为 36 个像素点，高 h 取为 28 个像素点，并且棋子的半径取为 10 个像素点。这样整个棋盘的高为 $H = 16 \times h + 2 \times (r-1) = 466$，宽为 $W = 12 \times w + 2 \times (r-1) = 450$。式中的 16 和 12 分别是垂直和水平方向的小三角形个数，而圆括号内的 $r-1$ 表示扣除圆心像素之后的实际半径。466×450 像素大小的棋盘能够满足在 640×480 分辨率的液晶屏中显示。其余的液晶屏部分用于显示边框和右侧的功能区。

图 5-10 所示左中侧的棋盘区中标出了棋盘的 6 个顶点的圆心在液晶屏中的绘图坐标。实际绘制棋盘时，棋盘四周保留了 6 像素作为空白边缘区，因此各顶点的横和纵绘图坐标值均增加 6。有了顶点的坐标，便可以根据小三角形的底和高计算其他所有棋位圆心的坐标。

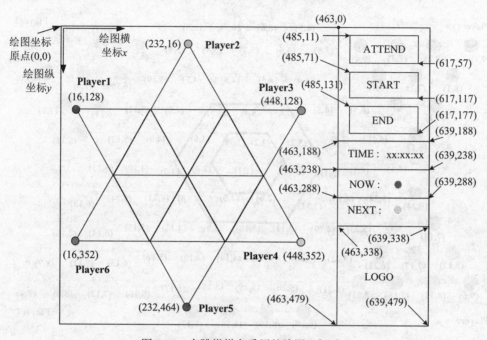

图 5-10　本跳棋棋盘采用的绘图坐标系

图 5-10 中的顶点绘图坐标值计算举例：

Player1 玩家起始营地一角的顶点：

x 坐标 =16，因为在横向的左空白边有 6 像素，加上半径 10 像素。

y 坐标 =16 + (28 × 4) = 128，因为在垂直方向有 4 个小三角形高度，每个 28 像素。

Player3 玩家起始营地一角的顶点：

x 坐标 =16 + (36 × 12) = 448，因为在横向有 12 个小三角形的底边长度，每个 36 像素。

y 坐标 =16 + (28 × 4) = 128，因为在垂直方向有 4 个小三角形高度，每个 28 像素。

本跳棋棋盘共有 121 个棋位，所有棋位的圆心绘图坐标如表 5-1 所示。

表 5-1　棋盘所有棋位在 LCD 上的绘图坐标一览表

圈号 序号	第 1 圈	第 2 圈	第 3 圈	第 4 圈	第 5 圈	第 6 圈	第 7 圈	第 8 圈	第 9 圈
1	232,240	196,240	160,240	124,240	88,240	70,212	52,184	34,156	16,128
2		214,212	178,212	142,212	106,212	88,184	70,156	52,128	232,16
3		250,212	196,184	160,184	124,184	106,156	88,128	214,44	448,128
4		268,240	232,184	178,156	142,156	124,128	196,72	250,44	448,352
5		250,268	268,184	214,156	160,128	178,100	232,72	412,128	232,464
6		214,268	286,212	250,156	196,128	214,100	268,72	430,156	16,352

（续）

圈号 序号	第1圈	第2圈	第3圈	第4圈	第5圈	第6圈	第7圈	第8圈	第9圈
7			304,240	286,156	232,128	250,100	376,128	430,324	
8			286,268	304,184	268,128	286,100	394,156	412,352	
9			268,296	322,212	304,128	340,128	412,184	250,436	
10			232,296	340,240	322,156	358,156	412,296	214,436	
11			196,296	322,268	340,184	376,184	394,324	52,352	
12			178,268	304,296	358,212	394,212	376,352	34,324	
13				286,324	376,240	394,268	268,408		
14				250,324	358,268	376,296	232,408		
15				214,324	340,296	358,324	196,408		
16				178,324	322,324	340,352	88,352		
17				160,296	304,352	286,380	70,324		
18				142,268	268,352	250,380	52,296		
19					232,352	214,380			
20					196,352	178,380			
21					160,352	124,352			
22					142,324	106,324			
23					124,296	88,296			
24					106,268	70,268			

表 5-1 中，表头左上角单元"圈号"表示棋盘棋位坐标节点的圈号，"序号"表示棋位在该圈的序号。横栏标题和竖列标题之外的单元格内容为第 x 圈中序号为 y 的棋位的圆心在 LCD 上的 x 轴绘图坐标值和 y 轴绘图坐标值。内容为空白的单元格代表该走棋坐标位置不是有效棋位。

2. 其他部分的绘图坐标

其他部分的绘图坐标包括界面框架坐标、按钮坐标、文字坐标、游戏优胜排名对话框的坐标等。图 5-10 中给出了部分框架、按钮的绘图坐标，根据这些坐标，便可以大致确定界面所有元素的绘图位置。对于其他部分的绘图坐标，可以参考源代码中 drawUI.h 文件的相应部分，在此就不详细说明了。

5.4.4　主要数据结构和数组赋值

1）结构体变量 pointState 描述棋盘上各棋位的棋子状态，它的定义如下给出：

```
typedef struct
{
    int flag;           /* 有无棋子，1 为有，0 为无 */
    int color;          /* 棋子颜色 */
}pointState;
```

2）structRECT 结构体定义了一个矩形像素区域（用绘图坐标表示）。在本程序中主要用于绘制矩形以及在每一个使用触摸屏输入的场合，使用一个特定的矩形区域来规定 LCD 上对触摸屏输入的响应区域。structRECT 结构体定义如下给出：

```
typedef struct
{
    int left;                /* 左上角绘图横坐标 */
    int top;                 /* 左上角绘图纵坐标 */
    int right;               /* 右下角绘图横坐标 */
    int bottom;              /* 右下角绘图纵坐标 */
}structRECT;
```

3）Point 结构体定义了棋盘上每个棋位的所有信息，包括该棋位圆心在屏幕中的绘图坐标、极坐标、该棋位的棋子状态（有无棋子以及棋子的颜色），以及指向 6 个相邻 Point 结构体的指针。结构体变量 Point 的定义如下给出：

```
struct Point
{
    int x;                   /* 该棋位圆心的绘图横坐标值 */
    int y;                   /* 该棋位圆心的绘图纵坐标值 */
    int circle;              /*circle 和 num 共同构成该棋位的极坐标 */
    int num;
    pointState piece;        /* 该棋位的棋子状态 */
    /* 每个棋位可有 6 个方向的邻接棋位，以下定义每个方向指向哪个棋位 */
    struct Point *D1;        /* 本棋位的正左方向    */
    struct Point *D2;        /* 本棋位的左上角方向 */
    struct Point *D3;        /* 本棋位的右上角方向 */
    struct Point *D4;        /* 本棋位的正右方向    */
    struct Point *D5;        /* 本棋位的右下角方向 */
    struct Point *D6;        /* 本棋位的左下角方向 */
};
```

例如，第 9 圈第 2 个棋位的 Point 型结构体变量的赋值语句是：

```
struct Point Circle9_Num2={Circle9_Num2_x,Circle9_Num2_y, 9, 2, \
{0,0},NULL,NULL,NULL,NULL,NULL,NULL};
```

赋值语句中的 Circle9_Num2_x、Circle9_Num2_y 分别是在 drawUI.h 头文件中用宏定义方法给出的第 9 圈第 2 个棋位圆心的绘图横坐标和纵坐标。

4）一个 Point 指针型二维数组 circleList，记录棋盘中所有 121 个棋位的数据：

```
struct Point * circleList[10][25];
```

circleList 数组第一维是棋位的极坐标圈号，第二维是棋位在该圈的序号。

对于这个 circleList 数组，调用函数 initCircleList 对它进行初始化。

下面是函数 initCircleList 初始化 circleList 数组内指针元素的语句举例。

```
    ...
    circleList[2][6]=&Circle2_Num6;
    circleList[3][1]=&Circle3_Num1;
    circleList[3][2]=&Circle3_Num2;
    ...
```

初始化完毕，便可以通过 circleList 数组以及极坐标快速定位各个棋位。

另外，声明一个指向 6 个角区的 Point 指针型二维数组 initList。

```
struct Point *initList[7][11];
```

该数组分别指向棋盘 6 个角区的各个棋位，第一维是角区编号，表示棋盘的一角；第二维是该角区中的棋子编号，每一角共有 10 枚棋子。这样，开始一个新棋局时程序绘制玩家的棋子可以通过该数组快速定位初始棋盘的棋子。另外，该数组还用于棋盘的旋转映射算法，5.4.6 节中将详细描述。

另外，除了这几个结构体和数组，其他一些数组和结构变量将在介绍具体算法时说明。

5.4.5 颜色确定算法

由于在侦听阶段各个实验箱都记录了收到的其他实验箱发来的数据包，所以可以计算参与人数以及各自的 IP 地址。于是程序根据参与的人数及各自的 IP 地址，自动分配棋子颜色和走棋顺序。

根据参与人数，可分为 4 种情况。

1. 2 人

2 人的棋子颜色分别为红色和浅蓝色，根据 IP 地址的末位进行比较，IP 地址小的采用红色，IP 地址大的采用浅蓝色。走棋顺序依次是红色和浅蓝色。

例如，玩家甲和玩家乙 IP 地址的最低字节地址值分别是 12 和 11，则玩家乙取红色棋子，玩家甲取浅蓝色棋子。又例如，玩家甲和玩家乙的最低字节地址值分别是 13 和 16，则玩家甲取红色棋子，玩家乙取浅蓝色棋子。从这里可以看出 IP 地址与玩家棋子的颜色没有一一对应的关系。

2. 3 人

3 人的棋子颜色分别为红色、深蓝色和绿色，根据 IP 地址的末位进行比较，IP 地址最小的采用红色，中间的采用深蓝色，IP 地址最大的采用绿色。走棋顺序也是如此。

3. 4 人

4 人的棋子颜色分别为红色、紫色、浅蓝色和绿色，根据 IP 地址的末位进行比较，IP 地址最小的采用红色，较小的采用紫色，较大的采用浅蓝色，IP 地址最大的采用绿色。走棋顺序也是如此。

4. 6 人

6 人的棋子颜色分别为深蓝色、浅蓝色、绿色、黄色、红色和紫色。根据 IP 地址的末位进行比较，规则同上。

表 5-2 给出了 6 人进行跳棋游戏时玩家编号、IP 地址和棋子颜色的对应关系。从表 5-2 中可以看出，在 6 人跳棋游戏场合这三者之间具有明确的对应关系。

表 5-2 6 人游戏场合下玩家编号、IP 地址和棋子颜色的明确对应关系

玩家编号	IP 地址	颜色
Player1	192.168.1.11	深蓝色
Player2	192.168.1.12	浅蓝色
Player3	192.168.1.13	绿色

(续)

玩家编号	IP 地址	颜色
Player4	192.168.1.14	黄色
Player5	192.168.1.15	红色
Player6	192.168.1.16	紫色

跳棋玩家小结： 本程序设立了根据玩家数和玩家 IP 地址确定玩家编号和棋子颜色的规则。一般而言，实验箱收到的 IP 地址与玩家编号并没有确定的对应关系。因为 IP 地址值变化范围大，所以用它来进行玩家 IP 值相互之间的大小比较，以便按照升序分配各玩家的颜色。当且仅当只有 6 名玩家进行比赛时，IP 地址才与玩家编号和玩家的棋子颜色具有唯一的对应关系。

5.4.6 旋转映射算法

上文已经提到，游戏过程中程序需要自动地对各台实验箱的显示坐标系进行相互转换，同时所有玩家在整个游戏过程中的逻辑棋盘必须保持一致。在本游戏中，逻辑棋盘取为第 5 号玩家（拥有红色棋子，称为红色玩家）的棋盘，即红色玩家的棋盘不做旋转，而其余玩家的棋盘都将相对于红色玩家进行一定角度的旋转，以使得各方起始营地所对应的一角位于各自屏幕的正下方。这样，虽然各玩家看到的棋盘各不相同，但是逻辑棋盘是相同的，具有唯一性。逻辑棋盘用 CN 表示。

旋转映射算法分为两种情况，分别说明如下。

1. 开始游戏后的初始界面

初始界面即每个玩家进入游戏后的界面，此时没有任何玩家走棋，而每一方起始营地所对应的一角都位于各自屏幕的正下方，因此每个玩家看到的棋盘均不相同。我们称各玩家在游戏时看到的棋盘为操作棋盘，记为 CN_m（$m=1..6$）。前面提到过，对于红色玩家而言，逻辑棋盘等于操作棋盘，不需要旋转。而对于其他玩家，程序需要根据参与人数及各玩家的颜色对逻辑棋盘进行旋转，才能够得到操作棋盘。其他玩家的旋转角度都以红方为基准，即将红方操作棋盘顺时针旋转多少度可以使得该玩家的颜色位于棋盘最下方。因此，非红方玩家在实验箱 LCD 上显示己方棋盘之前，需要计算出逻辑棋盘需要旋转的角度。然后在红方标准棋盘的基础上，加上该角度，才能使绘制出的棋盘符合上述规定。

图 5-11 给出了如何从逻辑棋盘旋转映射得到深蓝色和紫色玩家的操作棋盘。

注意： 图 5-11 中的彩色三角形表示各个玩家拥有的对应彩色棋子起始营区。以后类推。

在程序中，为了实现旋转映射，用到了上文提到的二维指针数组 initList。该数组第一维下标取值范围是 1~6，表示 6 个角区。其中 1 代表左上角区，2 代表中上角区，3 代表右上角区，4 代表右下角区，5 代表中下角区，6 代表左下角区。在整个初始棋盘绘制过程中，都将采用该数组定位棋盘的 6 个角区。initList[1][1]~[1][10] 指向 1 号角区的 10 枚棋子所在的棋位，initList[2][1]~[2][10] 指向 2 号角区的 10 枚棋子所在的棋位，以此类推。

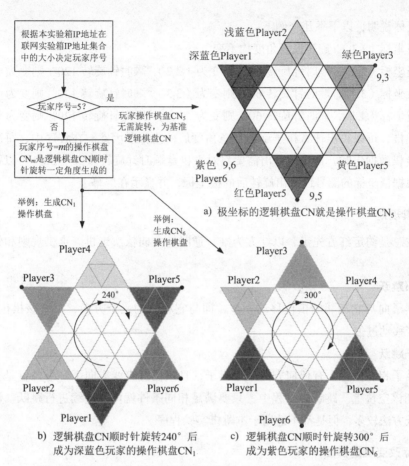

a) 极坐标的逻辑棋盘CN就是操作棋盘CN₅

b) 逻辑棋盘CN顺时针旋转240°后成为深蓝色玩家的操作棋盘CN₁

c) 逻辑棋盘CN顺时针旋转300°后成为紫色玩家的操作棋盘CN₆

图 5-11　逻辑棋盘经旋转映射得到深蓝色和紫色玩家的操作棋盘

为了具体说明玩家操作棋盘的旋转，举例如下。

对于深蓝方（位于逻辑棋盘的 1 号角区），由于红方操作棋盘以棋盘中心为旋转中心顺时针旋转 240° 才能使深蓝方起始棋子区位于屏幕最下方，即旋转 4 个 60°，所以在红方的棋盘表示中，initList[1][1]~[1][10] 指向深蓝方的 10 枚棋子的初始棋位，而在深蓝方的棋盘表示中，initList 的第一维需要加上 4，即 initList[5][1]~[5][10] 才指向深蓝方的 10 枚棋子的初始棋位，表示逻辑棋盘上 1 号角区旋转到了深蓝方操作棋盘的 5 号角区。其他玩家操作棋盘的旋转与此类似。

2. 游戏过程中

游戏过程中，各玩家之间需要传输走棋数据包，走棋数据包包含了走棋起始点和目标点的极坐标。而该极坐标值是对应于发送方的操作棋盘的极坐标值，由于每一方的操作棋盘各不相同，因此，每个接收方收到发送方发来的走棋数据包后，需要对该数据包中的极坐标进行旋转以得到对应于接收方操作棋盘的极坐标，并显示在屏幕上。

因此，程序需要根据玩家数量、发送方颜色、接收方颜色以及极坐标中的圈号对收到的极坐标进行旋转，即从发送方的棋盘顺时针旋转多少度可以转到与接收方的棋盘一致。对于极坐标的每一圈，这个旋转角度所对应的极坐标的改变均不同。

为了具体说明，以下举几个例子：

对于极坐标（1,1），旋转任意角度均不变。

对于极坐标（2,1），顺时针旋转 60° 则变为（2,2），顺时针旋转 120° 则变为（2,3）。

对于极坐标（3,1），顺时针旋转 60° 则变为（3,3），顺时针旋转 120° 则变为（3,5）。

对于极坐标（4,1），顺时针旋转 60° 则变为（4,4），顺时针旋转 120° 则变为（4,7）。

以此类推，可以得出任意棋子旋转任意角度后的坐标。因此，在程序中，每次收到其他方发来的走棋数据包时，首先计算出需要将对方棋盘顺时针旋转多少个 60° 可以得到己方棋盘，接着根据极坐标的圈号计算出旋转后的极坐标，并显示在屏幕上。

5.4.7　走棋规则

本游戏总是约定红方先走，以红方为准，逆时针方向依次走棋。走棋规则和传统的跳棋一致。

1. 相邻跳跃

将某棋子向与它相邻的棋位移动一步，即与它相邻的六个方向，只要该棋位没有棋子，便可以直接移动过去。

2. 隔子跳跃

若某棋子相邻位置上有任何方的一个棋子，且该位置直线方向下一个位置是空的，则可以直接跳到该空位上。跳跃的过程中，只要满足相同条件就可以连续进行跳跃。注意：跳棋的其他跳跃方法较多，但是都不适用于本跳棋实验程序。

5.4.8　光标改变及走棋设计

游戏开始后，便可以同时接收小键盘和触摸屏传来的输入事件，根据是键盘或者触摸屏事件，可以分为两种情况。

1. 小键盘

1）没有拾起棋子的状态：如果是按下方向键，则改变光标，如果当前光标处是己方棋子，则绘制该棋子所有可达棋位。如果是按下拾取键且当前光标处是己方棋子，则拾取该棋子，进入拾起状态。

2）拾取棋子后的状态：如果是方向键，则判断该移步是否合乎规则，若合乎规则就移动一步，但仍处于拾起状态。如果是跳步则可以继续移动。如果按下落子键，但是又回到了起点，则回到没有拾起棋子的状态，否则完成走棋，并判断是否赢得游戏。

2. 触摸屏

点击触摸屏进行光标的改变。若当前光标处是己方棋子，则会显示出该棋子所有可达棋位。如果接着点击某一可达棋位，则会完成走棋，否则只是继续改变光标。

游戏过程中，为了对小键盘和触摸屏的输入事件进行响应，设计了两个函数，分别为 dealkey 和 dealTouch。其中，dealkey 函数的输入参数是经过 convertKey 函数转换的键盘码，因为默认情况下得到的键盘码不是标准键盘码，需要经过转换。得到了转换后的键盘码，便知道点击了哪个按键。而 dealTouch 函数的输入参数则是棋位极坐标，因此，也需要事先将触摸屏输入的坐标转换为棋位极坐标，这个转换过程是通过扫描所有棋位圆心的绘图坐标，判断触摸屏输入的坐标是否在某个棋位绘图坐标范围以内，是的话则说明点击了该棋位。

5.4.9 可达棋位搜索算法

在游戏过程中，当轮到己方走棋时，每选中己方一枚棋子，程序便会自动依照走棋规则搜索出该棋子所有可达棋位并在棋盘上显示。参看在华章网站（www.hzbook.com）上免费下载的跳棋工程文件夹中 Checkers.c 里面的 findDesti 函数。具体算法如下：

首先，建立一个数组记录当前找到的可达棋位，搜索算法分为两步：

1）搜索当前棋子可以隔子跳跃一次到达的目标棋位，依次对六个方向进行判断，若某方向存在没有记录过的可达棋位，则将该可达棋位记录在数组中，并以该可达棋位为起点，递归查找该可达棋位通过隔子跳跃可达的棋位。

2）搜索当前棋子六个相邻方向，若某相邻棋位没有棋子，且没有记录过该棋位，则将该棋位记录在数组中。

这两个步骤完成后，数组中便记录了当前棋子所有可达棋位。

下面给出了可达棋位搜索算法的伪码：

```
findDesti(struct Point * current)
{
  findStep1(current);        /* 搜索 6 个相邻方向棋位 */
  findStep2(current);        /* 搜索通过连续隔子跳跃可达棋位 */
}

/* 搜索 6 个相邻方向棋位 */
findStep1(struct Point * current)
{
  for (i=1; i<=6; i++)
  {
    temp = current -> Direction[i];
    if (temp 指向的棋位是空的并且没有记录过)
      enque(temp);            /* 保存该棋位 */
  }
} /* end findStep1( ) */

/* 搜索通过连续隔子跳跃可达棋位 */
findStep2(struct Point * current)
{
  for (i=1; i<=6; i++)
  {
    temp = current -> Direction[i];
    if(temp 指向的棋位不是空的)
    {
      if (temp -> Direction[i] 指向的棋位是空的并且没有记录过)
      { /*temp -> Direction[i] 是沿着 Direction[i] 方向 temp 所在棋位的下一个
            棋位，即隔子跳跃目标棋位 */
        enque(temp -> Direction[i]);      /* 保存该棋位 */
        findStep2(temp -> Direction[i]);  /* 从该棋位开始递归搜索 */
      }
    }
  } /* end for (i=1; i<=6; i++) */
} /* end findStep2( ) */
```

5.4.10 游戏胜利的判断及排名和记录步数算法

1. 记录步数方法

游戏中定义了一个记录各个玩家走棋步数的数组 steps[]，每当己方走棋或者接收到其他玩家发来的走棋数据包，便会将相应玩家的走棋步数数组元素加一。

2. 记录各玩家是否完成游戏

游戏中定义了一个记录各个玩家是否完成游戏的数组 winGame[]。己方走每一步棋之后，程序会扫描己方对角位置的 10 个棋位，如果 10 个棋位全被己方棋子占据，则己方完成游戏，记录在 winGame 数组中，并发送一个数据包给其他玩家，其他玩家收到后，也将记录在 winGame 数组中。

3. 判断棋局是否结束并显示信息

当己方胜利后，将会搜索 winGame 数组，判断是否每个加入游戏的玩家都完成了游戏，即己方是否是最后一个完成的玩家，如果是的话，则会结束棋局，显示出排名和走的步数信息。

当收到其他方发来的完成游戏信息后，也会搜索 winGame 数组判断是否每一方都完成了游戏，如果是的话则会结束棋局，显示出本局游戏排名和各方走棋步数信息。

4. 计算排名方法

程序中定义了 order[] 数组和 nowOrder 变量。nowOrder 变量初始值为 0，每当某个玩家完成游戏，便会将 nowOrder 变量加一，并将该玩家编号记录在 order[nowOrder] 元素中。这样，order 数组便记录了游戏的名次，即 order[0]、order[1]、…、order[5] 分别记录了第一名、第二名、…、第六名的玩家编号。

5.4.11 判断当前和下一步该谁走棋的算法

游戏中定义了一个 nextTable 二维数组，如下：

```
int nextTable[7][7]={{0},{0},{0,0,5,0,0,2},{0,5,0,1,0,3},{0,5,1,0,2,4},{0},{0,6,1,
2,3,4,5}};
```

这个数组的用法是：第一维为本局游戏玩家人数，第二维为当前走棋玩家的编号，得出的值便为下一步走棋玩家的编号。

例如：当前有 3 名玩家，当前走棋玩家的编号为 1，则下一步走棋玩家的编号为 nextTable[3][1]=5，即下一步该 5 号玩家走棋。

值得注意的是，当有玩家完成游戏后，该玩家将不再走棋，所以该算法必须相应进行调整。即如果发现记录的当前或者下一步走棋玩家已经完成游戏，则继续查询 nextTable 数组，直到找到一个没有完成游戏的玩家编号。这在程序中通过一个循环判断进行实现。

再举一个例子：有六个玩家的跳棋游戏场景。当前轮到 1 号玩家走棋，下一步轮到 nextTable[6][1]=6 号走棋。如果 6 号玩家已经完成游戏，则下一步改为由 nextTable[6][6]=5 号玩家走棋。如果 5 号玩家也完成游戏，则下一步继续改为由 nextTable[6][5]=4 号玩家走棋。以此类推。

5.4.12 程序模块划分

本课程设计在 Tornado 2.2 中建立一个可启动的工程，新建了如下几个程序文件：

- myUgl.h 与 myUgl.c：与图形界面函数库有关操作的头文件和源文件，用于处理图形界面的有关操作，主要是初始化图形界面函数库、设置相关的参数、创建字体、初始化各种颜色。
- drawUI.h 与 drawUI.c：用于绘制图形界面和进行绘图相关的处理。
- Checkers.h 与 Checkers.c：主程序文件，控制整个跳棋程序的执行流程，创建若干个任务并处理各种消息事件、信号和信号量等。

另外，还修改了 usrAppInit.c，在 usrAppInit 函数中调用 progStart 函数，即跳棋程序的主任务，它在 Checkers.c 中定义。实验箱启动后会执行 usrAppInit 函数，启动跳棋游戏。

5.4.13 任务划分

本联网跳棋游戏程序中除了主任务 progStart 之外，还创建了 5 个任务，分别是：

- taskGame：控制整个游戏执行流程的任务。
- taskGlint：光标闪烁任务。
- taskRecv：接收网络数据包并解析的任务。
- taskTick：计算游戏时间以及每秒给 taskTimeShow 任务发送信号的任务。
- taskTimeShow：显示游戏时间的任务。

以上 5 个任务在主任务中创建，主任务主要是配置闪存（即执行 usrTffsConfig(0,0, "/tffs0") 闪存配置语句）、初始化图形界面、初始化网络、创建信号量和任务、初始化信号等。等到 5 个任务开始执行后，主任务便等待重启游戏的信号量，一旦该信号量被释放，主任务便重启 5 个任务、初始化游戏数据，重新开始游戏。

这 5 个任务中，taskTick 优先级定义为 220，taskRecv 优先级定义为 210，其他三个任务优先级定义为 230。因为接收数据包和计时需要更及时的处理，所以赋予 taskRecv 任务最高优先级。

5.4.14 数据包结构描述

本程序定义的数据包格式如下：

```
typedef struct
{
    int recvCount;          /* 发送方发送的包序号 */
    int playernum;          /* 发送方的玩家编号 */
    int tag;                /* 0 表示加入棋局信号，1 表示就绪信号，2 表示走棋信号，3 表示胜利信
                               号，4 表示结束信号 */
    int oldCircle;          /* 发送方走棋起始点的圈号 */
    int oldNum;             /* 发送方走棋起始点所在圈的序号 */
    int newCircle;          /* 发送方走棋目标点的圈号 */
    int newNum;             /* 发送方走棋目标点所在圈的序号 */
}SENDPACK, *LPSENDPACK;
```

该结构中 recvCount 用于多次发送机制，将在 5.4.15 节描述。playernum 为玩家编号。tag 是数据包类型标记，表明该数据包是哪种数据包。最后 4 个变量用于传递走棋坐标信息。

5.4.15 网络通信处理流程

本跳棋游戏采用的通信模式是对等网络，即各实验设备处于对等地位，没有设置游戏服务器。由于是联网游戏，需要在各个实验设备之间保持数据同步，从而实现各玩家状态信息的一致，因此需要保证每一方发送的数据包都被其他方接收到并处理。

为了实现网络通信的可靠性，可以采用 TCP 协议，不过该方式下各实验设备之间需要维持多个连接，开销较大，并且不支持广播方式发送；而采用 UDP 协议开销较小，并且能够实现广播方式发送，但是不能保证通信的可靠性，在某些情况下可能会丢失数据包。

考虑到本程序作为一个课程设计案例，为了简化程序编写与理解，采用 UDP 协议进行数据传输。5.11 节中给出了采用 TCP 协议重写本程序的替换练习，以增加通信可靠性。

在本程序中，UDP 通信采用的端口号为 5002，发送方式为广播发送，即每发送一个数据包，网络中每个节点都能接收到该数据包。

1）游戏一开始便创建了一个任务 taskRecv 用于接收数据包。以下分别描述多次发送机制以及各种数据包的处理方式。

为了使得 UDP 数据包较为可靠地传递，本程序采用多次发送以及可手动重发的方法。即每个数据包发送两次，两次之间间隔一定时间。每一方都有一个发送包序号变量，记录这是发送的第几个包。每一方还有一个接收包序号的数组，用于保存最近接收到的各玩家上一次发送的包序号。

每当接收方收到一个包，便比较这个包中的包序号和接收包序号数组中的值，如果刚接收的包序号较新，则处理该数据包，并更新接收包序号数组。如果两者相同，则说明已经处理过该数据包，不再对该数据包进行处理。

另外，在游戏的过程中，还可以通过小键盘上的“0”键重发上一步走棋的数据包，这为程序的调试提供了方便。

2）数据包类型。根据数据包中的 tag 变量值，将数据包分为 5 种：

① tag 为 0。表示加入棋局信号，接收方将该数据包中的玩家 IP 记录在已参加游戏的玩家数组中。

② tag 为 1。表示就绪信号，收到该数据包后，如果该数据包中的玩家 IP 已经记录在已参加游戏的玩家数组中，则将该 IP 记录在已就绪玩家数组中。如果已经收到所有玩家的就绪信号，则释放 semAllConfirmId 信号量，该信号量将在 5.4.17 节详细说明。

③ tag 为 2。表示走棋信息数据包，接收方对收到的走棋坐标进行旋转，并显示在棋盘上。接着计算下一步该谁走并更新状态。

④ tag 为 3。表示完成棋局信号，接收方显示优胜排名对话框，棋局结束。

⑤ tag 为 4。表示重启游戏信号，接收方重新初始化游戏，进入侦听状态。

5.4.16 光标闪烁的实现及信号的使用

游戏开始后，便会在棋盘上显示一个光标，每 0.5 秒该光标颜色变换一次，即由黑到白或由白到黑（对应该棋位没有棋子的情况），或是由棋子对应颜色到白或由白到棋子对应颜色（对应该棋位有棋子的情况）。由于状态每 0.5 秒变化一次，将状态记录在一个变量中，这个变量在两个值中不停变化，实现状态的转变。

每当 taskGlint 任务绘制光标的一个状态之后，便会改变状态记录变量，并延迟 0.5 秒。而此时如果通过键盘或者触摸屏改变光标之后，由于 taskGlint 任务还处于延时状态中，不能立即更新光标，而要等延时完成才能给出响应，所以必须采用一定措施使 taskGlint 任务结束延时状态而立即响应光标的变化。

本设计采用了信号解决这个问题。因为在 VxWorks 系统中，任务处于延时状态时可以通过发送一个信号来结束该任务的延时，所以首先定义了一个信号处理函数，在 taskGlint 任务中注册这个信号处理函数。在按键和触摸屏处理函数中，增加了发送信号的语句，即每当光标改变，便发送一个信号给 taskGlint 任务，taskGlint 任务立即结束延时状态，执行信号处理函数，并开始下一次循环。这样便及时对光标的改变做出了响应。

5.4.17   程序间通信

本跳棋程序主要采用信号量进行任务间同步，一共定义了 5 个二进制信号量：

```
SEM_ID      semRestartId;              /* 控制游戏重新开始的信号量 */
SEM_ID      semGlintId;                /* 控制光标开始闪烁的信号量 */
SEM_ID      semTimeId;                 /* 控制开始计时的信号量 */
SEM_ID      semTickId;                 /* 控制时间显示的信号量，每秒发送一次 */
SEM_ID      semAllConfirmId;           /* 是否所有参与者都发送了游戏就绪的信号 */
```

其中，semRestartId 信号量由 restart 函数释放，主任务 progStart 在游戏开始后一直阻塞在该信号量上，直到 restart 函数释放该信号量，主函数继续执行，重启其他 5 个任务，初始化数据，重新开始游戏。

semGlintId 信号量则是当 taskGame 任务绘制好所有玩家的初始棋子后释放，之前 taskGlint 任务一直阻塞，直到 taskGame 释放该信号量之后开始光标的闪烁。

semTickId 信号量也是当 taskGame 任务绘制好所有玩家的初始棋子后释放，之前 taskTick 任务一直阻塞，直到 taskGame 释放该信号量之后开始计时。

semTimeId 信号量由 taskTick 任务每秒释放一次。相应地，taskTimeShow 任务也每秒得到该信号量一次。taskTick 任务每秒更新一次计时变量，并释放 semTimeId 信号量，taskTimeShow 任务根据计时变量更新时间的显示，并继续等待下一秒的 semTimeId 信号量。

semAllConfirmId 信号量用于所有玩家同步开始游戏。在 taskRecv 任务中如果已经收到所有其他玩家的就绪信号，则释放 semAllConfirmId 信号量。各方在 taskGame 任务中会等待该信号量被释放，只有该信号量被释放并且按 START 按钮，即发送了就绪数据包后，才开始进行游戏。这样可以使得所有玩家同时进入游戏，并同时开始计时。

5.4.18   图形界面绘制

本程序使用 WindML 3.0 图形函数库来绘制图形界面。要使用该图形函数库，需要在程序一开始就对它进行初始化。初始化图形库的操作在 myUgl.h 与 myUgl.c 中定义。初始化操作主要包括初始化显示设备、输入设备、指针设备，初始化字体、初始化颜色定义等。如果需要定义新的颜色、字体等可以在这两个文件中直接增加。相关部分可以通过阅读 myUgl.h 与

myUgl.c 文件深入了解，在此就不详细叙述了。

图形库初始化后，便可以在程序中绘制各种图形和文字。对于界面框架和按钮、文字、图片等的绘制代码，主要在 drawUI.h 和 drawUI.c 文件中。drawUI.h 文件中利用宏定义给出了界面各个部分的绘图坐标以及 LOGO 图片存储位置，drawUI.c 则主要负责绘制界面。

下面介绍一下棋盘和优胜排名对话框的绘制。

1. 棋盘的绘制

（1）棋盘框架

程序中用一个两层循环遍历每一个棋位，对于每一个棋位，分别判断其 6 个方向是否存在相邻的棋位，如果存在，则画一条从当前棋位的中心指向相邻棋位中心的直线，由于圆心的绘图坐标信息已经保存在棋位二维数组 circleList 中，绘制时直接读取该数组即可。遍历完所有的棋位之后，直线框架便绘制出来了。接着再以各个棋位的中心为圆心，绘制一个圆，这样整个棋盘就绘制出来了。

（2）棋子

棋子的绘制比较简单，只要在棋位的圆心处绘制一个比外圆半径小一些的有颜色的实心圆即可。

2. 优胜排名对话框的绘制

优胜排名对话框（也叫做胜利对话框）如图 5-12 所示。

这个对话框包括六行文字和一个按钮，文字部分分为左半部分和右半部分。首先根据玩家数量决定文字行数，中间的棋子图样则是根据 order 数组记录的排名情况将对应玩家的棋子绘制出来。显示的步数则是 steps 数组记录的步数。

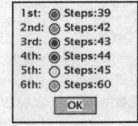

图 5-12　优胜排名对话框

5.4.19　函数

本嵌入式联网跳棋软件的自然人走棋版本的 C 语言源代码大约为 5100 行，除了 6 个任务函数，其他函数共 41 个。表 5-3 给出本跳棋软件的自然人走棋版本的函数，该表给出了函数名、参数说明和主要功能介绍。

表 5-3　联网跳棋软件自然人走棋版本的函数

序号	函数声明	功能简介	参数说明
1	void initNetwork(); 语句总行数：33	初始化网络，调用配置IP和套接字的函数	无
2	int getNetConfigFromFile(); 语句总行数：17	读取IP配置文件，获得本机IP，读取成功则返回1，否则返回0	无
3	void inputIP(); 语句总行数：75	当IP配置文件无法读取时用小键盘输入IP	无
4	void initSocket(); 语句总行数：25	初始化套接字，为发送和接收数据包做准备	无
5	void initCircleList(); 语句总行数：946	初始化棋位指针数组circleList和initList，以及每个棋位的6个方向指向	无

（续）

序号	函数声明	功能简介	参数说明
6	void initData(); 语句总行数：74	初始化一些全局变量和数据，为棋局开始做准备	无
7	void getNumOfPlayer(); 语句总行数：164	根据接收到的数据包得到参与人数	无
8	void getPointer(int * x, int * y); 语句总行数：15	获得触摸屏的点击坐标	x：保存触摸点的x坐标 y：保存触摸点的y坐标
9	int isInRect(structRECT *r, int x, int y); 语句总行数：8	判断点(x,y)坐标是否在结构体变量指针r所指向的一个矩形框内，是则返回1，否则返回0	r：指向的变量定义了一个矩形框，包含像素左上角和右下角的坐标 x：触摸点的x坐标 y：触摸点的y坐标
10	void dealTouch(int i,int j); 语句总行数：114	游戏阶段处理触摸屏的函数	i：棋位的圈号 j：棋位在该圈中的序号
11	char convertKey(char value_t); 语句总行数：63	对键盘的按键码进行转换，返回处理后的按键码	value_t：原始按键码
12	void dealkey(int nkey); 语句总行数：576	游戏阶段处理按键的函数	nkey：转换后的按键数值
13	void enque(struct Point * current); 语句总行数：5	将current记录为当前棋子可达的目标棋位	current：欲记录的棋位
14	int isDesti(struct Point * current); 语句总行数：15	判断current是否已经被记录为当前棋子可达的目标棋位，避免重复记录或重复寻找。是则返回1，否则返回0	current：欲进行判断的棋位
15	void findDesti(struct Point * current); 语句总行数：9	找出当前棋子可达的所有目标棋位并调用drawDesti	current：从该点出发寻找所有可达棋位
16	void findStep1(struct Point * current); 语句总行数：28	寻找与当前棋子邻接的可达目标棋位	current：从该点出发寻找所有邻接可达棋位
17	void findStep2(struct Point * current); 语句总行数：85	寻找当前棋子经过连续跳步可达的所有目标棋位	current：从该点出发寻找经过连续跳步可达的所有目标棋位
18	void sigHandler(int signo); 语句总行数：5	信号处理函数，使得光标移动后taskGlint能够立即更新光标显示	signo：要处理的信号编码
19	int checkWin(); 语句总行数：15	判断己方当前是否完成棋局。是则返回1，否则返回0	无
20	void restart(); 语句总行数：5	发出重启游戏信号	无
21	void setInitRotate(); 语句总行数：45	设置己方棋盘6个角相对逻辑棋盘的旋转角度	无

（续）

序号	函数声明	功能简介	参数说明
22	int countInitRotate(int num); 语句总行数：10	计算己方棋盘6个角相对逻辑棋盘变换后的序号。返回变换后的序号	num：原来的己方棋盘6个角的序号
23	int getChessRotate(int recvplayernum); 语句总行数：154	计算recvplayernum参数对应玩家的棋盘需要顺时针旋转多少个60° 才能转为己方棋盘。返回接收到的走棋坐标需要在己方棋盘上顺时针旋转的角度，以60° 为单位	recvplayernum：接收到的走棋包所对应的玩家序号
24	int countChessRotate(int recvplayernum,int circle,int num); 语句总行数：38	计算recvplayernum参数对应玩家的棋盘上的(circle,num)位置棋子在己方棋盘上显示时需旋转到的circle圈所在序号。返回旋转后的序号	recvplayernum：接收到的走棋包所对应的玩家序号 circle：接收到的走棋包中的棋子所在的圈号 num：接收到的走棋包中的棋子在该圈中的序号
25	int initialUgl(); 语句总行数：138	初始化图形用户界面及字体等。成功返回1，否则返回0	无
26	void clearArea(UGL_GC_ID gc, int left, int top, int right, int bottom); 语句总行数：8	清除一个矩形区域	gc：绘图上下文 left，top，right，bottom：分别为该区域的左上角x坐标、y坐标，右下角x坐标、y坐标
27	void clearScreen (UGL_GC_ID gc); 语句总行数：8	清屏	gc：绘图上下文
28	void showInterface(); 语句总行数：9	显示界面的主函数	无
29	void showFrameLeft(); 语句总行数：73	显示界面左部的棋盘	无
30	void showFrameRight(); 语句总行数：15	显示界面右部	无
31	void showButton(); 语句总行数：17	显示界面右部按钮及按钮内文字	无
32	void showText(); 语句总行数：9	显示界面右部文字信息	无
33	void showPicture(); 语句总行数：62	显示界面右部图片或自定义LOGO图像	无
34	void showNowNext(); 语句总行数：59	在界面右部文字信息框内显示当前和下一步轮到谁走棋	无
35	void drawChess(int circle,int num); 语句总行数：38	根据传入参数检查对应位置的棋位是否存在棋子，若存在则按照其颜色画出棋子	circle：欲绘制棋子的圈号 num：欲绘制棋子在该圈中的序号
36	void drawPlayer(); 语句总行数：173	根据玩家人数和本机的IP序号画出开始棋局的棋盘	无
37	void drawDesti (); 语句总行数：23	绘制当前棋子可达的所有目标棋位	无

(续)

序号	函数声明	功能简介	参数说明
38	void clearDesti(); 语句总行数: 8	清除之前绘制的棋子可达的所有棋位	无
39	void drawFromTo(); 语句总行数: 28	绘制对方上一步走棋的起点和终点标记	无
40	void clearFromTo(); 语句总行数: 6	清除对方上一步走棋的起点和终点标记	无
41	void showWin(); 语句总行数: 102	根据steps数组计算排名,并显示游戏优胜排名对话框	无

5.5　任务函数处理流程

5.5.1　progStart 任务

描述:progStart 是主任务,负责配置闪存、初始化图形函数库、初始化网络、创建信号量、初始化信号、初始化棋盘和游戏数据、创建其他任务以及等待游戏重启信号量被释放,重启游戏。

另外,progStart 函数是游戏一开始就执行的函数,它在执行完初始化和创建并运行其他任务之后就一直处于等待状态,等待 semRestartId 信号量,一旦该信号量被释放,progStart 函数便会重新初始化数据,并重启其他任务,实现重新开始新棋局。

图 5-13 为 progStart 任务(也就是跳棋游戏软件入口函数)的处理流程。

从图 5-13 可以看出,该任务先顺序执行一系列的初始化工作并创建其他 5 个任务,之后进入 while(1) 循环,等待 semRestartId 信号量被释放。一旦得到 semRestartId 信号量,progStart 任务重新启动其他所有任务,相当于重新运行跳棋游戏软件。

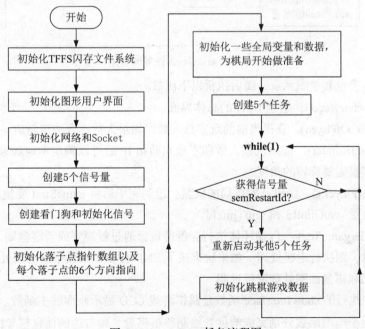

图 5-13　progStart 任务流程图

5.5.2 taskGame 任务

描述：taskGame 控制整个游戏执行流程，负责绘制界面、获得游戏人数、绘制棋盘并处理旋转，给处于阻塞状态的闪烁和计时任务释放信号量，处理游戏中的按键和触摸屏事件，并在游戏结束后释放 semRestartId 信号量。图 5-14 给出了 taskGame 的流程图。

1. 总处理流程说明

结合图 5-14，再参看在华章网站（www.hzbook.com）上免费下载的跳棋软件工程文件夹中的源代码文件 Checkers.c。从中可以阅读到 taskGame 任务函数的源代码。taskGame 任务函数的总处理流程大致如下：

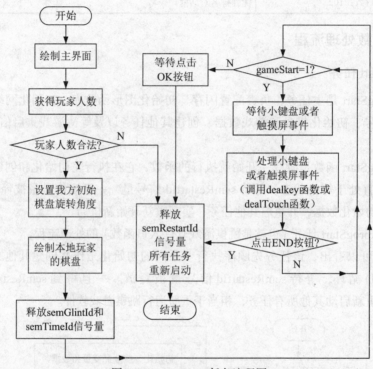

图 5-14   taskGame 任务流程图

①声明一些变量和绘图元素，随后执行以下函数。

②执行 showInterface()，绘制 LCD 的总体界面。

③执行 getNumOfPlayer()，获得当前的玩家总人数。如果人数不合法重新启动所有任务。

④执行 setInitRotate()，得到玩家人数和本地实验箱 IP 后可以确定本地玩家操作棋盘起始营区相对逻辑棋盘需要旋转的角度。

⑤执行 drawPlayer ()，画出开始棋局的棋盘。绘制完毕后将 gameStart 变量赋值为 1。

⑥释放信号量 semGlintId 和 semTimeId。

⑦进入 while(gameStart==1) 循环体执行。等待玩家通过触摸屏或者键盘输入的走棋信息。如果有走棋信息，则执行走棋处理。如果玩家按下 END 按钮，则做结束游戏处理。

2. 界面画图和棋盘画图处理流程说明

在第②步中执行的 showInterface 函数是跳棋游戏 LCD 显示画面的主函数。该函数按照先后顺序，调用六个绘图函数分别完成清屏、绘制跳棋棋盘、画右边的信息栏界面、显示按钮、显示文字信息、显示 LOGO 图片的处理。其中绘制跳棋棋盘界面的函数比较重要。该函数的名称是 showFrameLeft。它的伪码如下：

```
void showFrameLeft( )      /* 显示界面左部的棋盘 */
{
   /* 1. 绘制 LCD 屏幕左边的棋盘边框 */
   uglLineStyleSet(gc,UGL_LINE_STYLE_SOLID);
   uglForegroundColorSet(gc, colorTable[BLUE].uglColor);
   uglLineWidthSet(gc,5);
   uglRectangle(gc,LEFT_FRAME_LEFT,LEFT_FRAME_TOP,LEFT_FRAME_RIGHT,LEFT_FRAME_BOTTOM);

   /* 2. 画棋盘棋位节点连线，按照极坐标的棋盘绘制 */
   uglBatchStart(gc);   /* 开始执行批量绘图语句函数 */
   for(circle=1;circle<10;circle++) /* 从第 1 圈到第 9 圈，逐圈绘制 */
   {
     for(num=1;num<25;num++) /* 从第 1 个节点到第 24 个节点，逐点绘制 */
     {
       if(circleList[circle][num]!=NULL) /* 如果该节点是一个非空节点 */
       {
         if( 如果该节点的 D1 邻接节点是非空节点 ) 绘制起始节点到 D1 邻接节点的连线;
         if( 如果该节点的 D2 邻接节点是非空节点 ) 绘制起始节点到 D2 邻接节点的连线;
         if( 如果该节点的 D3 邻接节点是非空节点 ) 绘制起始节点到 D3 邻接节点的连线;
         if( 如果该节点的 D4 邻接节点是非空节点 ) 绘制起始节点到 D4 邻接节点的连线;
         if( 如果该节点的 D5 邻接节点是非空节点 ) 绘制起始节点到 D5 邻接节点的连线;
         if( 如果该节点的 D6 邻接节点是非空节点 ) 绘制起始节点到 D6 邻接节点的连线;
       } /* end if(circleList[circle][num]!=NULL) */
     } /* end for(num=1;num<25;num++) */
   } /* end for(circle=1;circle<10;circle++)*/
   uglBatchEnd(gc);   /* 结束执行批量绘图语句函数 */

   /* 3. 绘制棋盘棋位节点的圆圈，按照极坐标系的棋盘绘制 */
   uglBatchStart(gc);   /* 开始执行批量绘图语句函数 */
   for(circle=1;circle<10;circle++) /* 从第 1 圈到第 9 圈，逐圈绘制 */
   {
     for(num=1;num<25;num++) /* 从第 1 个节点到第 24 个节点，逐点绘制 */
     {
       if(circleList[circle][num]!=NULL) /* 如果该节点是一个非空节点 */
       {
           uglEllipse(gc, circleList[circle][num]->x-(RADIUS-1), circleList[circle]
                          [num]->y-(RADIUS-1),circleList[circle][num]->x+(RADIUS-1),\
                          circleList[circle][num]->y+(RADIUS-1),0,0,0,0);
       } /* end if(circleList[circle][num]!=NULL) */
     } /* end for(num=1;num<25;num++) */
   } /* end for(circle=1;circle<10;circle++) */
   uglBatchEnd(gc);   /* 结束执行批量绘图语句函数 */
} /* end void showFrameLeft( ) */
```

可以说，taskGame 任务控制了整个棋局的生命周期，从棋盘绘制到通过网络获得参与人数并绘制棋子，到启动闪烁和计时任务，再到处理键盘和触摸屏事件，以及最后的棋局结束的处理，除了主任务 progStart，所有其他任务都为 taskGame 任务服务。

5.5.3 taskGlint 任务

描述：光标闪烁任务，负责在棋盘中显示一个闪烁的光标，每 0.5 秒钟变换一次。

在 Checkers.c 代码文件中，读者能够找到 taskGlint 任务函数的源代码。该任务函数的处

理流程中值得注意的是，在进入永真循环 while(1) 之前先注册了一个信号处理函数（具体语句是 "sa.sa_handler = sigHandler;"，它将软件代码中 sigHandler 函数的地址注册给软件信号的处理函数指针）。这就是说，棋盘光标移动时通过信号（也称为软件中断）来触发 taskGlint 函数立即更新光标显示。进入 while(1) 循环以后，当玩家触摸新的棋位或者利用小键盘进行光标点的移动时，可以立即更新光标闪烁状态。而且，根据当前光标所在棋位有无棋子、棋子颜色以及棋子是否被拾取而有细微不同显示，以便玩家辨别。

图 5-15 给出了 taskGlint 任务流程图。

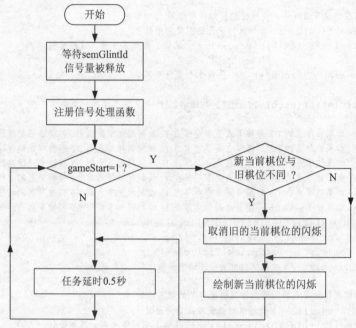

图 5-15   taskGlint 任务流程图

从图 5-15 可以看出，该任务首先等待 semGlintId 信号量被 taskGame 任务释放，即开始计时。此后进行信号处理函数的注册，之后便进入循环，不断更新光标。

5.5.4   taskRecv 任务

描述：接收网络数据包并解析的任务，负责对收到的数据包进行计数，忽略重复的包，根据包的类型进行相应处理。

在 Checkers.c 代码文件中读者能够对 taskRecv 任务函数的源代码进行阅读理解。在此列出 taskRecv 任务函数的伪码清单。

```
void taskRecv()    /* 接收网络封包并解析的任务函数 */
{
    声明或者初始化若干变量、结构体和数组；
    while(1)    /* 永真循环 */
    {
        接收局域网 ARM 9 实验箱通过 socket 发来的数据，把数据存入指定的内存；
        将局域网 ARM 9 实验箱的 IP 地址复制到 rcvIP 串数组；
        从 rcvIP 串数组解析出 IP 地址四个字段的整数值；
        if( IP 地址在 192.168.1.11~16 的范围 )
```

```
    {
        if( 接收到的数据包类型在 0~4 之间  )
        {
            根据解析出的 IP 地址四个字段得到发送方 IP 地址末位, 用 1~6 表示;
            if( 如果是新的包, 即不是重复接收的包 )
            {
                更新保存数据包序号的变量;
                针对五种不同类型的数据包做分支处理;
            }
        } /* end if( 接收到的数据包类型在 0~4 之间) */
    } /* end if( IP 地址在 192.168.1.11~16 的范围) */
    } /* end while(1) */
} /* end taskRecv() */
```

图 5-16 给出了 taskRecv 任务流程图。该图中的数据包类型说明请查看 5.4.15 节。

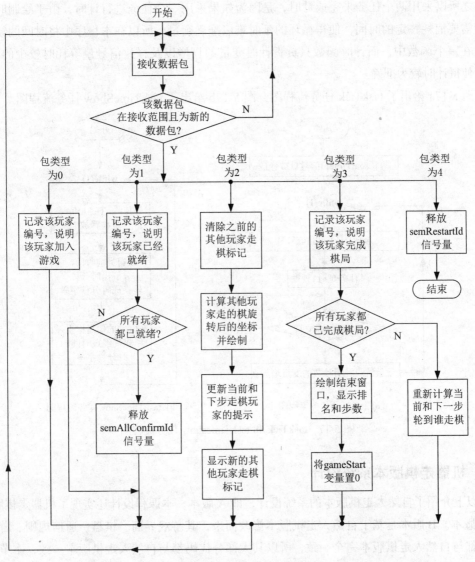

图 5-16   taskRecv 任务流程图

从图 5-16 可以看出，该任务从创建之后便开始等待接收数据包。函数的主体是一个无限循环，不断接收数据包并根据数据包的类型进行相应处理。数据包格式的说明在 5.4.14 节已有描述。

5.5.5 taskTick 任务和 taskTimeShow 任务

描述：taskTick 任务计算游戏时间并每秒给 taskTimeShow 任务发送信号，taskTimeShow 任务负责在屏幕上绘制时间。taskTick 任务每释放一次 semTickId 信号量，taskTimeShow 任务对屏幕上的时间更新一次。

taskTick 任务和 taskTimeShow 任务协同工作。前者负责计时，而后者负责在 LCD 右侧的信息框内绘制当前棋局经过的时间，该时间用时分秒的形式显示。

之所以采用两个任务来完成计时，是因为如果采用一个任务进行计时，由于绘制时间的处理需要消耗一定的时间，使得循环的延时难以准确衡量，所以在本程序中将时间的绘制单独放在一个函数中，而计时函数只负责计时变量的自增以及释放信号量等耗时较少的工作，从而使得计时较为准确。

图 5-17a 给出了 taskTick 任务流程图，图 5-17b 给出了 taskTimeShow 任务流程图。

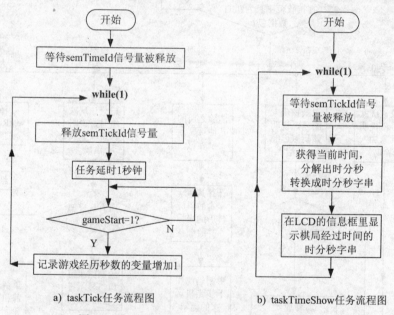

a) taskTick任务流程图   b) taskTimeShow任务流程图

图 5-17   taskTick 和 taskTimeshow 任务流程图

5.6 机器走棋版本系统设计

以上介绍了自然人走棋版本的系统设计，即 A 版本，本课程设计还实现了机器走棋版本，即 B 版本。B 版本是基于自然人走棋版本修改而来，其游戏界面、棋盘、通信规则、游戏规则等都与自然人走棋版本完全一致，所以其大部分代码都与自然人走棋版本一致，本节仅对两者的不同之处进行描述。

5.6.1　跳棋游戏平台描述

首先，介绍一下包括智能走棋或者人机博弈版本的游戏方案。该方案中包括两种跳棋程序版本，一种是自然人走棋版本（A 版本），另一种是在自然人走棋版本基础之上增加智能走棋功能的版本，即机器走棋版本（B 版本）。对于机器走棋版本，其执行流程与自然人玩家版本基本一致，只需要用户将其加入游戏。游戏开始后，便不需要用户进行控制，而完全自主进行走棋、数据包的收发以及游戏胜利的判断。

图 5-18 给出了一种可能的游戏场景，即 3 个自然人玩家同 3 个机器玩家进行对弈。

如图 5-18 所示，可以编写多种智能走棋版本，每个版本采用不同的算法，由不同的开发者编写，并运行在不同的设备上，代表不同机器玩家。通过机器之间或者机器与人互相进行比赛，可以评价各个版本的智能走棋能力，从而为嵌入式系统或人工智能的教学与研究提供一个很好的平台，并且这一方案经过适当的修改和功能扩充，便可以运用到实际的电子产品中。

图 5-18 中包括 3 位自然人玩家以及 3 位机器玩家。机器玩家都基于同一个版本即 A 版本编写，实现的版本分别为 B1 版、B2 版、B3 版，对应的智能走棋算法分别为版本 1、版本 2 和版本 3。六台实验箱通过交换机组网通信。

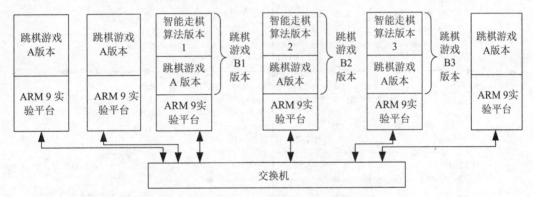

图 5-18　三个机器玩家与三个自然人玩家对弈的网络组态

5.6.2　可判优坐标系设计

由于极坐标系不太适合计算棋位之间的垂直距离、水平距离、离中轴线的距离等在智能走棋决策中很重要的参数，所以设计了一种直角坐标系的变种作为可判优坐标系，简称 PY 坐标系。

可判优坐标系 PY 设计方案如图 5-19 所示，它与通常的直角坐标系有许多相同之处。相同之处是：可判优坐标系的原点就是跳棋棋盘的中心点，中心点的坐标是（0,0）。X 轴方向是玩家操作棋盘的水平坐标轴，有正负方向之分。Y 轴方向是玩家操作棋盘的垂直坐标轴，也有正负方向之分。可判优坐标系 PY 中每一个棋位的坐标值用 (x,y) 表示。

PY 坐标系与直角坐标系的不同之处是：坐标值 x 是 X 轴方向的坐标值（从中心点起算，含方向因素，以相邻两个棋位之间的连线为单位值，定义为 2），y 是 Y 轴方向的坐标值（从中心点起算，含方向因素，以 Y 轴方向有相邻关系的两个棋位之间的连线投影为单位距离值，定义为 1）。

例如，中心点（0,0）在 Y 轴方向上有 4 个邻接棋位，它们分别是左上邻接棋位、右上邻接棋位、左下邻接棋位和右下邻接棋位。其坐标值分别是（–1,1）、（1,1）、（–1,–1）、（1,–1）。

注意： 在 PY 坐标系中，任意两个不相邻棋位之间并不一定有 X 轴方向距离，任意两个不相邻棋位之间也并不一定有 Y 轴方向距离。

在图 5-19 右上角给出了根据每个棋位的坐标值推导出 6 个相邻方向棋位坐标值的方法。此外，读者还可以直观地从图 5-19 右上角看到每一颗棋子的 D1~D6 邻接棋位指针的二维空间指向。

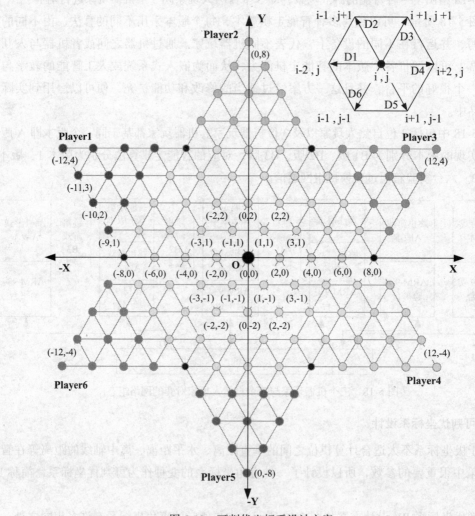

图 5-19　可判优坐标系设计方案

5.6.3　机器走棋的棋盘坐标系变换

在这一节我们声明本书使用的术语——玩家 ID。玩家 ID 是参与跳棋游戏的一个棋手识别号，取值为大于或等于 1、小于或等于 6 的正整数，具有唯一性。

在本章 5.6.2 节可判优坐标系设计中，描述了为机器棋手研判棋势优选走棋策略而设立的可判优棋盘坐标系 PY。在联网跳棋游戏过程中，本地实验箱会不断地同局域网上的其他实验箱进行走棋信息交换，再者每一台实验箱上的操作棋盘又各不相同，每一台实验箱上涉及的棋位坐标值变换较多。为此，必须梳理一下在实验箱上 4 个坐标系之间的变换关系，它们是：①接收到的任意玩家 k（定义玩家 $ID = k$）的操作棋盘 CN_k 变动信息，②机器玩家 m 操作棋盘 CN_m 坐标系动态刷新，③实验箱 LCD 显示坐标系，④智能走棋用的可判优坐标系 PY_m。

现在以机器玩家 6 的实验箱为基准进行实验箱上的这 4 个坐标系的变换分析。参看图 5-20。

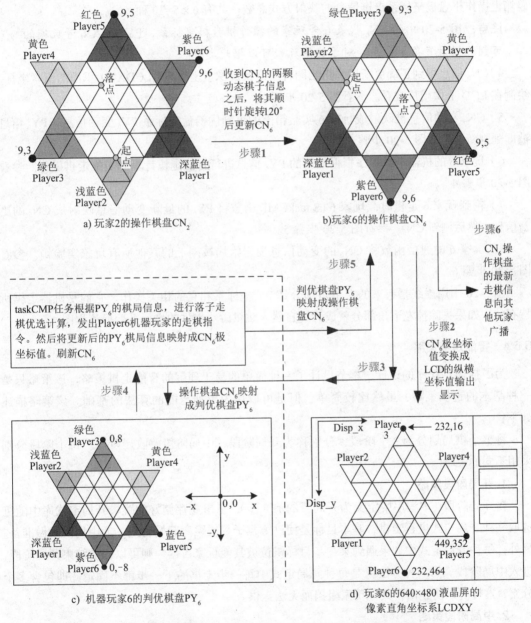

a) 玩家2的操作棋盘CN_2

b) 玩家6的操作棋盘CN_6

c) 机器玩家6的判优棋盘PY_6

d) 玩家6的640×480液晶屏的像素直角坐标系LCDXY

图 5-20 跳棋游戏 B 版本上 4 个坐标系之间的变换流程图解

1）当玩家 6 收到玩家 2 广播发送的走棋信息数据包时，经过分析得知该数据包内含 CN_2 操作棋盘上的两个棋位变动信息。一个是原来 CN_2 上的某颗棋子在它的起点棋位上离开了，另一个是该棋子进入（移动或者跳跃）到了一个新棋位（即落点棋位）。

2）进入玩家 6 实验箱的这个 CN_2 的两个棋位变动信息不能够马上填入 CN_6 操作棋盘。因为两者的极坐标系不同。CN_2 操作棋盘的变动信息需要顺时针旋转 120° 后才能够写入 CN_6 操作棋盘。参看图 5-20 步骤 1。

3）跳棋的玩家总数最多有 6 个，而每一个玩家实验箱最多可能接收 5 个不同对手发来的操作棋盘的两颗棋子变动信息。这样，可能出现的外部实验箱走棋变动信息变换成为本地实验箱上操作棋盘极坐标系走棋信息的映射方式总数一共有 $6 \times 5 = 30$ 种。

注意：图 5-20 中的 CN_6 代表 6 号玩家的操作棋盘极坐标系，PY_6 代表 6 号玩家的可判优棋盘直角坐标系。对于其他玩家可以据此类推。

4）CN_6 信息得到正确更新后，由绘图程序变换成像素坐标系（LCDXY）里面的像素坐标，绘制在 LCD 上供用户观看。参看图 5-20 步骤 2。

5）CN_6 变动信息被映射成玩家 6 实验箱上的可判优棋盘坐标系 PY_6 变动信息，PY_6 信息被即刻刷新。参看图 5-20 步骤 3。

6）玩家 6 的机器走棋程序根据最新的 PY_6 信息进行智能走棋计算和实施走棋操作。参看图 5-20 步骤 4。

7）轮到玩家 6 走棋时，玩家 6 的 taskCMP 函数将 PY_6 的最新变动信息映射成 CN_6 的更新信息，然后刷新 CN_6。参看图 5-20 步骤 5。

8）玩家 6 的通信函数将 CN_6 的变动信息发送给局域网上的其他所有玩家实验箱。参看图 5-20 步骤 6。

图 5-20 中用虚线括起来的左下角部分是 PY 坐标系和它的相关操作，它们是机器走棋所特有的。如果去除掉左下角部分就成为纯自然人跳棋游戏软件的坐标系变换流程图。

5.6.4 智能走棋策略

为了描述本程序的设计，本节设计了一种简单的易于理解的智能走棋策略，该策略只是一种基本的走棋策略，虽然比较简单，但是可以作为更加智能的算法的基础。该策略描述如下：

将整个棋局划分为 3 个阶段，分别称为开局阶段、中局阶段、收尾阶段。每个阶段分别采用不同的策略。

1. 开局阶段策略

在开局阶段（本程序中定义为开局后的前 8 步），从事先存储好的跳棋开局定式库中随机选取一种开局定式进行走棋，基本目标是使己方棋子尽快跳离起始营地，为中局阶段做准备。另外，每种开局定式中如果遇到某一步目标棋位被其他玩家占据，则可以提前结束开局阶段，进入中局阶段。另一种方法就是每种开局定式中每一步走棋的下一步都不固定，即包含多个分支，这样可以防止由于其他玩家阻挡而无法走棋。

2. 中局阶段策略

在中局阶段（本程序中定义为开局阶段和收尾阶段中间的阶段），主要依靠枚举计算机玩家 10 枚棋子每一种可能的走棋方式的评价指标，从中选出最好的一种进行走棋。评价指标主要利用被评估的起始棋位和目标棋位的可判优坐标值（注：以下如无说明，坐标值均指可判优坐标值）进行计算。重要的评价指标包括：

1）被评估的起始棋位 Y 坐标值，该值越小越好，记为 $M1$。

说明：一般来说，对于具有相同 Y 轴跳跃距离的跳步，起始棋位 Y 坐标值越小则越有利，因为 Y 坐标值越小，则说明该棋子离目标营地越远。优先移动离目标营地远的棋子可以防止这些棋子之后没有可以利用的中间棋子进行跳步，而需要从很远的距离缓慢移向目标营地。

2）被评估的目标棋位的 X 坐标绝对值，该值越小越好，记为 $M2$。

说明：一般来说，目标棋位离 Y 轴越近（即具有较小 X 坐标绝对值），则越有利。一方面，目标棋位离 Y 轴较近可能获得的跳步机会较多；另一方面，目标营地围绕在 Y 轴两旁，目标棋位离 Y 轴较近则能更容易地进入目标营地。

3）被评估的目标棋位 Y 坐标值与起始棋位 Y 坐标值之差，该值越大越好，记为 $M3$。

说明：一般来说，能够在 Y 方向跳得越远，则该步走棋离目标越近，从而具有较高评估值。

3. 计算中局阶段综合评价指标

得到了以上三个评价指标值，还需要计算出综合评价指标值，记为 M。M 的计算公式为：

$$M=k(p1 \times M1+p2 \times M2+p3 \times M3)$$

上式中的 k、$p1$、$p2$、$p3$ 都是参数。其中 $p1$、$p2$、$p3$ 的取值范围为 0.0~1.0，相当于给 3 个指标加上权重。参数 k 取值范围不定，默认值为 1，而对于以下几种特殊情况，需要调整 k 值。

1）若被评估的目标棋位 Y 坐标值小于或等于初始棋位 Y 坐标值，则将 k 值适当减小，例如 k 取为 0.5。

2）若被评估的目标棋位位于目标营地，则根据起始棋位的 Y 坐标值，分为 4 种情况：

- 起始棋位 Y 坐标值 <0，则大幅度增加 k 值，例如 k 取为 4。
- 0≤起始棋位 Y 坐标值 <3，则较大幅度增加 k 值，例如 k 取为 3。
- 3≤起始棋位 Y 坐标值 <5，则适当增加 k 值，例如 k 取为 2。
- 起始棋位 Y 坐标值≥5，即起始棋位也位于目标营地，则需要适当减小 k 值，例如 k 取为 0.5。

说明：一般来说，对于能够直接跳到目标营地的跳步，起始棋位离目标区越远，则越有利。而如果起始棋位也位于目标营地之内，则除非为了给其他棋子让出位置，否则该步移动没有太大价值，目标营地之内的移动主要放在收尾阶段进行处理。

3）被评估的起始棋位 X 坐标绝对值 >4 且 Y 坐标值 =4，则需要增大 k 值，例如 k 取为 2。因为位于这个区域的棋子无法单步前进，只能依靠左右移动或跳步进行走棋，因而很可能由于 M 值偏小而得不到走棋机会。因此，需要适当增大 k 值使之获得走棋机会。

4）需要对超过 1 次的循环走棋进行检测，如果检测出被评估的走棋会导致在某几个棋位之间造成 1 次以上循环走棋，则需要忽略这种情况，即将 k 取为 0。

4. 收尾阶段策略

在收尾阶段（本程序中定义为机器玩家 10 枚棋子的 Y 坐标值都大于 0），主要目标是尽快将所有 10 枚棋子跳入目标营地。到了这一阶段，通常机器玩家大部分棋子已经进入或者接近目标营地，受其他玩家影响较小，因此可以自行搭桥前进。这里有两种做法，一种简单做法是继续依照中局阶段计算评价指标走棋，不过需要针对收尾阶段的特点稍做修改，具体修改之处将在 5.6.10 节介绍；另一种是事先存储一些收尾阶段通常采用的搭桥和收尾走法，通过分析当前机器玩家 10 枚棋子的布局是否与某一存储好的棋位布局接近，并向某一固定布局接近，直到完成棋局。本课程设计采用的是第一种方法，该方法虽然不够智能，但是对于描述机器走棋版本的设计原理已经足够。

5.6.5 数据结构改动

1）由于智能版本新增加了每个棋位的可判优坐标，所以需要在程序中方便地根据棋位的极坐标值得到可判优坐标值。因此在结构体变量 Point 中增加两个变量 PY_X 和 PY_Y，分别表示该棋位的可判优坐标系 x 值和 y 值，如下所示：

```
struct Point
{
    ...
    int num;
    int PY_X;                        /* 该棋位的可判优坐标系 x 值 */
    int PY_Y;                        /* 该棋位的可判优坐标系 y 值 */
    struct Piece piece;
    ...
};
```

2）myChessPos 二维数组用于记录己方 10 枚棋子的极坐标，用于快速定位己方棋子。定义如下给出：

```
int myChessPos[11][2];              /* 己方 10 枚棋子的极坐标 */
```

该数组初始化为指向己方营地 10 个棋位。每当己方移动一枚棋子，便会更新该数组，以保持对于 10 颗棋子的定位。

另外，对于其他一些增加的数据结构，将会在后文介绍相关算法的时候介绍。

5.6.6 程序模块改动

机器走棋程序版本相对于自然人走棋程序版本的主要改动如下：

1）增加一个 taskCMP 任务用于执行自动走棋功能。该任务在棋局开始之后开始执行，每当轮到机器玩家走棋时，该任务便根据编好的智能走棋算法进行走棋。

2）增加 3 个阶段的函数，分别用于处理开局、中局、收尾阶段的走棋。这三个函数都是被 taskCMP 任务调用。3 个函数名称分别是 first8Step、itmStage、endStage。

3）增加一些辅助函数，包括初始化开局走棋定式库的函数 initfirst8step，绘制棋子移动及发送走棋数据包的函数 moveChess，计算评价指标的函数 countM，判断是否到了收尾阶段的函数 isInEnd，处理棋局输赢的函数 dealWin。

4）去掉绘制当前棋子所有可达目标棋位的函数，因为机器玩家不需要绘制可达目标棋位。

5）去掉键盘处理和触摸屏处理函数中对走棋的处理，因为不需要手动走棋。

6）增加机器玩家走棋延时功能，因为通常按照上文设计的简单策略，机器很快便可以完成走棋，导致游戏速度过快，从而需要在机器走棋前加上一定的等待时间。若采用复杂算法，则根据情况不一定需要进行延时。具体时间调整原理在 5.6.13 节会说明。

另外，还有一些细节的改动在此就不详细说明了。

5.6.7 taskCMP 任务工作原理及流程图

图 5-21 示出了 taskCMP 任务的处理流程。

　　该任务开始后，等待 semCMPId 信号量被 taskGame 任务释放。semCMPId 信号量用于同步 taskGame 任务和 taskCMP 任务，即 taskGame 完成游戏初始化并开始走棋后再启动 taskCMP 任务。接着，taskCMP 任务进入无限循环，循环中 taskCMP 任务不断判断当前处于哪个棋局阶段，并调用相应阶段的走棋函数进行走棋。另外，控制机器玩家每一步走棋的信号量 semMoveId 信号量将于 5.6.12 节介绍。

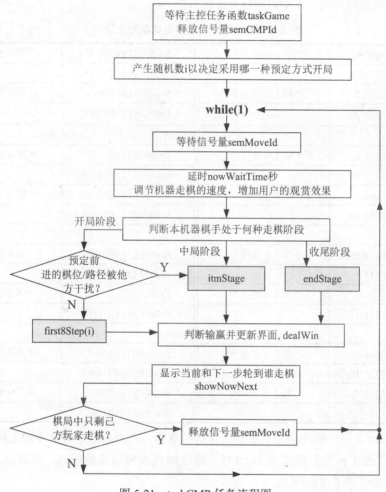

图 5-21　taskCMP 任务流程图

5.6.8　开局阶段走棋函数说明

　　first8Step 函数是开局阶段走棋处理函数，主要完成的工作就是根据事先存储好的开局走棋定式走前 8 步棋。程序中首先定义了一个 int first8[10][8][2][2] 的四维数组以存储开局定式库，第一维 10 表示当前存储的开局走棋定式的最大数量，第二维 8 表示前 8 步，第三维 2 表示起始棋位或目标棋位，第四维 2 表示棋位极坐标值。程序初始化的时候便调用 initfirst8step 函数对该数组赋值。first8Step 函数只需要读取该数组并按照当前是第几步以选取相应下标的棋位走棋即可。另外，如果某一步的目标棋位已经被其他玩家棋子占据，则不采用该步走棋，直接进入中局阶段并走棋。

在本程序中，每局游戏开始时 taskCMP 任务先生成一个随机数，用于在 first8 数组中随机选取一种开局走棋定式，然后将该随机数传入开局阶段走棋函数 first8Step 以供该函数选取特定的开局定式进行走棋。

为了具体说明，下面介绍一下当前该数组中存储的第一个开局走棋定式。表 5-4 是 initfirst8step 函数中对第一个开局走棋定式初始化的语句，可以看出 first8 数组的四维是如何表示每一步走棋坐标对的。表中的坐标是指极坐标。

表 5-4　第一种开局走棋定式初始化语句

first8[0][0][0][0]=6;	/* 第 1 步起点 */	first8[0][1][0][0]=6;	/* 第 2 步起点 */
first8[0][0][0][1]=20;		first8[0][1][0][1]=19;	
first8[0][0][1][0]=5;	/* 第 1 步终点 */	first8[0][1][1][0]=5;	/* 第 2 步终点 */
first8[0][0][1][1]=20;		first8[0][1][1][1]=19;	
first8[0][2][0][0]=8;	/* 第 3 步起点 */	first8[0][3][0][0]=7;	/* 第 4 步起点 */
first8[0][2][0][1]=9;		first8[0][3][0][1]=15;	
first8[0][2][1][0]=4;	/* 第 3 步终点 */	first8[0][3][1][0]=6;	/* 第 4 步终点 */
first8[0][2][1][1]=16;		first8[0][3][1][1]=20;	
first8[0][4][0][0]=9;	/* 第 5 步起点 */	first8[0][5][0][0]=6;	/* 第 6 步起点 */
first8[0][4][0][1]=5;		first8[0][5][0][1]=18;	
first8[0][4][1][0]=3;	/* 第 5 步终点 */	first8[0][5][1][0]=5;	/* 第 6 步终点 */
first8[0][4][1][1]=11;		first8[0][5][1][1]=18;	
first8[0][6][0][0]=8;	/* 第 7 步起点 */	first8[0][7][0][0]=7;	/* 第 8 步起点 */
first8[0][6][0][1]=10;		first8[0][7][0][1]=13;	
first8[0][6][1][0]=4;	/* 第 7 步终点 */	first8[0][7][1][0]=3;	/* 第 8 步终点 */
first8[0][6][1][1]=13;		first8[0][7][1][1]=9;	

图 5-22 显示了第一种开局走棋定式的走棋示意图，直观地展示前 8 步的走棋步骤。该图中对 10 枚棋子做了标号，依次为 1~10 号，虚线圈代表每一步的起点，带有 "S1" ~ "S8" 标记的是第 1 步 ~ 第 8 步的终点。

对于 first8 数组中存储的其他开局走棋定式，将在 5.7.3 节中详细描述。

5.6.9　中局阶段走棋函数说明

itmStage 函数是中局阶段走棋处理函数。其主体是一个两层循环，第一层是遍历本机器玩家 10 枚棋子，需要用到 myChessPos 数组定位本机器玩家所有 10 枚棋子；第二层是遍历本机器玩家每个棋子能够到达的所有目标棋位。根据每一种可能的起始棋位和目标棋位对，该函数计算这个棋位对的评估值，评估值主要根据可能的起始棋位和目标棋位的可判优坐标值计算，其基本思想在 5.6.4 节已经介绍，下面介绍一下在本程序中的实现。

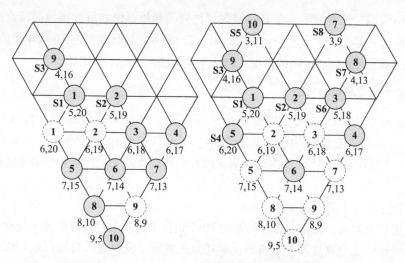

a)机器玩家开局的前3步走棋   b)机器玩家开局的第4~8步走棋

图 5-22 机器玩家在开局阶段的第 1 种走棋步骤图示

itmStage 函数中通过调用 countM 函数计算评估值，在中局阶段和收尾阶段都用到该函数。该函数中定义了 4 个变量，根据上文的介绍，这四个变量分别是 M1、M2、M3 和 M 值。在本程序中，countM 函数对于中局阶段和收尾阶段的评估值计算方法有一些细微差别。在本程序中局阶段，各评估值计算如下：

1）M1 值定义为：被评估的起始棋位的 Y 坐标值 ×(–1)。该定义符合起始棋位的 Y 坐标值越小，评估值越大。

2）M2 值定义为：12–fabs（被评估的目标棋位的 X 坐标值），其中 fabs 表示计算绝对值函数。该定义符合目标棋位的 X 坐标值的绝对值越小，评估值越大。

3）M3 值定义为：被评估的目标棋位 Y 坐标值与起始棋位 Y 坐标值之差。与 5.6.4 节中介绍的一致。

得到了以上三个评价指标值，还需要计算出综合评价指标值，计算式子为：

$$M=k(M1 \times 0.5+M2 \times 0.6+M3)$$

上面这个式子是我们经过多次测试而找到的一种较好的对各评估值权重 p1、p2、p3 赋值的算式。根据本程序采用的中局阶段走棋策略，并不存在一种固定的最优权重赋值。因此编程者可以自行修改这三个权重值并进行测试，找到一些其他的 p1、p2、p3 的赋值。

上式中 k 值默认为 1。对于以下两种特殊情况，需要调整 k 值：

1）若被评估的目标棋位 Y 坐标值小于初始棋位 Y 坐标值，则 k 取为 0.5；若被评估的目标棋位 Y 坐标值等于初始棋位 Y 坐标值，则 k 取为 2/3。

2）若被评估的目标棋位位于目标营地，则根据起始棋位的 Y 坐标值，分为 4 种情况：

- 起始棋位 Y 坐标值 <0，则 k 取为 4。
- 0 ≤起始棋位 Y 坐标值 <3，则 k 取为 3。
- 3 ≤起始棋位 Y 坐标值 <5，则 k 取为 2。
- 起始棋位 Y 坐标值 ≥ 5，即起始棋位也位于目标营地，则 k 取为 0.5。

根据以上的算法，在内层循环中不断更新当前具有最大评估值的起始棋位和目标棋位对。

该两层循环结束时，便得到了一个具有最大评估值的起始棋位和目标棋位对，直接进行该步走棋即可。同时，需要更新 myChessPos 数组，以记录本机器玩家所有 10 枚棋子的当前位置。

另外，还需要避免循环走棋的情况，具体实现方法在 5.6.11 节描述。

5.6.10　收尾阶段走棋函数说明

endStage 函数是收尾阶段走棋处理函数。在本程序目前的版本中，其基本算法与中局阶段一致，差别主要在评估值计算函数中。因此其函数体直接调用中局阶段走棋函数 itmStage，而主要在 countM 函数中与中局阶段有一些细微差别。在本程序收尾阶段，各评估值计算如下：

1）M1 值定义与中局阶段一致。

2）M2 值计算方法：首先计算目标营地 10 个棋位中有几个是空棋位或不是被本机器玩家棋子占据的棋位。这个数量等于本机器玩家还差几颗棋子没有进入目标营地。然后算出它们的平均 X 可判优坐标值，记为 centerx。接着，用被评估的目标棋位的 X 坐标值减去 centerx。M2 值定义为：12 − fabs（被评估的目标棋位的 X 坐标值− centerx），其中 fabs 表示计算绝对值函数。该定义相对于中局阶段的 M2 计算方法，区别是将目标营地中所有没有被本玩家占据的棋位的平均 X 可判优坐标值替代了中局阶段的 M2 计算方法中的 X 轴。之所以本程序中采用这种策略，是因为在收尾阶段有可能目标营地的空棋位不紧挨着 X 轴，而如果仍然按照中局阶段的策略，可能需要进行多次移步才能最终将全部棋子移入目标营地。

3）M3 值定义与中局阶段一致。

综合评价指标值的计算式子与中局阶段一致，为：

$$M=k(M1 \times 0.5+M2 \times 0.6+M3)$$

上式中 k 值默认为 1。对于以下三种特殊情况，需要调整 k 值：

①若被评估的目标棋位 Y 坐标值小于初始棋位 Y 坐标值，则 k 取为 0.5；若被评估的目标棋位 Y 坐标值等于初始棋位 Y 坐标值，则 k 取为 2/3。这与中局阶段一致。

②若被评估的目标棋位位于目标营地，则根据起始棋位的 Y 坐标值，分为 4 种情况：

- 起始棋位 Y 坐标值 <0，则 k 取为 4。
- 0 ≤起始棋位 Y 坐标值 <3，则 k 取为 3。
- 3 ≤起始棋位 Y 坐标值 <5，则 k 取为 2。
- 起始棋位 Y 坐标值≥ 5，即起始棋位也位于目标营地，则首先计算目标营地 10 个棋位中有几个空棋位或者不是被本机器玩家棋子占据的棋位。如果数量大于 1，则 k 取为 0.5；否则，k 取为 1。这是因为如果本机器玩家只剩 1 枚棋子没有进入目标营地，则本机器玩家其他棋子需要为该棋子让出位置，这样不可避免需要在目标营地中进行棋子的移动。因此，此时不应当减少评价指标值，以免影响本玩家最后一枚棋子进入目标营地。

③被评估的起始棋位 X 坐标绝对值 >5 且 Y 坐标值≥ 3，则 k 取为 2。因为位于这个区域的棋子无法或者不易单步前进，只能依靠左右移动或跳步进行走棋，因而很可能由于 M 值偏小而得不到走棋机会。因此，需要增大 k 值使之获得走棋机会。

以上介绍了收尾阶段的走棋策略与中局阶段的不同，可以看出，其区别主要在于评估值计算函数。

5.6.11　循环走棋判断

在本程序中，需要避免循环走棋的情况，以防止几个棋子在某几个棋位之间来回移动，而导致无效的走棋。循环走棋根据棋子数可以有很多种情况，在本程序中一共检测 3 种循环走棋情况，下面具体介绍一下。

首先，在程序中设置了几个记录本机器玩家前 3 步走棋起始棋位和目标棋位极坐标的变量，定义如下：

```
int preSrcX1,preSrcY1,preDesX1,preDesY1;
int preSrcX2,preSrcY2,preDesX2,preDesY2;
int preSrcX3,preSrcY3,preDesX3,preDesY3;
```

其中，(preSrcX1, preSrcY1) 表示上一步走棋起始棋位的极坐标，(preDesX1, preDesY1) 表示上一步目标棋位的极坐标，(preSrcX2, preSrcY2) 表示上上步起始棋位的极坐标，(preDesX2, preDesY2) 表示上上步目标棋位的极坐标，以此类推。每次本机器玩家走一步棋，便更新以上变量的值。加上当前被评估的起始棋位和目标棋位极坐标 (nowx, nowy) 和 (destix, destiy)，一共有四组起始棋位和目标棋位极坐标值参与循环走棋判断。程序中对这四组极坐标进行比较，便可以判断是否导致循环走棋。

3 种循环走棋情况如图 5-23 所示，图中的数字表示每种循环走棋各自的走棋步骤。

图 5-23 分别显示了 2 个棋位、3 个棋位和 4 个棋位之间的循环走棋情况。在本程序中只考虑了处于一条直线上的 2 个、3 个或 4 个相邻棋位之间的循环走棋，因此图 5-23 中各棋位处于一条直线上。图中白色的小圆圈表示空棋位，带有颜色的圆圈表示有棋子的棋位，垂直方向的箭头表示走棋序列，可以看出最终又走回了起始的棋子布局，根据采用的评估值计算策略，此后继续走棋将很可能会导致循环走棋。图中清楚地显示出如何在 2 个棋位、3 个棋位和 4 个棋位之间循环走棋。

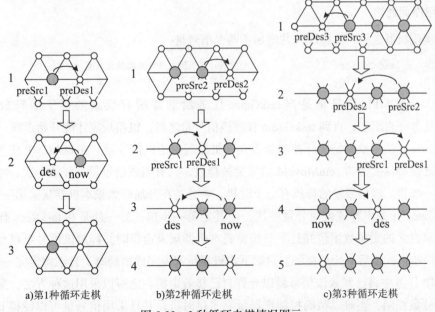

a)第1种循环走棋　　　b)第2种循环走棋　　　c)第3种循环走棋

图 5-23　3 种循环走棋情况图示

为了更清楚地说明如何根据图 5-23 中的移动序列在程序中判断循环走棋，现就图 5-23b

所示的第 2 种循环走棋举例说明如下。

图 5-23b 所示的第 2 种循环走棋从步骤 1 ~ 步骤 4 一共用了 3 步走棋。假设某一时刻这几个棋子处于步骤 3 所示的布局，并且轮到本机器玩家走棋，则此时 (preSrcX1, preSrcY1) 记录了步骤 2 中走棋起始棋位的极坐标，(preDesX1, preDesY1) 记录了步骤 2 中走棋目标棋位的极坐标；(preSrcX2, preSrcY2) 记录了步骤 1 中走棋起始棋位的极坐标，(preDesX2, preDesY2) 记录了步骤 1 中走棋目标棋位的极坐标。如果此时被判定的走棋路径是步骤 3 中所示的走棋路径，即 (nowx, nowy) 和 (destix, destiy) 分别是步骤 3 中所示的走棋起始棋位和目标棋位的极坐标，则会导致循环走棋。我们的任务就是如何根据以上得到的三组棋位的极坐标值判断出将会发生循环走棋。

观察图 5-23b 每一步走棋的起始棋位和目标棋位极坐标，可以发现以上三组棋位的极坐标满足下面的 C 语言条件表达式：

```
(preSrcX2==preDesX1&&preSrcY2==preDesY1)&&(nowx==preDesX2&&nowy==preDesY2)&&(dest
ix==preSrcX1&&destiy==preSrcY1)
```

即步骤 1 中的走棋起始棋位极坐标等于步骤 2 中的走棋目标棋位极坐标，步骤 3 中的走棋起始棋位极坐标等于步骤 1 中的走棋目标棋位极坐标，并且步骤 3 中的走棋目标棋位极坐标等于步骤 2 中的走棋起始棋位极坐标。在程序中只要判定该条件表达式是否为真便可以判断是否当前判定的走棋路径会导致如图 5-23b 所示的第 2 种循环走棋。其他两种循环走棋的判断与此类似。

另外，值得说明的是，除了这三种循环走棋，还可能存在一些更加复杂的循环走棋情况，包括超过 4 个棋位之间的循环走棋以及在非直线上的棋位之间的循环走棋。在本程序的实际测试中，这三种情况基本上可以防止大部分循环走棋情况。今后如果需要设计更加智能的算法，可以再增加判断其他更复杂的循环走棋情况。

5.6.12　程序间通信

为了实现机器走棋，本程序一共增加了两个信号量：

```
SEM_ID      semCMPId;                /* 控制计算机玩家开始走棋的信号量 */
SEM_ID      semMoveId;               /* 控制我方是否可以走棋的信号量 */
```

其中，semCMPId 信号量是当 taskGame 任务绘制好所有玩家的棋子后释放，之前 taskCMP 任务一直阻塞，直到 taskGame 释放该信号量之后，机器玩家才能开始走棋。

semMoveId 信号量则是实际控制是否允许机器玩家走棋信号量。在 taskCMP 任务中，每一步走棋之前都需要等待 semMoveId 信号量被释放，只有当该信号量被释放一次，才允许机器玩家走一步棋。该信号量的释放有三个时机，一处是在开局后如果本机器玩家第一个走棋，则在 taskGame 任务中释放该信号量一次，使其走第一步棋；另一处是在 taskRecv 任务中收到其他玩家发来的走棋数据包并且下一步轮到本机器玩家走棋时，释放该信号量以允许本机器玩家走一步棋；最后一处是在场上只剩下本机器玩家没完成棋局时，自己每走完一步棋时，在 taskCMP 任务中自己释放该信号量以允许自己接着走棋。之所以采用这种方法，是因为如果不用信号量控制，则难以精确控制机器玩家走棋时机，并且采用信号量可以使得 taskCMP 任务阻塞，而不用一直占用 CPU 来判断是否轮到机器玩家走棋。

5.6.13 每步走棋等待时间设置

对于机器走棋 B 版本，由于在目前的算法下每一步思考很快，因此为了防止过快走棋，机器每一步走棋之前需要等待一段时间，以供玩家进行观看。这个等待时间在游戏过程中是可调的，可调范围为 0.25 ~ 10 秒。这个功能实现方法是在按键处理函数中增加 UP 和 DOWN 键的按下处理，按下 UP 键则等待时间增加，按下 DOWN 键则等待时间减少。

另外，本版本有两种走棋模式，即加速走棋模式和普通模式，加速走棋模式主要用于调试阶段，不显示对方玩家走棋闪烁提示，并且初始每步走棋等待时间是 0.5 秒；而普通模式显示对方玩家走棋闪烁提示，并且初始每步走棋等待时间是 2.5 秒。模式的定义由 Checkers.c 文件中 ACCMODE 宏定义控制，0 表示普通模式，1 表示加速走棋模式，改好后重新编译程序即可。

另外，对方玩家走棋闪烁提示即在绘制对方玩家走棋起始点和目标点时分别将起始点和目标点闪烁两下，每次闪烁之间延迟 1/6 秒，以提示观看者注意对方走棋的路径。这需要消耗一定的时间。因此，如果处于加速走棋模式，则取消对方玩家走棋闪烁提示。

以上功能的实现并不复杂，在此就不赘述了，读者可以参考源代码以深入了解。

5.6.14 增加的函数

本嵌入式联网跳棋软件的机器走棋版本 C 语言源代码总行数大约 5200 行，除了 7 个任务函数，其他函数共 49 个。去掉了 3 个函数 drawDesti、clearDesti 和 dealkey，增加了 11 个函数（taskCMP 任务函数除外）。下面给出机器走棋版本在自然人走棋版本基础上增加的 11 个函数，参看表 5-5。该表给出了函数名、参数说明和主要功能介绍。

表 5-5　联网跳棋软件机器走棋版本增加的函数

序号	函数声明	功能简介	参数说明
1	`void dealNumKey(int nkey);`	游戏阶段处理数字按键的函数	nkey：转换后的按键数值
2	`void dealFuncKey(int nkey);`	游戏阶段处理功能按键的函数	nkey：转换后的按键数值
3	`void initfirst8step();`	初始化存储的开局走棋定式库，供开局阶段走棋使用	无
4	`int first8Step(int i);`	执行开局阶段的走棋操作，只限于前8步	i 为事先生成的随机数，用于选择一种开局走棋定式
5	`void moveChess(int x1,int y1,int x2,int y2);`	移动棋子的处理函数。包括发送走棋数据包，更新最近几步走棋路径记录，绘制走棋棋子，更新记录本机器玩家10枚棋子的位置的数组	(x1,y1)和(x2,y2)分别表示起始棋位和目标棋位的极坐标
6	`double countM(int nowxPY,int nowyPY,int destixPY,int destiyPY);`	评估值计算函数，计算给定起始和目标棋位对的评估值	起始棋位和目标棋位的可判优坐标值
7	`void itmStage();`	中局阶段走棋函数	无
8	`int isInEnd();`	判断是否到了收尾阶段	无
9	`void endStage();`	收尾阶段走棋函数	无

（续）

序号	函数声明	功能简介	参数说明
10	`void dealWin();`	判断本机器玩家是否完成游戏，是的话则通知其他玩家。如果所有玩家都已完成游戏，则结束本棋局，显示结束画面；如果不是所有玩家都完成游戏，则其他玩家继续走棋	无
11	`void showNowWaitTime();`	在界面下方显示当前机器玩家每步走棋等待时间	无

5.7　机器走棋版本编程指南

以上介绍了跳棋游戏软件机器走棋版本的系统设计，主要描述的是系统设计原理以及一些算法的思想。对于有兴趣修改其中的智能走棋算法并且实现自己的智能走棋版本的编程者，本节将给出机器走棋版本的编程指南。

在编程指南中，首先介绍程序的总体框架和构造，之后重点讲述如何改造智能走棋算法，最后介绍如何测试程序以及评估算法的优劣。

本节中所有的描述除非特别说明，都将针对本设计提供的机器走棋版本的范例程序，即 B 版本的模板程序，下文也简称 B 版本样板程序或者 B 版本模板程序。这意味着编程者可以基于模板在编程指导下编写自己的 B 版本程序。

5.7.1　跳棋 B 版本的工程文件

本跳棋程序的目标机是创维特公司的 CVT2410-1 嵌入式教学实验箱，运行 VxWorks 5.5 操作系统，图形用户界面是 WindML 3.0。因此，编程者首先需要安装 Tornado 2.2 集成开发环境并且配置好 WindML。具体细节在此不赘述，编程者可以参考实验手册完成开发平台的配置。配置好实验箱后，便可以开始对工程的代码文件实施改造。

图 5-24　Tornado 工作空间中的 A 版本
和 B 版本工程文件

在 PC 的 Tornado 2.2 集成开发环境中，机器走棋的跳棋游戏模板程序的工程文件夹是 Checkers_CMP_ARM9。该文件夹中的 Checkers_CMP.wpj 文件便是本跳棋程序的工程文件。本工程中与跳棋相关的代码文件主要包括 myUgl.h 与 myUgl.c、drawUI.h 与 drawUI.c 以及 Checkers.h 与 Checkers.c 这六个代码文件，其余文件与跳棋主体程序无关不需要改动。参看图 5-24。

对于上述的六个模板代码文件，5.4.12 节已经介绍过它们各自的功能，如果希望改造智能走棋算法，myUgl.h、myUgl.c、drawUI.h 与 drawUI.c 这四个代码文件基本不需要改动，因为它们与智能走棋功能无关。主要改造的代码文件是 Checkers.c 和 Checkers.h。

5.7.2　处理流程总控制结构

本节给出 B 版本模板程序的各个任务流程控制和基于信号量的任务同步关系图解，即所谓的任务控制关系全景图。参看图 5-25。

注意：在图 5-25 中带绿色背景的语句方框是释放信号量的语句方框。带黄色背景的语句方框是等待信号量以解除阻塞的语句方框。对于信号量 semMoveId 的三处释放特别用棕色色块加圆圈序号①②③给以标记。对于获得信号量 semMoveId 的语句框加了旁注"源自①②③"。

从图中可见 ProgStart 函数是入口函数。当它执行时，会首先初始化 TFFS 文件系统，初始化图形用户界面，打开套接字端口，创建信号量，创建信号，创建看门狗，初始化棋位指针数组和全局变量与数组，然后创建 6 个任务。一旦 6 个任务创建完毕，Wind 内核就开始按照优先级次序进行调度，执行这些任务。在这 6 个任务中，taskGame 是总控任务，三个单一功能任务（计时任务、光标闪烁任务和机器走棋任务）所需要的开始工作信号量由 taskGame 释放。更多控制细节由读者通过源代码和流程图的对照阅读加以理解。

5.7.3 对模板程序中智能走棋算法的改造

模板程序中，与智能走棋有关的数据定义和函数都在 Checkers.c 和 Checkers.h 中，改造中的各个要点描述如下。

1. 加速走棋模式和普通走棋模式

有关加速走棋模式和普通走棋模式的宏定义如下：

```
#define     ACCMODE 1          /* 是否设置为加速走棋模式，1 为是，0 为否 */
#define     ACCTIME 0.5        /* 机器玩家加速模式的每步走棋默认等待时间 */
#define     NORMTIME 2.5       /* 机器玩家普通模式的每步走棋默认等待时间 */
```

加速模式和普通模式的区别主要是加速模式的机器玩家每一步走棋之前等待的时间更短，并且不显示上一步玩家的走棋闪烁提示，以加快整个棋局的进度。这三个宏定义分别控制程序走棋模式，以及两种模式下的每一步走棋前的默认等待时间，单位为秒。由于在模板程序中采用的智能走棋算法较为简单，每一步走棋的思考时间很短，可以近似为每一步走棋的时间取决于该等待时间。如果编程者采用更为复杂的算法，将会消耗比较多的时间，便可以酌情减少此处的默认等待时间，甚至令等待时间为 0，从而使得走棋时间完全取决于算法的运行时间。这样只要修改此处的宏定义即可改变各模式下每步走棋前的默认等待时间。

2. 循环走棋判断

记录本机器玩家前几步走棋的路径，用于防止循环走棋。模板程序共记录了前 3 步走棋路径。

```
int preSrcX1,preSrcY1,preDesX1,preDesY1;
int preSrcX2,preSrcY2,preDesX2,preDesY2;
int preSrcX3,preSrcY3,preDesX3,preDesY3;
```

如果编程者希望检测更加复杂的循环走棋情况，可以增加此处的记录变量。这些变量值的更新位于 moveChess 函数中，编程者可以自行更改。

3. 开局阶段走棋定式

模板程序中定义了存储开局定式的变量，用于开局阶段随机从中选取一种开局定式。定义如下。

```
int first8[10][8][2][2];          /* 开局阶段走棋定式 */
int numfirst8;                     /* 记录的开局走棋定式数目 */
```

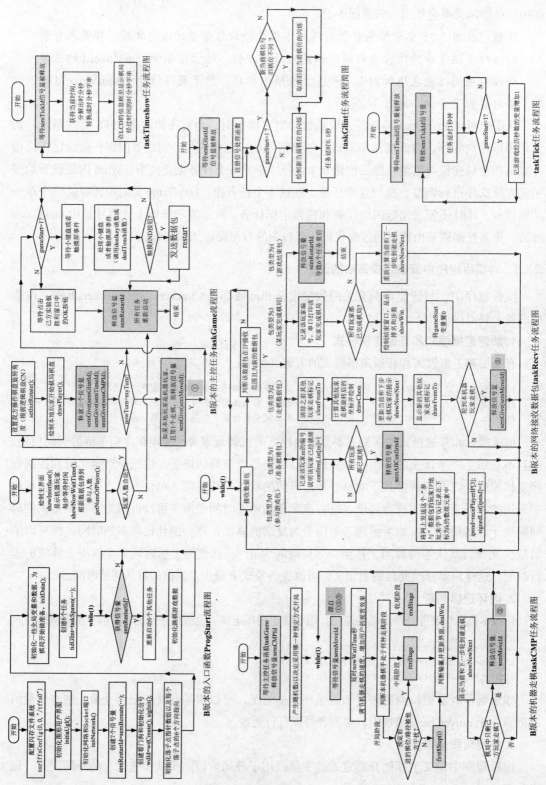

图 5-25 联网电子跳棋游戏软件 B 版本的控制结构全景图

在 5.6.8 节中对这个数组和变量的存储格式已经有了详细说明，在此就不赘述了。编程者可以更改此处的数组，自行选择开局走棋定式加入其中并增大或者减小开局走棋定式的数量，并且在 initfirst8step 数组中初始化该数组和变量。5.6.8 节中已经给出了一种开局阶段走棋定式的图示，下面再给出模板程序中的其他 5 种开局走棋定式图示，见图 5-26~ 图 5-30。这几个定式只是用于说明开局定式的设计，并不是代表此处给出的就是最优的开局定式。

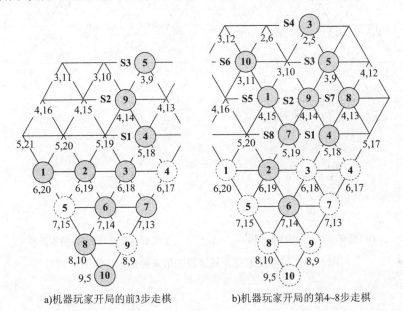

a)机器玩家开局的前3步走棋   b)机器玩家开局的第4~8步走棋

图 5-26   机器玩家在开局阶段的第 2 种走棋步骤图示

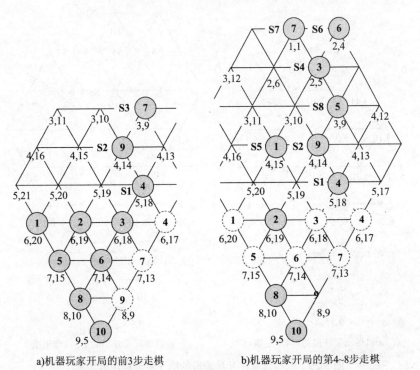

a)机器玩家开局的前3步走棋   b)机器玩家开局的第4~8步走棋

图 5-27   机器玩家在开局阶段的第 3 种走棋步骤图示

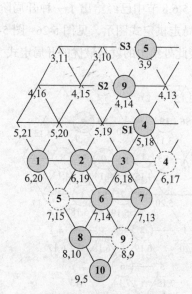

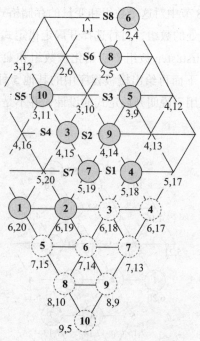

a)机器玩家开局的前3步走棋   b)机器玩家开局的第4~8步走棋

图 5-28 机器玩家在开局阶段的第 4 种走棋步骤图示

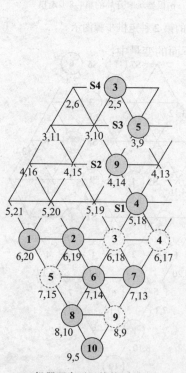

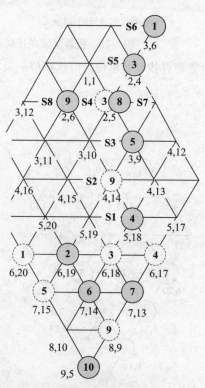

a)机器玩家开局的前4步走棋   b)机器玩家开局的第5~8步走棋

图 5-29 机器玩家在开局阶段的第 5 种走棋步骤图示

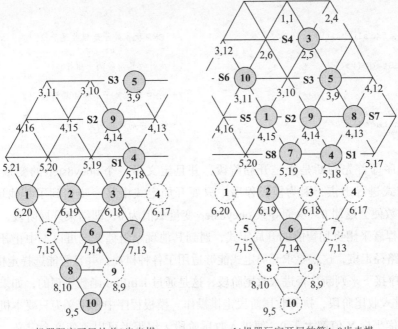

a)机器玩家开局的前3步走棋   b)机器玩家开局的第4~8步走棋

图 5-30　机器玩家在开局阶段的第 6 种走棋步骤图示

4. 寻找可达棋位

在 5.4.9 节中，已经介绍了寻找可达棋位的算法。在智能走棋算法中，需要遍历本玩家所有可达棋位，另外，如果采用多步预测算法或者需要预测其他玩家的可达棋位以对其造成阻挡作用，也需要寻找可达棋位。可达棋位记录在下面的变量中：

```
struct Point * desti[50];        /* 记录当前棋子所有可达目标棋位 */
int destiNum;                    /* 记录当前棋子所有可达目标棋位的数目 */
```

另外，函数 findDesti、findStep1、findStep2、enque、isDesti 用于寻找指定棋子的所有可达棋位并记录在这两个变量中。如果编程者需要多步预测或者预测其他玩家的可达棋位，只用这一组变量可能无法满足记录，因此编程者可以借鉴这里的定义增加一套变量和函数，只要在模板程序提供的这几个函数的基础上稍加改动，并且在需要寻找相关棋子的可达棋位时调用新增的可达棋位搜索函数即可。具体原理 5.4.9 节已经详细描述，这里就不赘述了。

5.taskCMP 函数的改动

taskCMP 函数可以改动的部分主要包括对 3 个阶段的定义以及各个阶段调用的走棋函数。如果编程者有自己的阶段定义，可以在 taskCMP 函数中修改。模板程序中 taskCMP 函数的核心部分如下：

```
...
if(steps[myNum]<8)                        /* CMP 玩家处于走棋开局阶段 */
{
  if(obey8step==0||first8Step(i)==0)      /* 是否按照开局定式进行走棋 */
  {
    obey8step=0;                          /* 将控制是否按照开局定式进行走棋的变量置为 0 */
    itmStage();                           /* 执行中局阶段的走棋操作 */
```

```
    }
  }
  else if(isInEnd())                          /* CMP 玩家处于走棋收尾阶段 */
  {
    endStage();                               /* 执行收尾阶段的走棋操作 */
  }
  else                                        /* CMP 玩家处于走棋中局阶段 */
  {
    itmStage();                               /* 执行中局阶段的走棋操作 */
  }
...
```

这段程序即首先判断是否是开局阶段，并且定义了一个 obey8step 的变量来控制是否按照开局定式进行走棋，因为模板程序中只要开局定式中某一步遇到了其他玩家的阻挡，first8Step 函数便会返回 0，从而导致 obey8step 变量赋值为 0，即结束开局阶段，进入中局阶段。如果编程者采用更加智能的开局定式，遇到其他玩家阻挡完全可以不中止开局阶段，而选取另一条路径走棋，这就要求开局定式能够适用于各种棋局，并且智能选择走棋路径。

这段程序接下来判断是否进入收尾阶段，这是通过 isInEnd 函数实现的，如果该函数返回 1，便说明进入收尾阶段，执行收尾阶段走棋操作。模板程序中，定义为只要本机器玩家每个棋子的可判优坐标 Y 值都大于 0，便进入收尾阶段。编程者可以改变这个定义，从而控制收尾阶段的进入与否。

最后，如果既不是开局阶段也不是收尾阶段，则这段程序 else 分支执行中局阶段的走棋操作。

由这段程序可以清楚地看出阶段的划分以及各阶段的走棋函数。如果编程者希望实现自己的阶段划分，便是在此处进行修改，并增加对应阶段的走棋函数。

6. 开局阶段走棋函数的改动

在模板程序中，开局阶段走棋函数 first8Step 只是简单地根据传入的随机数以及当前步数从开局定式库中找出对应的走棋路径，并走棋。如果目标棋位被其他玩家的棋子占据，则返回 0，从而导致 obey8step 变量赋值为 0，即结束开局阶段，进入中局阶段。

因此，如果编程者没有采用更加智能的开局走棋算法，则不需要对该函数进行改动。否则，需要根据采用的算法进行相应的改动，需要考虑包括走棋路径的选取以及遇到阻挡的处理。

7. 中局阶段走棋函数的改动

在模板程序中，中局阶段走棋函数 itmStage 主要是遍历所有可能的走棋路径并计算评估值，找出评估值最大的一对棋位进行走棋。其核心代码如下：

```
void itmStage()     /* 执行中局阶段的走棋操作 */
{
  int i,j;    /* 以下定义起始棋位极坐标、判优坐标，目标棋位极坐标、判优坐标 */
  int nowx, nowy, nowxPY, nowyPY, destix, destiy, destixPY, destiyPY;
  double m, maxm=-99999;            /* 记录最大评估值 */
  int maxx1, maxy1, maxx2, maxy2; /* 记录得到最大评估值的一对棋位极坐标 */

  for(i=1;i<=10;i++)               /* 遍历本玩家的 10 枚棋子 */
  {
    nowx=myChessPos[i][0];         /* 这四行语句得到起始棋位的极坐标和判优坐标 */
```

```
nowy=myChessPos[i][1];
nowxPY=circleList[nowx][nowy]->PY_X;
nowyPY=circleList[nowx][nowy]->PY_Y;

findDesti(circleList[nowx][nowy]);
for(j=0;j<destiNum;j++)        /* 遍历可达目标棋位 */
{
  destix=desti[j]->circle;      /* 这四行语句得到目标棋位的极坐标和判优坐标 */
  destiy=desti[j]->num;
  destixPY=desti[j]->PY_X;
  destiyPY=desti[j]->PY_Y;
  if(nowx==preDesX1&&nowy==preDesY1&&destix==preSrcX1&&destiy==preSrcY1)
    continue; /*检测第 1 种循环走棋情况 */
  if(preSrcX2==preDesX1&&preSrcY2==preDesY1&&nowx==preDesX2&&nowy==
    preDesY2&&destix==preSrcX1&&destiy==preSrcY1)  continue;
             /* 检测第 2 种循环走棋情况 */
  if(preSrcX3==preDesX2&&preSrcY3==preDesY2&&preDesX3==nowx&&preDesY3==
    nowy&&preSrcX2==preDesX1&&preSrcY2==preDesY1&&destix==
    preSrcX1&&destiy==preSrcY1) continue;   /* 检测第 3 种循环走棋情况 */

  m=countM(nowxPY,nowyPY,destixPY,destiyPY);   /* 计算评估值 */

  if(m>maxm)
  {   /* 以下更新最大评估值以及得到最大评估值的一对棋位极坐标 */
    maxm=m;
    maxx1=nowx;
    maxy1=nowy;
    maxx2=desti[j]->circle;
    maxy2=desti[j]->num;
  }
  } /* end for (j=0 ......*/
} /*end for(i=1; i<=10.......)  */
/* 下面语句将棋子从极坐标(maxx1, maxy1)移动到极坐标(maxx2, maxy2)*/
moveChess(maxx1,maxy1,maxx2,maxy2);
} /* end itmStage() */
```

如果编程者也采用基于评估值比较的算法，则基本不需要改动本函数，只需要改动评估值计算函数。另外，模板程序中 itmStage 函数中给出循环走棋判断只是一个示例，编程者需要增加更多的循环走棋情况判断。

另外，如果编程者不采用基于评估值比较的策略，则可以根据实际算法自行改造本函数，只要最终调用 moveChess 函数对找到的起始和目的棋位进行下一步走棋即可。

8. 收尾阶段走棋函数的改动

在模板程序中，收尾阶段走棋函数 endStage 只是简单地调用中局阶段走棋函数 itmStage，因为模板程序中收尾阶段和中局阶段都采用基于评估值比较的策略，因此两者的共同部分可以共用，只需要修改评估值计算函数即可。不过由于模板程序中采用的算法较为简单，才可以使 endStage 简单地调用中局阶段走棋函数 itmStage。如果编程者需要实现更加智能的收尾阶段智能走棋算法，则最好实现单独的 endStage 函数，以进行更加优化的收尾。

9. 评估值计算函数的改动

在模板程序中，评估值计算函数 countM 同时用于中局阶段和收尾阶段的评估值计算，其具体思想和实现已经在 5.6.9 节和 5.6.10 节中详细描述，其详细代码如下。其中 (nowxPY,int nowyPY) 表示被评估的起始棋位可判优坐标，(destixPY,int destiyPY) 表示被评估的目标棋位可判优坐标。

```c
double countM(int nowxPY,int nowyPY,int destixPY,int destiyPY)    /* 计算评价指标 */
{
    double m, m1, m2 ,m3;   /* 分别是总评价指标 M，以及三个评价指标 M1, M2, M3*/
    m1=nowyPY*(-1);
    if( isInEnd( ) )
    {
        int numEmpty=0,total=0;
        int i;
        double centerx;      /* 空位的平均 x 可判优坐标值 */
        double temp;
        for(i=1;i<11;i++)
        {   /* 以下计算目标营区有几个未被我方棋子占据的棋位 */
            if(initList[2][i]->piece.flag==0||(initList[2][i]->piece.flag==1&&initList[2]
[i]->piece.color!=myNum))
            {
                numEmpty++;
                total+=initList[2][i]->PY_X;
            }
        }
        centerx=(double)total/numEmpty;      /* 平均 X 可判优坐标值 */
        temp=destixPY-centerx;
        m2=12-fabs(temp);
    }
    else
    {
        m2=12-fabs(destixPY);
    }
    m3=destiyPY-nowyPY;
    m=m1*0.5+m2*0.6+m3;

    if( destiyPY>=5 )     /* 目标棋位点位于目标营地，根据起始棋位位置，评价指标值有所不同 */
    {
        if(nowyPY>=5)   /* 起始棋位也位于目标营地 */
        {
            int numEmpty=0;
            int i;
            for(i=1;i<11;i++)
            {
                if(initList[2][i]->piece.flag==0||(initList[2][i]->piece.flag== 1&&initList[2]
[i]->piece.color!=myNum))
                {
                    numEmpty++;
                }
            }
            if(numEmpty>1)   /* 目标营地有多于一个棋位没有被本玩家占据 */
                m/=2;

        } /* end if(nowyPY>=5) */
        else if(nowyPY>=3&&nowyPY<5)
            m*=2;
        else if(nowyPY>=0)
            m*=3;
```

```
    else
       m*=4;
}

if(destiyPY<nowyPY)
   m=m/2;
else if(destiyPY==nowyPY)
   m=m*2/3;

if(isInEnd()&&(abs(nowxPY))>5&&nowyPY>=3)
   m*=2;

return m;
} /* end countM( ) */
```

编程者可以根据 countM 待传入的四个参数进行评估值的计算，既可以采用模板程序中的评估值计算方法，只对权重以及各种特殊情况下评估值的调整进行优化，也可以定义一些新的评价指标，加入总评价指标的计算中。

假定编程者不采用本章提出的基于评估值的计算方法，则可以忽略本函数。即在自己的程序中不使用本模板函数，定义全新的函数实现自己的走棋策略。

5.7.4 改造后的程序测试及算法评估

根据上文描述的改造方法，编程者已经可以实现自己的智能走棋程序。刚开始可以只是对模板程序进行一些小的修改以熟悉该程序的原理，此后可以进行一些更深入的改造。

当改造完成后，需要对改造后的程序进行调试。调试的时候，可以采用加速走棋模式，即 ACCMODE 宏定义为 1，从而较快完成棋局。而如果要对走棋过程进行分析，则将ACCMODE 宏定义为 0，并将走棋等待时间调慢，从而更清楚地观察机器玩家的走棋。

另外，对于如何对改造后的程序进行测试以及智能走棋算法的优劣进行评估，我们认为主要通过比赛来评判。如果比赛只是在编程者之间进行，而不是在公众面前进行，就称为测试。本节给出了一个供参考的评判规则方案，描述如下。

首先将本设计提供的智能走棋版本称为 B0 版本，编程者改造后的版本称为 B1 版本，并且如果有多个编程者实现了各自的智能走棋版本，则分别称为 B1、B2、B3、…、Bn 版本，n 为编程者人数。

测试与评判方案如下：

1）如果 n=1，即只有一个编程者实现的版本 B1 版，则测试可分为：

- 让 B0 版和 B1 版比赛，测试多次，看谁优胜次数多及步数差多少。
- 让 B1 版与自然人比赛，并对比同一自然人和 B0 版比赛，看各自优胜序列和优胜次数。

对于以上测试，如果 B1 版本相较于 B0 版本优胜次数多，则说明编程者实现的算法优于 B0 版本，实现了对算法的改进；而如果 B0 版本相较于 B1 版本优胜次数多，则说明编程者实现的算法不如 B0 版本，还需要继续改进。

如果 B1 版本已经明显优于 B0 版本，而且又做了进一步的改进，称为 B1′ 版本，则可以让 B1 版本和 B1′ 版本比赛，或让 B1 版本和 B1′ 版本与同一个自然人比赛，从而实现算法的不断优化。

2）如果 *n*=2，即两个编程者实现了 B1 和 B2 版本，则测试可分为：

- 让 B1 版和 B2 版比赛，测试多次，看谁优胜次数多及步数差多少。
- 让 B0 版、B1 版和 B2 版混战，看各自优胜序列和优胜次数。
- 让同一自然人分别同 B1 版和 B2 版比赛，看各自优胜序列和优胜次数。
- 让自然人、B1 版和 B2 版混战，看各自优胜序列和优胜次数。

通过以上测试，基本可以判定谁的算法更加优秀。具体的评判标准与 *n*=1 的情况基本一致，测试者可以自行控制。

3）如果 *n*>2，则编程者实现了 B1、B2、…、B*n*，与 *n*=2 的情况相比更加复杂，测试可分为：

- 让 B1 版、B2 版 、…、B*n* 版混战，测试多次，看各自优胜序列和优胜次数。
- 让 B0 版、B1 版、B2 版、…、B*n* 混战，看各自优胜序列和优胜次数。
- 让同一自然人分别同 B1 版、B2 版、…、B*n* 比赛，看各自优胜序列和优胜次数。
- 让自然人、B1 版、B2 版、…、B*n* 版混战，看各自优胜序列和优胜次数。
- 从 B0、B1、B2、…、B*n* 版中选取部分希望对比的版本进行对战。

对于测试的结果，可以采用得分累计值进行计算和评判。下面给出一个得分累计评判参考规则。

①正式比赛（测试）成绩按每 12 局的评分累计值决定优胜序列。每 12 局进行一次评分的原因是每一个机器棋手可以有两次首轮走棋的机会，做到首轮走棋机会均等。可以采用每两局交换一下开发板实现走棋次序的变换。例如，第 1、2 局时 B1、B2、B3、B4、B5、B6 版本分别运行在 IP 地址为 192.168.1.11~192.168.1.16 的实验箱中，第 3、4 局则 B2、B3、B4、B5、B6、B1 版本分别运行在 IP 地址为 192.168.1.11~192.168.1.16 的实验箱中，以此类推，实现每一个机器棋手可以有两次首轮走棋的机会，做到首轮走棋机会均等。

②正式比赛的参与玩家数量都是 6 名玩家（机器玩家或者自然人玩家）。

③在一局比赛中，第一名计 5 分，第二名计 4 分，以此类推，第六名计 0 分。每一局比赛过后，累加各自的得分。

④如果某次比赛中，第一名比第二名步数少走 3 步或以上，则可以额外获得 1 分的加分。

⑤在比赛时可能出现同一轮走棋的两个以上玩家同时到达目的营区的情况。此种情况下同时到达目的营区的玩家得分相同。

- 例如：只有两个玩家 A 和 B 进行跳棋对战，并且玩家 A 先走。假定最终结果是玩家 A 首先到达目的营区，紧随后玩家 B 也达到了目的营区。此情形下就不能够评判玩家 A 是第 1 名，玩家 B 是第 2 名。而应当评判两个玩家得分相同。此时，它们得分相等，均为（5+0）÷2=2.5。
- 又例如：第 3、4、5 名玩家在同一轮走棋时先后顺次完成到达目的营区，此种场合的 6 名玩家的得分序列是〔5、4、2、2、2、0〕。
- 考察一个极端情况，在某一个棋局终了时，6 个玩家按照先后走棋的顺序，一个挨一个地全部进入己方目的营区，这时每一个玩家的得分相同，都是（5+4+3+2+1+0）÷6=15÷6=2.5。

这样，通过若干场比赛后，比较各个玩家的 12 局比赛总分即可评判各自算法的优劣。

一般而言，算法的优劣可以分为几个等级：明显优秀，优秀，优于平均智能，达到平均智能，低于平均智能，落后，明显落后。按照每一场比赛共进行 12 局比赛的得分计算，各个等级的评判标准分别是：

- 明显优秀：每场比赛平均分 ≥ 4.5 分。（注：每次获得第 1 名才能够得到平均分为 5 分。）
- 优秀：4 分≤每场比赛平均分 <4.5 分。
- 优于平均智能：2.8 分≤每场比赛平均分 <4 分。
- 达到平均智能：2.2 分≤每场比赛平均分 <2.8 分。
- 低于平均智能：1.5 分≤每场比赛平均分 <2.2 分。
- 落后：0.7 分≤每场比赛平均分 <1.5 分。
- 明显落后：每场比赛平均分 <0.7 分

以上仅给出了我们称之为一场标准比赛的算法评判参考标准，对于其他人数的比赛与此类似，编程者可以自行设定评估方法。

5.8　编码过程中的故障排除

故障排除说明是软件工程开发文档中的重要文档内容之一。在联网跳棋开发过程和测试过程中排除了许多故障。本节选择其中的重要故障排除举例说明，参见表 5-6。

表 5-6　联网跳棋开发过程的重要 Bug 排除表

序号	Bug 现象	原因分析与排除方法
1	接收到某一数据包后程序崩溃	由于没有忽略游戏以外网络中发来的数据包而对其进行处理，使得数组下标越界，从而使得程序崩溃。将其他数据包忽略后，Bug 排除
2	某实验箱发送重启信号后其他实验箱的界面崩溃	由于在重启处理函数中对接收数据包计数变量也重新置0，使得在接收任务中认为收到了几次不同的数据包，从而多次执行重启函数。将计数变量不重置0后，Bug 排除
3	闪存出故障或者文件不存在会使得游戏无法运行	增加了用键盘指定IP的功能以及无法读取图片时绘制自定义LOGO，以防TFFS无法读取或者文件不存在时出现故障
4	人数不合法时游戏出错	增加了人数判断，人数不合法时游戏将会重新开始
5	触摸屏和键盘混合操作时会出现错误	仔细检查并修正了触摸屏处理函数和按键处理函数，使得互相不影响
6	时间显示有时末尾会多出几个 "9"	由于没有采用定宽数字显示时间，使得从59跳变到0时会由于位减少而残留一个 "9" 在末尾。采用定宽显示时间后，会清除多余的数字，Bug 排除
7	有时会出现屏幕无法绘图的问题或者程序无反应	由于circleList数组并不是每一个元素都指向一个合法的棋位，而原来初始化数组元素的时候并没有考虑这一点，对空指针指向的地址进行操作，导致出错

5.9　设计测试方案并进行测试

5.9.1　测试方案

在嵌入式实验箱上进行实际的跳棋游戏是对跳棋实验软件的最好考察。跳棋是适合 2 人、

3 人、4 人和 6 人博弈的游戏。因此，要求跳棋测试按照 2 名玩家、3 名玩家、4 名玩家和 6 名玩家展开，玩家可以是自然人玩家，也可以是机器玩家。

5.9.2 测试实施

跳棋的总体测试完成之后，分别组织若干学生或机器扮演玩家进行实际游戏测试。每一种测试安排两次。以下选择性地报告实测结果。

5.9.3 6 个自然人玩家的实测记录

1. 第 1 次测试记录

测试日期： 2011 年 3 月 19 日星期六。

测试参加者： 同学 A（红色），同学 B（紫色），同学 C（黄色），同学 D（浅蓝色），同学 E（深蓝色），同学 F（绿色），任课教师（现场监督）。

测试过程： 上午 9 时 15 分开始到 10 时 30 分结束。总用时 1 小时 15 分钟。

测试的第 1 名获胜者： 同学 A（红色）

测试运行中间快照： 参看图 5-31。

测试评价： 基本达到设计目标。ARM 9 实验箱的硬件和软件运行平稳。测试运行完成之后，玩家都提升了游戏兴趣。同普通跳棋的玩法相比较，电子跳棋有可远程游戏、走棋有参考可达棋位提示的优点。

本次测试之后的改进意见：

1）按照本阶段软件设计，当 6 名棋手中决出第 1 名获胜者之后，棋局即告结束。希望将处理流程修改为：最后一名棋手走完之后，棋局才告结束。棋局结束后，按照胜出顺序排序显示玩家顺序，同时还显示各个玩家的走棋步数。

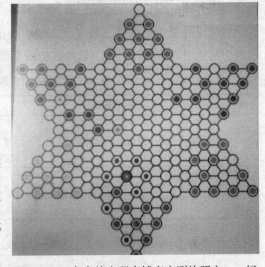

图 5-31　6 名自然人玩家博弈实测快照之一：绿色玩家走棋可达棋位测试

2）将准备走动的棋子的可达棋位用不同于任何玩家棋子颜色显示出来，以方便玩家走棋时辨认。

2. 第 2 次测试记录

测试日期： 2011 年 3 月 26 日星期六。

测试参加者： 同学 K（红色），同学 M（紫色），同学 N（黄色），同学 P（浅蓝色），助教（深蓝色），同学 Q（绿色），任课教师（现场监督）。

测试过程： 上午 9 时 14 分开始到 10 时 17 分结束，共用时 1 小时 3 分钟。

测试获胜序列： 同学 M，助教，同学 P，同学 K，同学 Q，同学 N。参看图 5-32。

在走棋过程中，根据可达目标棋位搜索算法，可以无遗漏地给出所有可达目标棋位。如果没有计算机程序的帮助，玩家往往会看不出所有的可达棋位，从而导致忽略一个更好的可达棋位。

图 5-33 给出了一个可达目标棋位显示的快照。

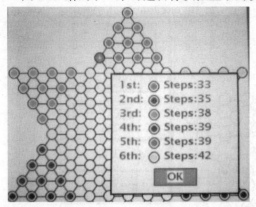

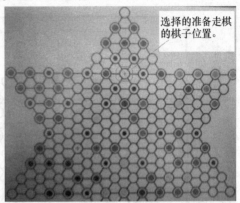

选择的准备走棋的棋子位置。

图 5-32　第 2 次 6 人运行测试最后结果的
优胜序列快照

图 5-33　跳棋第 2 次 6 人测试中的黄色玩家的
可达棋位（黑色棋子）显示

5.9.4　4 个自然人玩家的实测记录

1. 第 1 次测试记录

测试日期： 2011 年 7 月 22 日星期五。

测试参加者： 助教，教师 A，教师 B，同学 A。

测试总时间： 40 分钟之后跳棋发生故障，意外终止。

测试过程描述： 启动正常，4 名玩家能够正常下棋，当有两位棋手完成将棋子进入目的营区之后，LCD 上显示的一位棋手的十颗棋子中少了一颗。故障原因有待排查。

评价： 这个版本需要排除故障。

2. 第 2 次测试记录

测试日期： 2011 年 9 月 2 日星期五。

测试目标： 针对上次四人测试中最后出现的丢失一枚棋子的情况，之后对程序进行了排错，并改进了光标和对方走棋的提示，对此进行测试。

测试参加者： 大四学生 A（红方），大四学生 B（黄方），大四学生 C（浅蓝方），大四学生 D（深蓝方），任课教师、助教（现场指导）。

机器情况：

玩家特征	实验箱号	主机号	IP 地址
红方	72	5	192.168.1.11
黄方	19	6	192.168.1.13
浅蓝方	98（闪存不能够工作）	29	192.168.1.15
深蓝方	25	10	192.168.1.16

测试过程： 下午 2 时 10 分开始到 3 时 37 分结束，共用时 1 小时 27 分钟。

测试运行中间快照： 参看图 5-34、图 5-35 和图 5-36（按照时间顺序）。

从图 5-34 中可见当前玩家是浅蓝色玩家。该玩家正在测试一个己方棋子，查看这一枚棋子最佳走棋路径。计算机程序已经把该枚棋子的所有可达棋位（移动的和跳跃前进的）显示出来。一共有 15 个可达棋位。前进距离最大的可达棋位是位于极坐标系的（5,5）棋位。

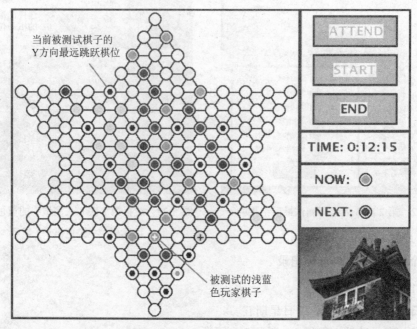

当前被测试棋子的
Y方向最远跳跃棋位

被测试的浅蓝
色玩家棋子

图 5-34　4 个玩家的跳棋运行中间快照 1（浅蓝色一方）

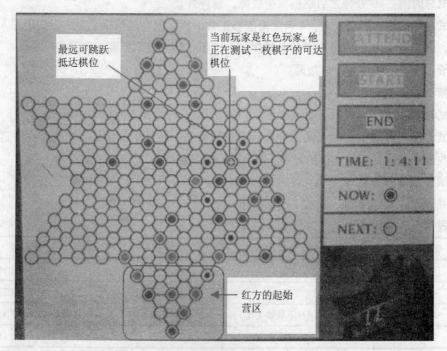

最远可跳跃
抵达棋位

当前玩家是红色玩家, 他
正在测试一枚棋子的可达
棋位

红方的起始
营区

图 5-35　4 个玩家的跳棋运行中间快照 2（红色一方）

图 5-35 给出了在浅蓝色玩家 ARM 9 实验箱上拍摄的 LCD 画面。从中可以看出，当前玩家是红色玩家。本棋局已经经历了 1 小时 4 分 11 秒。被测试的红色棋子向前不能跳跃前进，

最远只可以移动 1 个 Y 轴网格单位。

本次四个自然人玩家的联网跳棋测试获胜序列为：浅蓝色、深蓝色、黄色、红色。参看图 5-36。

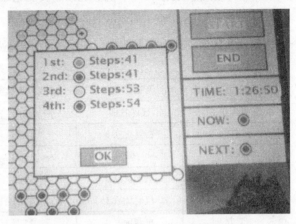

测试结果：ARM 9 实验箱的硬件和软件运行稳定，且没有出现上次的丢失棋子情况。光标显示、走棋提示、对方走棋路径的动态显示的改进都测试通过，提升了游戏的操作体验。测试运行完成之后，玩家都提升了游戏兴趣。总的来说达到了测试目标。

图 5-36　4 人测试最后结果的优胜序列快照

5.9.5　2 个自然人玩家和 1 个机器玩家的实测记录

测试日期：2011 年 9 月 19 日星期一。

测试参加者：助教，任课教师，一个机器玩家。

测试结果：

1) 机器玩家的走棋速度很快，瞬间完成。

2) 机器玩家的走棋基本正确。

3) 优胜序列：

　　任课教师，41 步

　　机器玩家，49 步

　　助教，53 步

评价：这个跳棋游戏版本具备基本的智能走棋功能。

5.9.6　2 个机器玩家的实测记录

测试日期：2011 年 10 月 27 日星期四。

测试参加者：两个机器玩家，任课教师（现场监督）。

机器玩家走棋等待时限设置为三分之一秒（说明：这个时限可以进行手动调节，加速模式可设为三分之一秒到 1 秒，正常模式一般设为 2~5 秒）

测试结果：

　　实际机器玩家 1，红色棋子玩家，第 1 名，走棋步骤 41 步

　　实际机器玩家 2，浅蓝色棋子玩家，第 2 名，走棋步骤 46 步

图 5-37 给出了这次游戏结束时的画面。

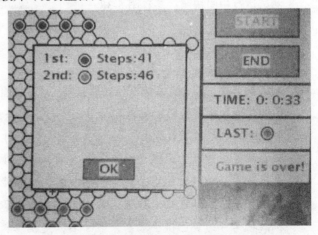

图 5-37　两个机器玩家的跳棋博弈最终结果画面

5.9.7 2 个自然人玩家和 4 个机器玩家的实测记录

测试日期： 2011 年 10 月 27 日星期四。

测试参加者： 四个机器玩家，任课教师，助教。

机器情况：

颜色	玩家身份	ARM 9 实验箱号	PC 主机编号	IP 地址
深蓝方	任课教师	98 号	29 号	192.168.1.11
浅蓝方	机器玩家 3	18 号	22 号	192.168.1.12
绿方	助教	19 号	6 号	192.168.1.13
黄方	机器玩家 2	20 号	15 号	192.168.1.14
红方	机器玩家 1	97 号	5 号	192.168.1.15
紫方	机器玩家 4	25 号	10 号	192.168.1.16

测试结果： 本次测试没有正常结束。运行到大半棋局时所有的实验箱停止动作。估计故障是网络通信中断而造成的。

故障原因排查： ①连接交换机和 ARM 9 开发板的以太网信号线的插头与插座之间容易松动，从而导致信号发送和接收中断。②信号线没有固定处于不稳定状态，当测试人员走动或测试工作台上物品移动时会轻易触动信号线，导致插头随信号线位置移动而移动，其结果是插头和插座之间的导线金属触点间的接触松动，信号不能够正常传输。

故障排除： 游戏开始之前对插头和插座的紧密耦合性进行手动试验，通过 "ATTEND" 和 "START" 操作，观察屏幕画面能否随动，以验证信号传输是否正常。确保信号线连接正确牢靠之后再进入第一轮走棋步骤。游戏过程之中尽量避免碰触信号线。最后此故障被排除。

测试运行中间快照： 参看图 5-38。

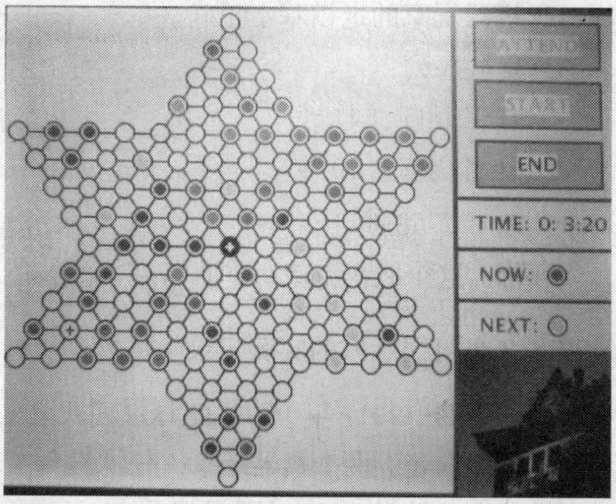

图 5-38 4 个机器玩家和两个自然人玩家跳棋博弈的中间画面之一

5.9.8 6 个机器玩家的实测记录

测试日期： 2011 年 10 月 27 日星期四。

测试参加者： 六个机器玩家，任课教师（现场监督）。

机器玩家走棋等待时限设置为三分之一秒，一共让 6 名机器玩家参与跳棋博弈。玩家的棋子颜色配置和排名如下：

机器玩家 1 为深蓝色棋子玩家，第 5 名，走棋步骤 47 步。

机器玩家 2 为浅蓝色棋子玩家，第 3 名，走棋步骤 44 步。

机器玩家 3 为绿色棋子玩家，第 4 名，走棋步骤 45 步。

机器玩家 4 为黄色棋子玩家，第 1 名，走棋步骤 39 步。

机器玩家 5 为红色棋子玩家，第 6 名，走棋步骤 51 步。

机器玩家 6 为紫色棋子玩家，第 2 名，走棋步骤 41 步。

测试结果：本次测试正常结束，由于选择加速模式，走棋较快。从走棋过程来看，基本符合要求。

测试运行中间快照：参看图 5-39 和图 5-40。

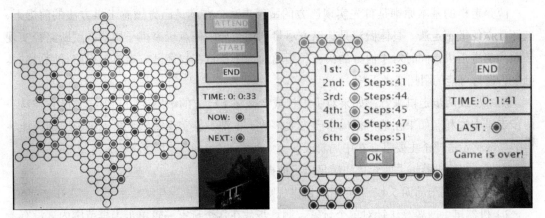

图 5-39   6 个机器玩家跳棋博弈的中间画面之一   图 5-40   6 个机器玩家跳棋博弈的结果画面

注意：B 版本的机器走棋速度可以调节。6 个机器玩家跳棋博弈测试的走棋速度设定在三分之一秒。参看图 5-39，从棋局开始，仅仅过了 33 秒，6 个玩家的棋子基本都进入到中盘位置。还有一点说明即在图 5-39 给出的棋局快照中，当前玩家是紫色。它只有 9 颗棋子在棋盘中显示，另外有一颗棋子是当前被测试棋子，用圆圈加十字形表示。

在图 5-40 中可见 6 个机器玩家的跳棋竞技结果有明显差别。第 1 名和最后 1 名相差 12 步。

5.10   机器棋手博弈走棋算法

前面的 5.6 节介绍了机器走棋版本的基本设计，即所谓的联网跳棋软件 B 版本。B 版本是机器棋手版本，它有一个基本走棋特点，那就是每当轮到机器棋手走棋时只在己方棋子中寻找最优的走棋路径和落子点，不刻意阻挡他方走棋路径，不考虑其他玩家走棋方法对己方的影响，同时也不考虑己方走棋对他方玩家的影响。因此我们也称 B 版本为简单智能走棋版本。可以用四个字来表述这个 B 版本的智能算法，即"单方计算"。"单方计算"的含义是只从己方走棋视角来理解棋局并给出最优走棋方法。在本节中将介绍机器棋手的"博弈"智能算法走棋版本，即所谓的联网跳棋软件 C 版本。也可以用四个字来表述 C 版本的智能算法——"全局计算"。"全局计算"的含义是从所有玩家走棋视角来理解棋局并给出己方最优走棋方法。

博弈算法走棋版本与简单智能走棋版本的具体不同之处在于：前者在每当轮到机器棋手走棋时，不但要测试己方每一颗棋子的最优走棋路径（起始棋子、中间点和落子点），从中进行优选，还要测试其他玩家（不论是自然人棋手，还是机器棋手）的每一颗棋子的最优走棋路径和落子点，找到他方的最优路径和落子点序列中的第一、第二的可能走法。这样，从棋盘全局看就得到所有六个玩家大约十个以上的可能的最优走棋路径。每一个最优走棋路径包括最优起始点、最优中间点和最优落子点。测算出来的最优走棋路径集合称为敏感走法。之所以称它们是敏感走法而不是最优走法的原因是，敏感走法不一定能够实现。己方和他方会围绕棋盘上的敏感走法进行搏杀。

博弈走棋的基本原则是首先实现己方的敏感走法，在满足己方敏感走棋方法的前提下，破坏他方的敏感走法。具体做法是让己方尽量利用全局中任意玩家棋子构造的跳跃路径实现长距离前进走棋，同时对于他方的快速长距离前进路径将在权衡己方走棋前进路径距离的基础上，进行可能的阻挡或者拆桥。

从一步或两步走棋来看，如果对手干扰或者破坏了己方的敏感走法，会导致己方在这一两步走棋中失利。如果在整个棋局中己方大多数走棋都不能实现敏感走棋，则失败的可能性居多。敏感走法搏杀主要贯穿在中局阶段。

本节介绍的机器棋手博弈算法满足以下前提条件。

1）走棋规则与前面 5.4.7 节介绍的走棋规则相同。

2）机器棋手博弈算法针对单个玩家，测算步数在六个玩家一轮单步走棋范围内，没有考虑玩家的连续两步走棋测算。换言之，对己方走棋没有进行两步走棋的上下文处理。

3）局域网联网结构与前面章节内容相同。

4）C 版本玩家可以同 A 版本玩家，以及 B 版本玩家在同一个棋局中进行对战。

由于时间和精力的限制，目前还没有实现联网跳棋的 C 版本。

5.10.1　博弈走棋的图例说明

在本节里，通过剖析一个跳棋棋局快照截图来说明如何测算每一个玩家的最优走棋路径序列，并在此基础上获得全局的敏感走法。

参看图 5-41。该图是 5 个机器棋手同一个自然人玩家进行跳棋游戏的棋局中间快照截图，是从一组截图中随机抽取出来的。本节使用该图作为博弈算法图例说明博弈走棋算法的基本流程。从图中可见，当前走棋玩家是红色玩家，随后的走棋玩家序列是：黄色，绿色，浅蓝色，深蓝色和紫色。测算玩家的最优走棋路径（起始棋子、中间点和落子点）将按照这个顺序进行。

为了从博弈算法的角度把这个跳棋棋局图例分析透彻，首先要弄清楚棋局处于何种状态。根据 5.6.13 节的每步走棋等待时间设置，从图 5-41 的快照截图的棋盘右下侧可见机器走棋每 3 秒走一步。这样 6 个玩家走 8 步完成开局走棋需要 $6 \times 8 \times 3 = 48 \times 3 = 144$ 秒。读者还能够观察到快照截图时间栏显示的是：2 分 6 秒，该图表明棋局已经进行了 126 秒，小于 144 秒，即棋局运行时间不够每一个玩家走 8 步。

由于 B 版本规定在开局走棋中如果受到阻挡，可以提前进入中局阶段走棋。于是仔细观看图 5-41 的快照图片，黄色、紫色和绿色玩家各有一颗棋子利用其他玩家的棋子实现跳步，而在当前采用的开局定式中没有考虑其他玩家的棋子，这就是说这三个玩家肯定已经结束开局阶段。仔细检查红色、深蓝色和浅蓝色玩家的棋子布局并与 5.6.8 节和 5.7.3 节中介绍的 6 种开局走棋定式对照，发现红色、深蓝色和浅蓝色玩家分别采用第 3 种、第 3 种和第 4 种开局定式，并且只完成了第 6 步开局走棋，下面应该执行开局阶段的第 7 步开局走棋。由此，得出结论：本快照截图反映的棋局阶段是半开局和半中局阶段。

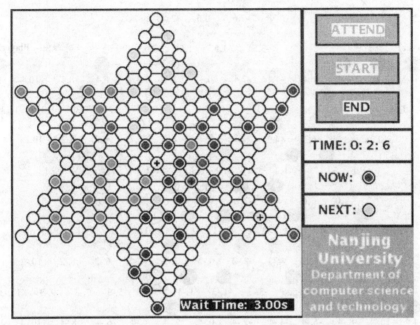

图 5-41 5 个 CMP 玩家和一个自然人玩家（绿色）的跳棋对战快照

问题在于对于浅蓝色、深蓝色和红色玩家而言，执行中局阶段走棋能够得到更好的前进效果。也就是说开局阶段的程序流程还有进一步优化的潜力。有兴趣的读者可以详细解剖这个棋局的走棋，给出自己的优化算法。

下面用六节篇幅逐个对图 5-41 给出的跳棋图例进行六个玩家的优选路径分析。每一节对一个玩家使用该玩家的判优坐标系筛选其第一、第二（加上第三，如果第二和第三路径的判优计算值接近）优选路径。

5.10.2 红色玩家的优选走棋路径

为了分析图 5-41 中红色玩家的最优走棋路径，在红色玩家可判优坐标系中绘制了当前棋局。参看图 5-42。很直观地，可以得到前三条最优路径。

1）位于（1, -3）红色 1 号棋子，经过（3, -1）、（1,1）跳跃落在（3,3）。向目的营区前进了 6 个 Y 轴网格单位。

2）位于（2,0）红色 2 号棋子，经过（6,0）、（4,2）、（0,2）跳跃落在（2,4）。向目的营区前进了 4 个 Y 轴网格单位。

3）位于（-1, -7）红色 3 号棋子，经过（-3, -5）、（1, -5）落在（3, -3）。向目的营区也前进了 4 个 Y 轴网格单位。

其余红色棋子的 Y 轴方向跳跃距离都小于 4，没有纳入优选的走棋路径。

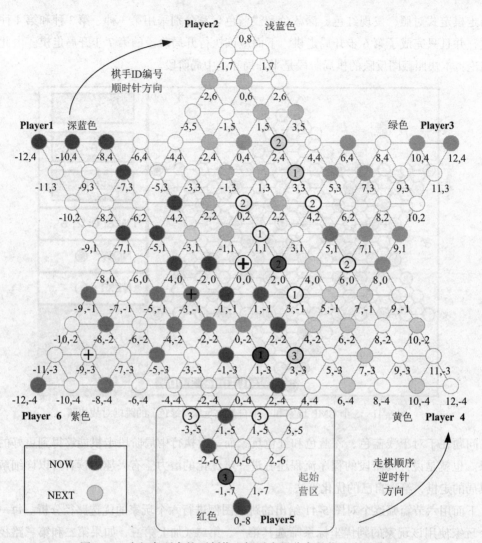

图 5-42　在红色玩家的可判优坐标系中得分高的优选走棋路径

注意： 在图 5-42 中，除了绘制当前棋局的 60 颗棋子之外，我们对最优的玩家走棋路径用以下规则加注标记。

①被测试红色玩家起始棋子的圆圈中用一个数字作为 ID，背景色为红色。并且带 3 磅粗细的黑色边线。②该红色棋子跳跃路径的中间棋位也含 ID，背景色为白色，带 3 磅粗细的黑色边线。③被测试的红色棋子的落子棋位含标记 ID 数字，背景色为灰色，带 3 磅粗细的黑色边线。

本节其他颜色玩家的可判优坐标系中得分高的优选走棋路径也用类似方式绘制，读者可以类推。

5.10.3　黄色玩家的优选走棋路径

与分析红色玩家的最优走棋路径类似，我们在黄色玩家可判优坐标系中绘制了当前棋局。分析之后得到四条最优路径。参看图 5-43。

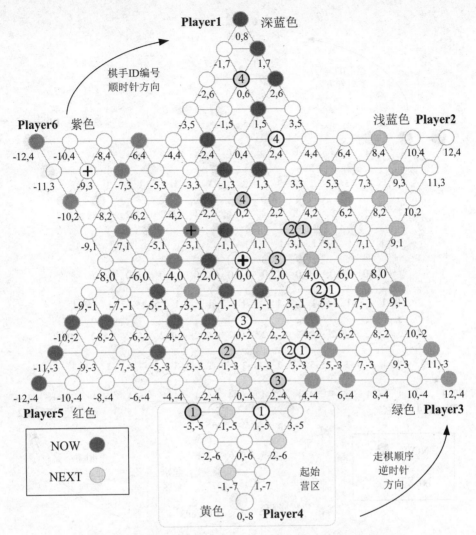

图 5-43　在黄色玩家的可判优坐标系中得分高的优选走棋路径

1）位于（-3, -5）黄色 1 号棋子，经过中间点（1, -5）、（3, -3）、（5, -1）跳跃落在（3,1）。向目的营区前进了 6 个 Y 轴网格单位。

2）位于（-1, -3）黄色 2 号棋子，经过中间点（3, -3）、（5, -1）跳跃落在（3,1）。向目的营区前进了 4 个 Y 轴网格单位。

3）位于（2, -4）黄色 3 号棋子，经过中间点（0, -2）跳跃落在（2,0）。向目的营区前进了 4 个 Y 轴网格单位。

4）位于（0,2）黄色 4 号棋子，经过中间点（2,4）跳跃落在（0,6）。向目的营区前进了 4 个 Y 轴网格单位。

其余黄色棋子的跳跃距离都小于 4，没有纳入优选的走棋路径。

5.10.4　绿色玩家的优选走棋路径

同样，在绿色玩家可判优坐标系中绘制当前棋局。分析之后得到涉及三颗棋子的五条最优路径。参看图 5-44。

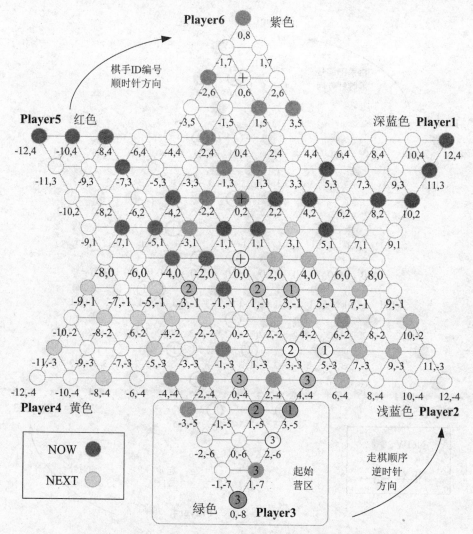

图 5-44　在绿色玩家的可判优坐标系中得分高的优选走棋路径

1）位于（3，−5）的绿色 1 号棋子，经过中间点（5，−3）跳跃落在（3，−1）。向目的营区前进了 4 个 Y 轴网格单位。

2）位于（1，−5）的绿色 2 号棋子，经过中间点（3，−3）跳跃落在（1，−1）。向目的营区前进了 4 个 Y 轴网格单位。

3）位于（1，−5）的绿色 2 号棋子，经过中间点（3，−3）、（1，−1）跳跃落在（−3，−1）。向目的营区前进了 4 个 Y 轴网格单位。

4）位于（0，−8）的绿色 3 号棋子，经过中间点（2，−6）跳跃落在（4，−4）。向目的营区前进了 4 个 Y 轴网格单位。

5）位于（0，−8）的绿色 3 号棋子，经过中间点（2，−6）跳跃落在（0，−4）。向目的营区前进了 4 个 Y 轴网格单位。

其余绿色棋子的跳跃距离都小于 4，没有纳入优选的走棋路径。

5.10.5 浅蓝色玩家的优选走棋路径

在浅蓝色玩家可判优坐标系中绘制当前棋局。分析之后得到涉及三颗棋子的三条最优路径。参看图 5-45。

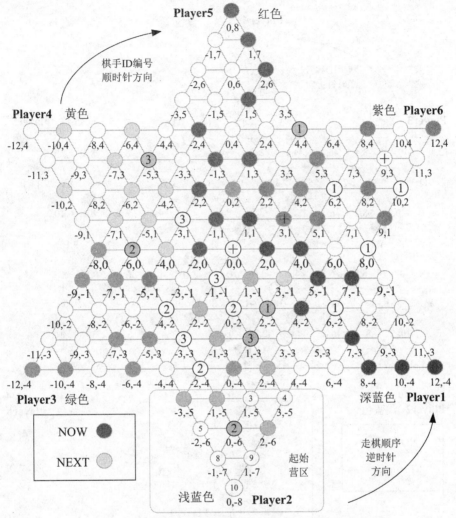

图 5-45　在浅蓝色玩家的可判优坐标系中得分高的优选走棋路径

1）位于（2，-2）的浅蓝色 1 号棋子，经过中间点（6，-2）、(8,0)、(10,-2)、(6,2) 跳跃落在 (4,4)。向目的营区前进了 6 个 Y 轴网格单位。

2）位于（0，-6）的浅蓝色 2 号棋子，经过中间点（-2，-4）、(0，-2)、(-4，-2) 跳跃落在 (-6,0)。向目的营区前进了 6 个 Y 轴网格单位。

3）位于（1，-3）的浅蓝色 3 号棋子，经过中间点（-3，-3）、(-1，-1)、(-3，1) 跳跃落在 (-5，-3)。向目的营区前进了 6 个 Y 轴网格单位。

这里列出的前三个优选棋子 Y 方向前进距离都为 6，剩余的最多前进距离为 4，因此其余浅蓝色棋子没有纳入优选的走棋路径。

5.10.6 深蓝色玩家的优选走棋路径

在深蓝色玩家可判优坐标系中绘制当前棋局。分析之后得到涉及三颗棋子的三条最优路径。参看图 5-46。

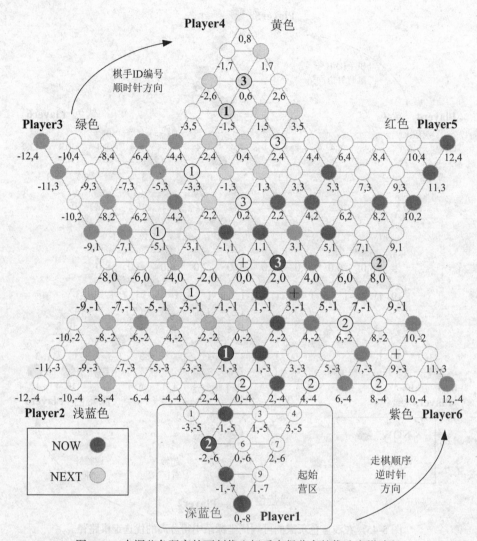

图 5-46 在深蓝色玩家的可判优坐标系中得分高的优选走棋路径

1）位于（−1，−3）的深蓝色 1 号棋子，经过中间点（−3，−1）、（−5，1）、（−3，3），跳跃落在（−1，5）。向目的营区前进了 8 个 Y 轴网格单位。

2）位于（−2，−6）的深蓝色 2 号棋子，经过中间点（0，−4）、（4，−4）、（8，−4）、（6，−2），跳跃落在（8，0）。向目的营区前进了 6 个 Y 轴网格单位。

3）位于（2，0）的深蓝色 3 号棋子，经过中间点（0，2）、（2，4）、跳跃落在（0，6）。向目的营区前进了 6 个 Y 轴网格单位。

其余深蓝色棋子的最大前进距离小于 6，因此没有纳入优选的走棋路径。

5.10.7 紫色玩家的优选走棋路径

在紫色玩家可判优坐标系中绘制当前棋局。经过分析可见紫色玩家已经有一颗棋子利用其他玩家的棋子实现跳步，而在当前采用的开局定式中没有考虑其他玩家的棋子，这就是说紫色玩家已经进入中局阶段。但是在紫色玩家的起始营区中，还有一颗棋子处于最低 Y 坐标（0，–8），并且是一个孤立棋子。按照 5.6.9 节的中局阶段走棋函数说明，可计算出该棋子具有较高的综合评价指标值。此外只有两颗棋子具有相同的最大跳跃前进距离，它们的 Y 方向前进距离为 2。这样，从算法角度把这三个棋子的走棋路径列入优选走棋路径是合理的，其余棋子不再列入。参看图 5-47。

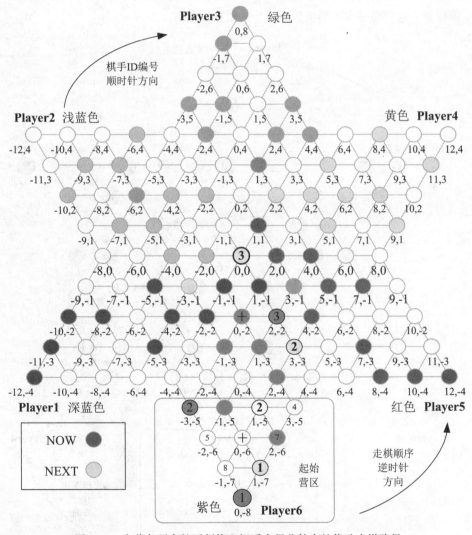

图 5-47　在紫色玩家的可判优坐标系中得分较高的优选走棋路径

1）位于（0，–8）的紫色 1 号棋子，移动一步落在（1，–7）。向目的营区前进了 1 个 Y 轴网格单位。

2）位于（–3，–5）的紫色 2 号棋子，经过中间点（1，–5）跳跃落在（3，–3）。向目的营区前进了 2 个 Y 轴网格单位。

3）位于（2,−2）的紫色 3 号棋子，直接跳跃落在（0,0）棋位。向目的营区前进了 2 个 Y 轴网格单位。

5.10.8 当前玩家敏感走法案例图解

由上所述，对于图 5-41 的博弈算法图例，我们通过六个玩家操作棋盘的视图分别给出了每一个玩家的优选走棋路径。由于红色玩家是当前走棋玩家，需要给出红色玩家的全局敏感走法，以便正确地实行走棋处理。为此绘制了图 5-48，它是红色玩家的敏感走法图解。

值得向读者说明的是，为了避免图 5-48 过于复杂而影响阅读，该图中没有表示出所有路径的中间标记。这样做基本不影响后面部分的阅读和理解。

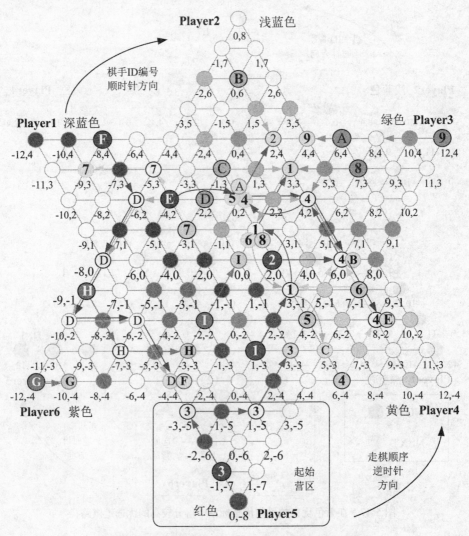

图 5-48 当前走棋玩家（红色玩家）的敏感走法图解

注意：图 5-48 中绘制的敏感走棋路径一共涉及 18 个棋子的前进路径。这些路径从六个玩家当前优选路径中汇集而来。棋子 ID 按照红、黄、绿、浅蓝、深蓝、紫色玩家的优选路径累加编号给出。也就是按照玩家走棋次序以及该玩家路径优先次序进行编号。

从图 5-48 可以看出红色玩家的当前敏感走棋路径有两个，一个是位于（1, -3）标记为 1 的红色棋子跳跃到棋位（3,3）。这一步走棋使己方前进 6 个 Y 轴网格单位。同时为绿色玩家的 8 号棋子前进造成阻挡。另一个是位于（2,0）标记为 2 的红色棋子跳跃到棋位（2,4）。如果这样跳跃会使得浅蓝色棋子 B 无法跳跃前进。而红色棋子 3 是单纯的己方的优选路径，暂时不会对他方形成阻挡。

图 5-48 中的关键棋位是（0,2）、（4,2）和（1,1）。如果红色棋子 1 或者 2 减少跳跃前进距离，在这几个棋位的任何一个落下，就会阻止黄色玩家棋子 4 和 5、浅蓝色玩家棋子 B、深蓝色玩家棋子 E 做长距离的跳跃。

5.10.9　博弈算法基本处理流程

从上述博弈棋局图例的六个玩家视角剖析结果，可以归纳出联网跳棋博弈走棋算法的基本处理流程。

第 1 步

当前玩家 k（设玩家 ID=k）首先在己方的可判优坐标系中列选出评估值最高的 3 ~ 5 个跳跃走棋路径，存入一个优选走棋路径结构体数组 currePlayerPath[6] 中。该结构体定义如下：

```
struct path
{
    int pathID;              /* 优选路径 ID 号 */
    int playerID;            /* 玩家 ID 号 */
    int yDistance;           /* 在 Y 方向前进距离 */
    int startHole[2];        /* 在当前玩家可判优坐标 PYk 上的起始棋子坐标 */
    int pathData[41][2];     /* 记录整个路径的桥节点坐标和中间空位节点坐标 */
      /*  可记录的最长路径跳跃次数为 20 跳，一维下标为节点序号，\
      其中 0,2,4,6…是第 1，2，3，4…个桥节点，\
      其中 1,3,5,7…是第 1，2，3，4…个中间空位节点，\
      路径结束节点是一个中间空位节点，也即路径的最终落子棋位 \
      在它后面用一个无效坐标（20,0）标记此路径结束。    */
};
struct path currePlayerPath[6];     /* 只使用数组的下标 1~5，即最多 5 条路径 */
```

可以看出，该结构体数组保存的数据内容是：可判优坐标系 PY_k 中优选出的路径 ID、玩家 ID、Y 方向跳跃前进距离、棋子起始棋位、桥节点 1、桥节点 2…、中间空位节点 1、中间空位节点 2…、最终落子棋位、路径的结束标志（20,0）。

例如，元素 currePlayerPath[2]-> pathID 表示该数组中存储的第二条路径的 ID，currePlayerPath[2]-> playerID 表示第二条路径对应的玩家 ID，currePlayerPath[2]-> yDistance 表示第二条路径 Y 轴方向前进距离，currePlayerPath[2]-> startHole[0] 表示第二条路径起始棋位的可判优 X 坐标，currePlayerPath[2]-> pathData [2][1] 表示该条路径第二个桥节点的可判优 Y 坐标。

举例：假定对于图 5-48 中红色玩家 1 号优选路径声明一个 path 结构体变量 a，则给 a 变量赋值的语句如下列出：

```
a.pathID=1;              /*a 的优选路径 ID 号 */
a.playerID=5;            /*a 的玩家 ID 号 */
a.yDistance=6;           /* 红色玩家 1 号棋子在 Y 方向上的前进距离 */
a.startHole[2]={1,-3};   /* 在当前玩家可判优坐标 PYk 上的起始棋子坐标 */
a.pathData[41][2]={{2,-2},{3,-1},{2,0},{1,1},{2,2},{3,3},{20,0}};
```

值得说明的是，如果当前玩家连一条可跳跃的路径都没有，即求出的 currePlayerPath 数组为空，则当前玩家必须实施单步走棋。为了执行单步走棋操作，需要求出当前玩家 k 能够刻意阻止他方前进路径集合 T。这个计算在第 3.2 步中执行。而为了执行第 3.2 步，转第 2 步。

对应于图 5-48 的数组 currePlayerPath 在表 5-7 中给出。由于篇幅所限，该表格中省略了每条路径的桥节点坐标，由于每个桥节点都是被跳跃经过的节点，它的坐标可以通过与它相邻的两个中间空位节点（包括起始和终点棋位节点）坐标计算得出。例如，正如表 5-7 中所示，路径 3 中加上起始和终点棋位节点，一共有四个跳跃中间棋位，它们之间形成了 3 个桥节点，坐标分别可由两个相邻的跳跃中间棋位坐标计算得出，如（-3，-5）和（1，-5）中间的桥节点坐标是这两个坐标的平均值，即（-1，-5）。其他桥节点坐标的计算可以类推。

表 5-7   图 5-48 对应红色玩家的优选走棋路径数组 currePlayerPath

路径 ID	当前玩家 ID	Y 轴前进距离	起始棋位	跳跃中间棋位	跳跃中间棋位	跳跃中间棋位	跳跃中间棋位	跳跃中间棋位	…	跳跃中间棋位
1	5	6	1,-3	3,-1	1,1	3,3	20,0			
2	5	4	2,0	6,0	4,2	0,2	2,4	20,0		
3	5	4	-1,-7	-3,-5	1,-5	3,-3	20,0			

第 2 步

以当前玩家 k 的坐标系为基础参照坐标系，进入循环，从第一个下家玩家开始直到所有的他方玩家枚举完毕，执行以下处理。

基于当前棋局数据，进入被枚举玩家 m（玩家 ID=m）的可判优坐标系（PY_m）。被枚举玩家可判优坐标系的下标 m 取值范围是：m 大于或等于 1、小于或等于 6（共 6 个玩家），且 m 不等于 k。列选出该玩家的评估值最高的二三个跳跃走棋路径，进行坐标 PY_m 到 PY_k 的映射变换，得到该玩家这几个优选路径在 PY_k 坐标系下的路径数据，然后存入一个所有他方玩家的优选走棋路径结构体数组 rivalPlayerPath[30] 中。定义如下：

```
struct path rivalPlayerPath[31];   /* 只使用数组的下标 1~30，即最多 30 条路径 */
```

还是以博弈棋局图例的当前红色玩家敏感路径图 5-48 为例，将对应于红色玩家的 rivalPlayerPath 数组的数据通过表 5-8 列举出来，该表格同样省略了每个路径的桥节点坐标。

表 5-8   图 5-48 对应红色玩家的其他玩家优选走棋路径数组 rivalPlayerPath

路径 ID	玩家注释	路径对应玩家 ID	Y 轴前进距离	起始棋位	跳跃中间棋位	跳跃中间棋位	跳跃中间棋位	跳跃中间棋位	跳跃中间棋位	……	跳跃中间棋位
4	黄	4	6	6,-4	8,-2	6,0	4,2	0,2	20,0		
5	黄	4	4	4,-2	6,0	4,2	0,2	20,0			
6	黄	4	4	7,-1	3,-1	1,1	20,0				

（续）

路径 ID	玩家注释	路径对应玩家 ID	Y轴前进距离	起始棋位	跳跃中间棋位	跳跃中间棋位	跳跃中间棋位	跳跃中间棋位	跳跃中间棋位	… …	跳跃中间棋位
7	黄	4	4	−3,1	−5,3	−9,3	20,0				
8	绿	3	4	7,3	3,3	1,1	20,0				
9	绿	3	4	12,4	8,4	4,4	20,0				
10 (A)	绿	3	4	6,4	4,2	0,2	20,0				
11 (B)	浅蓝	2	6	0,6	2,4	0,2	4,2	6,0	20,0		
12 (C)	浅蓝	2	6	−1,3	3,3	1,1	3,−1	5,−3	20,0		
13 (D)	浅蓝	2	6	−2,2	−6,2	−8,0	−10,−2	−6,−2	−4,−4	20,0	
14 (E)	深蓝	1	6	−4,2	0,2	4,2	6,0	8,−2	20,0		
15 (F)	深蓝	1	6	−8,4	−6,2	−8,0	−10,−2	−6,−2	−4,−4	20,0	
16 (G)	紫	6	1	−12,−4	−10,−4	20,0					
17 (H)	紫	2	−9,−1	−7,−3	−3,−3	20,0					
18 (I)	紫	6	2	−2,−2	0,0	20,0					

第 3 步

本步骤对于数组 rivalPlayerPath 的所有路径进行子集分类处理。另外，如果数组 currePlayerPath 是空集，则转第 3.2 步。否则顺序执行。下面为了简便，数组 currePlayerPath 简称数组 A（或路径集合 A），数组 rivalPlayerPath 简称数组 B（或路径集合 B）。

第 3.1 步，设路径 S_i 是他方玩家路径集合 B 中的一个优选走棋路径。定义 S（$S_i \in S$ 并且 $S \subset B$）为当前玩家 k 可以在跳跃前进的同时以特定落子棋位给他方路径 S_i 造成阻挡的路径集合。即当前玩家 k 有可能在不影响（或者影响）己方优选走棋场合下给他方玩家走棋路径 S_i 造成不利的占位阻挡。称当前玩家 k 与他方玩家的这两种路径为当前玩家的副作用阻挡路径集合 S。

具体查找 S_i 算法：

对于路径集合 A 中每一个路径 A_i 中的每一个中间空位节点坐标，与路径集合 B 中每一个路径 B_i 中的每一个中间空位节点坐标进行是否相同的检测（也称为碰撞检测）。如果有相同棋位元素，则路径集合 B 中的被检测路径 B_i 就属于 S 路径集合。

以图 5-48 中的黄色玩家优选路径 4 和 5 为例，它们与当前红色玩家优选路径 2 之间有三个中间空位节点相同，即（6,0）、（4,2）和（0,2）。于是，图 5-48 中的路径 4 和 5 满足等式：$4 \in S; 5 \in S;$

例如，对图 5-48 做他方玩家的优选路径检查，我们可以得出 S 集合满足以下等式：

S={4, 5, 6, 8, 10, 11, 12, 14 }（花括号里面的数字是数组 B 的路径 ID）

注意： 当路径 ID 大于 9 时，在表 5-8 中给出的 ID 号与图 5-48 中的路径 ID 号表示不一致。其原因是两位数字在图 5-48 中不便绘制。所以用 A 标记 10、B 标记

11、C 标记 12、D 标记 13，读者可以类推。

在查找 S_i 过程中，还需要同时对当前玩家路径集合 A 做一个划分，求出影响他方玩家走棋的路径集合 P 和不影响他方玩家走棋的路径集合 Q。

注意：由于数组 A 中的元素数量少，集合 P 和 Q 的元素个数也很少。

例如，图 5-48 中当前玩家三个路径的集合满足关系：P={1, 2}；Q={3}。

第 3.2 步，设路径 T_i 是他方玩家的一个优选走棋路径。定义 T（$T_i \in T$ 并且 $T \subset B$）为当前玩家 k 能够刻意阻止他方前进路径集合。

这意味着当前玩家 k 可以放弃本次棋子的跳跃前进机会，刻意让己方的某一颗棋子 i 只移动一步（前进的或者后退的），以实现让他方玩家的某一个跳跃走棋路径 T_i 被占位阻挡（路径中的一个空棋子位在中途被当前玩家的一颗棋子占位，形成阻挡）或者被拆桥阻挡（路径中桥节点棋子被移开，导致路径被断开，形成拆桥而无法用于跳跃前进）。

具体查找 T_i 算法：

①对于数组 B 中的所有不属于 S 集合的路径集合 B_{-s} 中的任一路径 B_i，枚举当前玩家所有 10 枚棋子，进行单步移动或者跳跃棋位搜索。在单步移动或者跳跃（单步或者多步）能够抵达的落子棋位中检查有无与路径 B_i 中的某个中间棋位相同。如果有，则 B_i 属于 T。步骤①找到的他方玩家路径 B_i 属于当前玩家可刻意占位阻挡路径。

例如，图 5-48 中的紫色玩家路径 H 和 I 符合上述算法，满足公式：$H \in T$；$I \in T$。因为图 5-48 中的红色玩家 1 号棋子可以跳跃两步到（–7, –3）或者跳跃一步到（–3, –3）占位，从而刻意阻挡紫色玩家的跳跃路径 H。还有红色玩家的位于（1, –1）的棋子可以移位一步到（0,0）占位，刻意阻挡紫色玩家的跳跃路径 I。

②对于数组 B 中的所有不属于 S 集合的路径集合 B_{-s} 中的任一路径 B_j，枚举当前玩家所有 10 枚棋子，进行单步移动或者单步跳跃搜索。如果某一颗棋子可离开当前棋位并且同时拆桥了路径集合 B_{-s} 中的一个路径 B_j，即当前玩家有某颗棋子的当前坐标与 B 数组中存储的某一个桥节点坐标相同，则 B_j 属于 T。称 B_j 属于当前玩家可刻意拆桥阻挡路径。

例如，在图 5-48 中浅蓝色玩家位于（–2, 2）的棋子如果移动一步到（0, 2），则把下家深蓝色玩家的跳跃路径 E 刻意拆桥，形成阻挡。

再如，在图 5-48 的路径集合 B_{-s}={7, 9, 13, 15, 16, 17,18} 中，不存在一个能够被当前红色玩家通过棋子移动和跳跃离开而刻意拆桥的路径 T_i。只有上面提到的路径 17 和 18 能够被占位阻挡，于是得到图 5-48 中的 T 集合表达式为：T={17,18}

第 3.3 步，设路径 U_i 是他方玩家的一个优选走棋路径。定义 U（$U_i \in U$ 并且 $U \subset B$）为当前玩家不能够阻止他方沿着路径 U_i 前进的路径集合。通俗地讲，U 是当前玩家既不能副作用阻挡，也不能刻意占位阻挡或刻意拆桥阻挡的他方玩家优选走棋路径集合。

具体查找 U_i 算法：$U_i \in B$ 并且 U_i 不属于 S 同时 U_i 也不属于 T。

U 的计算公式是：U=B－S－T。

例如，图 5-48 中的当前玩家不可阻止路径集合 U 满足等式：U={7, 9, 13, 15, 16}。

第 4 步

在全局所有玩家敏感路径全部弄清楚情况下决定走棋方案。这一步需要考虑的因素较多，没有固定不变的解决方案。它是编程者可以灵活编写处理程序的步骤。一般的方案设计是先执行当前玩家的优选路径落子棋位的博弈代价计算（损益值大小计算，由编程者自行设计），然后依次实施以下的走棋方案。

1）从第3.1步中描述的路径集合P中找出Y方向前进距离最大并且落子棋位能够副作用阻挡集合S中一个或者多个路径的P_j，执行P_j走棋。例如图5-48中的路径1，它使得当前红色玩家的前进距离最大（达到6），同时对第2下家的浅蓝色玩家的路径B副作用占位阻挡（少前进6），对第3下家的绿色玩家的路径8实施阻挡（少前进2）。又例如图5-48中的路径2，它的最大前进距离是4，在该棋位落子时，对第3下家的浅蓝色玩家路径B产生副作用占位阻挡（少前进4）。

有时候己方路径P_j的最大前进距离落子棋位不对他方产生阻挡，这时可以考虑使用第2种走棋决定。

2）从路径集合P中找出前进到中途棋位落子并且落子棋位能够副作用占位阻挡集合S中一个路径或者多个路径的P_j。例如，图5-48的红色玩家路径2，如果落子在中间棋位（4,2）将前进2，同时会对第1下家路径4和5、第3下家路径B以及第4下家路径E产生占位阻挡。累计的阻挡他方前进距离达到10（2+2+2+4）。

如果通过以上两步决策，选出两个以上优选走棋路径，则可以根据是否能够给其他玩家造成拆桥进行优选，能够拆桥则优先选择能够拆桥的路径，不能的话则考虑其他因素进行选择。

3）己方的最远跳跃距离很短（不超过2），此时不考虑己方的前进得失与否，在T集合找到一个长距离他方（如果玩家是己方的第1个下方玩家并且只有一个特长路径，效果最好）路径T_j，刻意进行占位阻挡或者拆桥阻挡。

4）执行第3.1步中描述的路径集合Q中的一个跳跃路径，此时不会对他方棋子产生占位阻挡。

5）实施单步移动走棋。这个单步走棋以刻意占位阻挡或者拆桥阻挡他方路径为首选。如果不能实现，则执行Y值最小的棋子移位前进。

第5步

结束当前玩家的博弈算法走棋处理。

上述这一段代码应该在taskCMP任务函数中进行编程，并且它的实际运行效果需要通过实验来验证。

5.11　功能扩展练习和替换练习

替换练习1

对每个玩家的跳棋棋子数作扩充。使用每一个玩家拥有15颗棋子的跳棋棋盘，参看图5-49。请编程者根据本章的A版本和B版本设计方案为图5-49建立电子棋盘坐标系和坐标变换，重新绘制棋盘界面，改写相关的数据结构，修改数组定义、评价指标和走棋代码。完成自然人玩家的A版和具有智能走棋算法的B版跳棋程序。

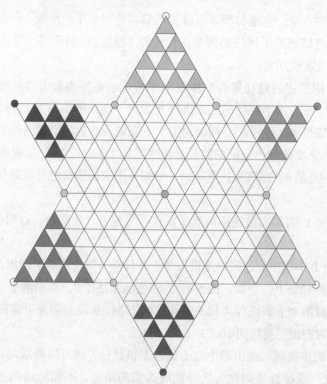

图 5-49   每一个玩家拥有 15 个棋子的中国跳棋棋盘

替换练习 2

增加一台服务器作为联网跳棋的通信交换设备，采用 TCP 协议连接方式，改写数据包的接收和发送通信程序，取代模板程序中的基于 UDP 协议的点对点通信方式，实现稳定的联网跳棋通信传输。

替换练习 3

使用 CAN 总线联网替换以太网的组网方式，以及编写 CAN 总线的通信程序替换基于 Socket 的网络编程技术，在多台 CVT2410 实验箱上实现联网跳棋电子游戏软件。

替换练习 4

使用 RS485 串口通信线联网替换掉以太网的组网方式，以及自定义数据帧格式编写 RS485 串口通信程序替换掉基于 Socket 的网络编程技术，在多台 CVT2410 实验箱上实现联网跳棋电子游戏软件。

功能扩展练习 1

在 A 版本的信息显示区中增加一个显示框，显示当前跳棋的走棋步数。棋局未开始时为 0，棋局刚开始时为 1，提示每一个玩家现在开始轮流走第 1 步棋子。当每一个玩家都走完第 1 步棋时，显示为 2，表示下面开始玩家的第 2 步走棋。以下的显示以此类推。

功能扩展练习 2

在 A 版本中增加对自然人玩家走棋思考用时的记录。当一盘棋局走完之后，在优胜序列对话框中增加一列，显示自然人走棋的用时数据，精确到秒。

功能扩展练习 3

增加对跳棋走棋步骤全程记录的数据文件和读出数据文件进行棋局演进回放的功能。要点：①在主界面中增加一个走棋记录按钮和一个回放棋局按钮。②在闪存上建立一个按照顺序存储的棋局步骤数据文件。③在每一个棋局开局之前，如果需要记录走棋全过程，则可在主界面上按下记录按钮。之后跳棋软件按照顺序对每一个玩家的每一个走棋步骤和耗用的时间数据进行采集，存入闪存上的数据文件。④当需要回放一个跳棋的走棋过程时，在主界面上按下回放按钮，就可以打开闪存上的一个数据文件，在 LCD 上对其记录的全程走棋步骤进行回放。

功能扩展练习 4

为了适合用户和旁观者对跳棋的观看，改写棋子的绘图程序，实现移动和跳跃前进的某种程度的动画效果。如果是跳跃前进，则以慢速绘制出跳跃的经过路径。

5.12 小结

本章是嵌入式网络电子游戏软件的一个可用原型。在本章的前导部分描述了主界面设计、跳棋棋子的坐标系统设计、绘图坐标设计和主要数据结构设计；描述了棋盘旋转映射算法，该算法使得每一位棋手看到的跳棋界面具有一致性布局特点；还描述了本地玩家走棋时的可达棋位搜索算法。有了棋盘旋转映射和可达棋位的处理，使得本联网跳棋具有一定程度的逼真性，对于玩家用户具有易用性。

前导部分还涉及了模块划分、任务划分、通信数据包结构设计、网络通信处理、图形界面绘制处理等。前导部分的内容使得读者能够快速地建立联网跳棋的总体设计轮廓。

本联网跳棋的核心内容分为两个部分（即两个版本），一个是自然人玩家走棋程序，另一个是机器玩家走棋程序。自然人走棋版本可以让每一个玩家在一台 ARM 9 实验板上进行人工走棋。而机器走棋版本可以让本地 ARM 9 实验板自动与网络互联的其他玩家（自然人或者 ARM 9 实验板）进行跳棋博弈。由于机器玩家需要在每一步走棋时选择对己有利的走棋，为此还对机器走棋版本设计了一个全局的跳棋可判优坐标系。机器玩家的走棋分为三个阶段，即开局阶段、中局阶段和收尾阶段。这三个阶段的走棋算法不同，难度较大的是中局阶段走棋。

本章的后半部分给出了联网跳棋的测试方案、测试用例、测试记录和测试结果。测试用例有 6 个，包括了 6 个自然人玩家、4 个自然人玩家、2 个自然人玩家和 1 个机器玩家、2 个机器玩家、2 个自然人玩家和 4 个机器玩家、6 个机器玩家的跳棋博弈。所有测试结果表明本联网跳棋的运行达到了设计目标。

本章用一节内容对机器玩家的博弈走棋算法进行了逻辑分析，启迪读者的思考。

附录
WindML 绘图程序例子

下面我们给出一个 WindML 的简单显示程序 **NjuJpeg.c**，它的编程环境是 Tornado 2.2/VxWorks 5.5，以及 Tornado 2.2 的媒体库组件 WindML 3.0（插件）。

NjuJpeg.c 在 CVT2410 实验板的 TFT 型 640×480 像素 LCD 上的实际输出图像图形如图 1 所示。从图 1 上可以看出显示内容囊括了 jpg 格式的图片（南京大学校徽）输出、简单几何图形（矩形、整圆和扇形）输出、文字（右边的文字行）输出，以及背景颜色输出。

图 1 中显示的南京大学校徽是一个 250×74 像素的 jpg 格式图片。该图片的实际样张参看图 2。该图中右边的徽章是南京大学的校徽。

NjuJpeg.c 程序清单如下列出。

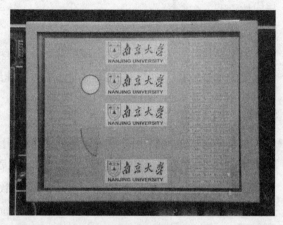

图 1 NjuJpag 程序在 LCD 上通过 WindML 绘图程序绘制的图形图像

图 2 南京大学校徽的图片样张

```c
/*  NjuJpeg.c    windML 图形用户界面范例代码  */

#include <vxWorks.h>
#include <sysLib.h>
#include <stdio.h>
#include <ugl/ugl.h>
#include <ugl/uglos.h>
#include <ugl/uglMsg.h>
#include <ugl/uglfont.h>
#include <ugl/uglinput.h>
#include <ugl/ext/jpeg/ugljpeg.h>
#include <taskLib.h>

/* 显示的图片文件名称，这幅图片要求已经存入闪存的 TFFS 文件系统中 */
#define JPEG_IMG_NJU "NJU 205x74.JPG"

/* 若干图像环境信息 */
UGL_LOCAL int displayHeight, displayWidth;
UGL_LOCAL UGL_GC_ID gc;

UGL_FONT_ID fontSystem; /* 定义系统字体 ID */
```

```
UGL_FONT_DRIVER_ID fontDrvId; /* 定义字体驱动 ID */
UGL_FONT_DEF fontDef;
UGL_FONT_ID font; /* 声明字体 ID 号变量 font */

UGL_LOCAL struct _colorStruct
{
    UGL_ARGB rgbColor;
    UGL_COLOR uglColor;
}

colorTable[] = /* 彩色表（也叫做调色板）的 RGB 值定义 */
{
    { UGL_MAKE_ARGB(0xff, 0, 0, 0), 0},   /* 通过指定 alpha 和 RGB 的值来定义 */
    /* 一种颜色。若 RGB 分量的值都为 0，即黑色；若 alpha 的值为 255，则表示该颜色完全不透明 */
    { UGL_MAKE_ARGB(0xff, 0, 0, 168), 0},
    { UGL_MAKE_ARGB(0xff, 0, 168, 0), 0},
    { UGL_MAKE_ARGB(0xff, 0, 168, 168), 0},

    { UGL_MAKE_RGB(168, 0, 0), 0},   /* 通过指定 RGB 的值来定义一个颜色，若 R 分量 */
    /* 的值为 168，而 G 和 B 分量的值为 0，则是红色 */

    { UGL_MAKE_RGB(168, 0, 168), 0},
    { UGL_MAKE_RGB(168, 84, 0), 0},
    { UGL_MAKE_RGB(168, 168, 168), 0},

    { UGL_MAKE_RGB(84, 84, 84), 0},
    { UGL_MAKE_RGB(84, 84, 255), 0},
    { UGL_MAKE_RGB(84, 255, 84), 0},
    { UGL_MAKE_RGB(84, 255, 255), 0},

    { UGL_MAKE_RGB(255, 84, 84), 0},
    { UGL_MAKE_RGB(255, 84, 255), 0},
    { UGL_MAKE_RGB(255, 255, 84), 0},
    { UGL_MAKE_RGB(255, 255, 255), 0}
};

/*WindML 彩色表的彩色的助记符赋值 */
#define BLACK         (0)    /* colorTable[BLACK] 对应的颜色为 */
                             /* UGL_MAKE_ARGB(0xff, 0, 0, 0) 定义的颜色，即黑色 */
#define BLUE          (1)
#define GREEN         (2)
#define CYAN          (3)
#define RED           (4)
#define MAGENTA       (5)
#define BROWN         (6)
#define LIGHTGRAY     (7)
#define DARKGRAY      (8)
#define LIGHTBLUE     (9)
#define LIGHTGREEN    (10)
#define LIGHTCYAN     (11)
#define LIGHTRED      (12)
#define LIGHTMAGENTA     (13)
#define YELLOW        (14)
#define WHITE         (15)


/* 清除屏幕，实质画一个矩形  */
```

```
UGL_LOCAL void ClearScreen(UGL_GC_ID gc)
{
    uglBackgroundColorSet(gc, colorTable [LIGHTGREEN].uglColor); /* 浅绿色背景 */
    uglForegroundColorSet(gc, colorTable [LIGHTGREEN].uglColor); /* 浅绿色前景 */
    uglLineStyleSet(gc, UGL_LINE_STYLE_SOLID);
    uglLineWidthSet(gc, 1);
    uglRectangle(gc, 0, 0, displayWidth - 1, displayHeight - 1);
}

/* 主函数定义，也就是入口函数  */
void NjuJpeg( )  /* 入口函数 */
{
    char *path = "/tffs0"; /* 图片的存放目录 */
    UGL_SIZE jpegWidth, jpegHeight;
    UGL_DDB_ID jpegDdbId = UGL_NULL;
    UGL_JPEG_MODE jpegMode;
    UGL_JPEG_ID jpegId = UGL_NULL;
    UGL_FONT_DRIVER_ID fontDrvId;
    UGL_FONT_DEF fontDef;
    char Message[150],filename[150];
    int textWidth, textHeight;
    FILE * fp;
    int jpegVersion;

    UGL_MODE_INFO  modeInfo;  /* 后面通过 uglInfo 函数获得当前显示模式的 */
    /* 一些相关信息放入 modeInfo 变量中，包括显示分辨率、颜色模型（直接颜色、*/
    /* 索引颜色等）、每个像素的数据格式（YUV422、RGB565 等）、颜色深度等 */

    /* 设备 ID 对于 UGL 的操作十分重要 */
    UGL_DEVICE_ID devId;

    /* 初始化通用图形库，在执行 UGL/WindML 的其他操作之前必须执行此操作 */
    uglInitialize();

    /* 得到设备的识别号，用于指出显示器 */
    devId = (UGL_DEVICE_ID)uglRegistryFind (UGL_DISPLAY_TYPE,  0, 0,0)->id;

    /* 获得字体驱动 */
    fontDrvId = (UGL_FONT_DRIVER_ID)uglRegistryFind (UGL_FONT_ENGINE_TYPE, 0, 0,0)->id;

    /* 为了创建字体，先查找字符串中的字体 */
    uglFontFindString(fontDrvId, "pixelSize=12", &fontDef);

    if ((font = uglFontCreate(fontDrvId, &fontDef)) == UGL_NULL)
    {
      printf("WindML: Font not found. Exiting.\n");
      uglDeinitialize();
      return;
    }

    uglInfo(devId, UGL_MODE_INFO_REQ, &modeInfo);
    displayWidth = modeInfo.width;
    displayHeight = modeInfo.height;

    /* 创建一个图形上下文，在创建过程中使用默认值 */
```

```
gc = uglGcCreate(devId);

uglFontSet(gc, font);

/* 初始化颜色 */
uglColorAlloc (devId, &colorTable[BLACK].rgbColor, UGL_NULL,
               &colorTable[BLACK].uglColor, 1);
/* 分配一种颜色，能够在设备上使用该颜色 */

uglColorAlloc(devId, &colorTable[BLUE].rgbColor, UGL_NULL,
              &colorTable[BLUE].uglColor, 1);
uglColorAlloc(devId, &colorTable[GREEN].rgbColor, UGL_NULL,
              &colorTable[GREEN].uglColor, 1);
uglColorAlloc(devId, &colorTable[CYAN].rgbColor, UGL_NULL,
              &colorTable[CYAN].uglColor, 1);

uglColorAlloc(devId, &colorTable[RED].rgbColor, UGL_NULL,
              &colorTable[RED].uglColor, 1);
uglColorAlloc(devId, &colorTable[MAGENTA].rgbColor, UGL_NULL,
              &colorTable[MAGENTA].uglColor, 1);
uglColorAlloc(devId, &colorTable[BROWN].rgbColor, UGL_NULL,
              &colorTable[BROWN].uglColor, 1);
uglColorAlloc(devId, &colorTable[LIGHTGRAY].rgbColor, UGL_NULL,
              &colorTable[LIGHTGRAY].uglColor, 1);

uglColorAlloc(devId, &colorTable[DARKGRAY].rgbColor, UGL_NULL,
              &colorTable[DARKGRAY].uglColor, 1);
uglColorAlloc(devId, &colorTable[LIGHTBLUE].rgbColor, UGL_NULL,
              &colorTable[LIGHTBLUE].uglColor, 1);
uglColorAlloc(devId, &colorTable[LIGHTGREEN].rgbColor, UGL_NULL,
              &colorTable[LIGHTGREEN].uglColor, 1);
uglColorAlloc(devId, &colorTable[LIGHTCYAN].rgbColor, UGL_NULL,
              &colorTable[LIGHTCYAN].uglColor, 1);

uglColorAlloc(devId, &colorTable[LIGHTRED].rgbColor, UGL_NULL,
              &colorTable[LIGHTRED].uglColor, 1);
uglColorAlloc(devId, &colorTable[LIGHTMAGENTA].rgbColor, UGL_NULL,
              &colorTable[LIGHTMAGENTA].uglColor, 1);
uglColorAlloc(devId, &colorTable[YELLOW].rgbColor, UGL_NULL,
              &colorTable[YELLOW].uglColor, 1);
uglColorAlloc(devId, &colorTable[WHITE].rgbColor, UGL_NULL,
              &colorTable[WHITE].uglColor, 1);

/* 初始化 WindML 中的 jpeg 模块 */
jpegId = uglJpegInit(devId, &jpegVersion);
/* 考察在驱动程序中 jpeg 是否可用 */
if (jpegId == UGL_NULL)
{
  sprintf(Message, "Jpeg not included in the driver");
  uglTextSizeGet(font, &textWidth, &textHeight, -1, Message);
  uglBackgroundColorSet(gc, colorTable[BLACK].uglColor);
  uglForegroundColorSet(gc, colorTable[LIGHTRED].uglColor);
  uglTextDraw(gc, (displayWidth - textWidth) / 2, (displayHeight -
              textHeight) / 3, -1, Message);
  taskDelay(sysClkRateGet()*2);
  uglFontDestroy(font);
```

```
      uglGcDestroy (gc);
      uglDeinitialize();
      return;
}

/* 设置 jpeg 图像编解码的参数 */
jpegMode.quality = 75;
jpegMode.smooth = 0;
jpegMode.scale = 1;
uglJpegModeSet(jpegId,&jpegMode);

ClearScreen(gc); /* 清除 LCD 屏幕 */

while(1)
{
   int i;
   /* 第 1 次绘制图片 NJU 205x74.JPG */
   sprintf(filename, "%s/%s", path, JPEG_IMG_NJU);
   fp = fopen(filename, "rb");
   if (fp == NULL)
   {
      sprintf(Message, "Unable to open %s.", filename);
      uglTextSizeGet(font, &textWidth, &textHeight, -1, Message);
      uglBackgroundColorSet(gc, colorTable[BLACK].uglColor);
      uglForegroundColorSet(gc, colorTable[LIGHTRED].uglColor);

      /* 显示错误信息 */
      uglTextDraw(gc, (displayWidth - textWidth)  / 2,
                  (displayHeight - textHeight) / 3, -1, Message);

      taskDelay(sysClkRateGet()*2);   /* 延时 2 秒 */
   }
   else
   { /* 把 jpeg 图片解码成设备相关的 bitmap (DDB) */
      uglJpegToDDBFromFile (jpegId, fp, &jpegDdbId, UGL_NULL, 0, 0);
      fclose (fp);
      uglBitmapSizeGet(jpegDdbId, &jpegWidth, &jpegHeight);/* 获得 bitmap 的尺寸 */
      /* 第 1 次绘制在 x=200, y=10 的位置。把 bitmap 绘制出来 */
      uglBitmapBlt(gc, jpegDdbId, 0, 0, jpegWidth - 1, jpegHeight - 1,UGL_
                  DEFAULT_ID, 200, 10);
      /* 第 2 次绘制在 x=200, y=110 的位置 */
      uglBitmapBlt(gc, jpegDdbId, 0, 0, jpegWidth - 1, jpegHeight - 1,UGL_
                  DEFAULT_ID, 200, 110);
      /* 第 3 次绘制在 x=200, y=210 的位置 */
      uglBitmapBlt(gc, jpegDdbId, 0, 0, jpegWidth - 1, jpegHeight - 1,UGL_
                  DEFAULT_ID, 200, 210);
      /* 第 4 次绘制在 x=200, y=390 的位置 */
      uglBitmapBlt(gc, jpegDdbId, 0, 0, jpegWidth - 1, jpegHeight - 1,UGL_
                  DEFAULT_ID, 200, 390);
      uglBitmapDestroy(devId, jpegDdbId);
      jpegDdbId = UGL_NULL;
   } /* end of else */

   uglBatchStart(gc); /* 批量文本和图形的绘制开始，与 uglBatchEnd 语句合用，两语句为一套配对语句 */

   for(i=2; i<470; i=i+20) /* 绘制一系列文本 */
```

```
    {
        /* 获取信号量锁住图形上下文, 实现成批绘图   */
        uglBackgroundColorSet (gc, colorTable [YELLOW].uglColor);
        /* 设置背景色为黄色, 仅当 YELLOW 色是系统配色才能够使用 */
        uglForegroundColorSet (gc, colorTable [RED].uglColor);
        /* 设置前景色为红色, 仅当 RED 色是系统配色才能够使用 */
        uglFontSet(gc, fontSystem); /* 选择字体为系统字体 */
        uglTextDraw(gc, 474, i, -1, "6 Line Text Display!");
        /* 输出文字串 "6 Line Text Display!", 第 2、3 个参数决定位置 */
    }

    /* 绘制一系列矩形方框 */
    for(i=1; i<470; i=i+20)
    {
        /* 设置绘制长方形线框的要素 */
        uglBackgroundColorSet(gc, colorTable[LIGHTGREEN].uglColor);
        uglForegroundColorSet(gc, colorTable[LIGHTRED].uglColor);
        uglLineWidthSet(gc, 1);/* 线框宽度为 1 像素 */
        uglRectangle(gc,10, i, 100, i+16 );
        /* 绘制矩形, 参数 2~5 表示: 左边线、顶边线、右边线以及底边线的位置 */
    }

    /* uglEllipse 是绘制椭圆的语句, 在这个图形绘制例子中画一个整圆 */
    uglLineStyleSet(gc, UGL_LINE_STYLE_SOLID);
    uglBackgroundColorSet(gc, colorTable[WHITE].uglColor);
    uglForegroundColorSet(gc, colorTable[RED].uglColor);
    uglLineWidthSet(gc, 4);
    uglEllipse(gc,120,120,180,180,0,0,0,0); /* 绘制一个整圆 draw ellipse */

    /* 绘制圆形图案, 在这个图形绘制例子中, 画一段圆弧 */
    uglLineStyleSet(gc, UGL_LINE_STYLE_SOLID);
    uglBackgroundColorSet(gc, colorTable[LIGHTMAGENTA].uglColor);
    uglForegroundColorSet(gc, colorTable[RED].uglColor);
    uglLineWidthSet(gc, 4);
    uglEllipse(gc,120,200,240,380,120,290,170,380);
    /* 绘制一段椭圆的圆弧, 逆时针绘制 ellipse */
    /* 圆弧的绘制: 倒数第 4、3 坐标点是起始点, 倒数第 2、1 坐标点是终止点 */

    uglBatchEnd(gc); /* 批量绘图结束, 即解锁图形上下文 */
    }  /* end of while(1) */

    /* Clean Up Resources */
    uglFontDestroy(font); /* 释放字体资源 */
    uglGcDestroy (gc); /* 释放图形应用上下文 */
    uglDeinitialize(); /* 释放初始化阶段建立的所有内存资源 */

    return;
}  /*end of NjuJpeg( ) */
```

参 考 文 献

[1] 风河公司. VxWorks 程序员指南 [M]. 王金刚, 姜平, 等译. 北京: 清华大学出版社, 2003.

[2] 邝坚. Tornado/VxWorks 入门与提高 [M]. 北京: 科学出版社, 2004.

[3] 李方敏. VxWorks 高级程序设计 [M]. 北京: 清华大学出版社, 2004.

[4] 王金刚, 姜平, 等. 基于 VxWorks 的嵌入式实时系统设计 [M]. 北京: 清华大学出版社, 2004.

[5] 李忠民, 等. ARM 嵌入式 VxWorks 实践教程 [M]. 北京: 航空航天大学出版社, 2006.

[6] 罗国庆, 等. VxWorks 与嵌入式软件开发 [M]. 北京: 机械工业出版社, 2004.

推荐阅读

■ **嵌入式系统导论：CPS方法**
作者：Edward Ashford Lee 等
ISBN：978-7-111-36021-6
定价：55.00元

■ **现代嵌入式计算**（英文版）
作者：Peter Barry 等
ISBN：978-7-111-41235-9
定价：79.00元

■ **嵌入式系统软硬件协同设计实战指南：基于Xilinx Zynq**
作者：陆佳华 等
ISBN：978-7-111-41107-9
定价：69.00元

■ **嵌入式软件设计基础——基于ARM Cortex-M3**（原书第2版）
作者：Daniel W. Lewis
ISBN：978-7-111-44176-2
定价：45.00元

■ **嵌入式系统设计与实践**
作者：Elecia White
ISBN：978-7-111-41584-8
定价：69.00元

■ **STM32嵌入式系统开发实战指南：FreeRTOS与LwIP联合移植**
作者：李志明 等
ISBN：978-7-111-41716-3
定价：69.00元

推荐阅读

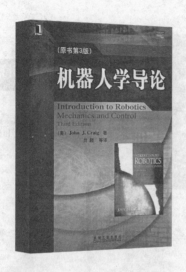

机器人学导论（原书第3版）

作者：John J. Craig ISBN：978-7-111-18681-8 定价：42.00元

智能系统：原理、算法与应用

作者：蔡自兴 等 ISBN：978-7-111-47200-1 定价：59.00元

工业机器人

作者：肖南峰 等 ISBN：978-7-111-35333-1 定价：30.00元

计算机科学导论：基于机器人的实践方法

作者：陈以农 等 ISBN：978-7-111-43588-4 定价：35.00元